TEAM チーム・ジャーニー JOURNEY

市谷 聡啓 | 著

逆境を越える、変化に強いチームをつくりあげるまで

私たちは他者(チーム)を必要としている

前作の『カイゼン・ジャーニー』は、一人のエンジニアが自分が知らず知らずに身にまとっていた自分の仕事の枠組みを超えて、自分からよいプロダクト開発へと歩みだしていく個人から組織への越境を描いたものであった。

本作『チーム・ジャーニー』は、そうした個人の働きかけによって形成されたグループが、チームとして機能していくために、どのようなことが必要なのかを丁寧に論じたものである。

『カイゼン・ジャーニー』は、一人のエンジニアの成長をスクラム・アジャイル開発の実践と並行して描いた力作であった。しかし、そこには残された課題があったと思う。それは、「あなたは何をする人なのですか？」という問いに対して、どうやったら働く私たち一人ひとりが、その問いに対する答えを導き出すことができるのか、という課題だ。これについて、本作『チーム・ジャーニー』は、チームとして人々と関わる関わり合いを通じて、自分が何者であり、また、チームが何者かになっていく、ということが見えてくる。

では、なぜこのことを考えることが大事なのだろうか。

近年、「組織か個か」という二項対立がビジネスシーンでは盛んに語られている。そこで語られるのは「強い個」こそが大切だ、という主張だ。

だが、その二項対立には違和感がある。私たちは、自分が何者であるのかを他者との関わりを通じて知る存在である。そして、独りよがりではなく、一人では成し遂げられない成果を生み出すために、私たちは他者を必要とする存在なのだ。他者を通じて、自分が拡張され、新しい自分と新しい自分たちを手に入れ、私たちはもっと良いものを生み出せるはずである。

このことをチームの形成過程を通じて描いたのが、本作『チーム・ジャーニー』の優れた点であると思う。そして、単にそうしたアイデンティティの形成と成長を描くだけでなく、その過程を通じて、スクラム・アジャイル開発が具体的に進行するための技が織り込まれている。これは、市谷さんのような実践者でなければ書くことができないものである。

市谷さんの文章の良いところは、市谷さん自身の原風景や経験が背後に明確に感じられることだ。だから、小説として描かれているものの、ひとつひとつのエピソードが絵空事ではなく、リアリティを持って迫ってくる。

我々にとって、互いにわかりあえていないこと、すなわち分断があること、見つかることは、良いチームを作るための希望なのだ。その希望を見出して良い仕事を為し、具体的なプロダクト開発という成果を生み出したい人は、是非手にとっていただきたい。

『他者と働く——「わかりあえなさ」から始める組織論』著者
埼玉大学経済経営系大学院 准教授
宇田川元一

その先へ! Beyond the Agile

アジャイルっぽいことをやってはいるが正解を知りたい。そんな悩みを持つ人たちに読んでほしい。一つの解がこの書籍にはあるからだ。アジャイルを導入したら露呈される問題や、メンバーからの疑問に答えられなかった事案に対し、巧みに概念化や言語化がされている。根深い問題を整理し、パターン化を試み、言語の洗練を繰り返した末の考え方と技がページをめくるたびに出てくる。他の書籍にはない実践知が詰まっているのだ。縦横無尽に視座や視野を変えてきた成果を我々は入手できる。

面白いのは問いも同時にちりばめられていることだ。誰も正解を持っていない複雑化する世の中で、自分たちに問いを投げかけながら歩んできた道を、物語（ストーリー）を通して体験できる。安易な手札で解決方法を適用するのではなく、本質を見極めるための問いを生み出している。それを登場人物たちの言霊に乗せて投げかけてくるのだ。著者が向き合い続けてきた証しを垣間見ることができるだろう。

そして物語や方法論は、道に迷った人への道標となるだろう。“わからない”はあきらめる地点ではなくスタート地点となるのだ。ありたい状態を仮説のもと設定し、段階ごとにファーストを変えながら歩んでいくことが大切なのだと教えてくれる。

きっと、著者にとってアジャイルであるかは重要なことではないだろう。その先にある“Beyond the Agile”の実装を試みているからだ。守破離（しゅはり）という言葉の“離”のときであると悟ったのだろう。アジャイルとは考え続け仲間とともに行動して乗り越えるジャーニーであると。

どんなことにも通じるが、外からの圧力に屈せずに真摯に受け止め、迷いながらも自分と仲間を信じて地道に歩んで行くからこそ、やり遂げられることがあるのだろう。ジャーニーとはそんな終わりのない旅である。自らハンドルを握ることで光に満ちあふれた未来がどんどん出現してくる。チームに息を吹き込もう。Bon Voyage ！

『カイゼン・ジャーニー』共著者
新井 剛

Foreword
はじめに

この本は、プロダクト開発に挑むチームに向けて書きました。チームといっても、置かれている状況は様々です。まだ結成したばかりのチーム。すでに世の中に向けてプロダクトを提供していて、日々プロダクトの成長に向き合っているチーム。複数のチームで構成され、チーム間での連携が求められるような大きなチーム。チームの状況、段階に応じて直面する課題は様々で、求められることもまた多様です。

こうした課題の根本には、プロダクト開発の不確実性があります。つくるべきものが明らかで、つくり方もよくわかっているという開発よりも、何をつくるべきなのかはっきりとしない開発に遭遇することのほうが多くはないでしょうか。それだけ私たちがデジタルなプロダクトを通じて、今まで解決できなかった、あるいは解決してこなかった問題に取り組んだり、社会の要望を満たそうとすることが増えてきたということです。技術の進歩により昔に比べて私たちにはできることが増えました。その分、社会や顧客、ユーザーから寄せられる期待もますます多様になっているのです。そのような流れが、プロダクト開発をより難しくしています。そして、プロダクトづくりに挑むチームの活動にも高度なレベルがより求められるようになってきているのです。

その一つとして挙げられるのが、**不確実性への適応**です。何をつくれば目的を達成できるのか、またどのようにつくれば最も適したプロダクトになるのか。誰も正解を持っていない中で、それでも前に進んでいくためにはプロダクトづくりは探索的にならざるをえません。さらに、探索の結果、学習が進み今までわかっていなかったことがわかるようになることで、チームにはより状況への適応が求められることになります。わかったことに基づいて、つくる対象や内容を変えていかなければなりません。チームとして変化に対応する機敏な動きが求められるわけです。

こうしてチームは2つのテーマを抱えることになります。**チームの適応力と機動力**、この両輪をどのようにして高めていくのか。それがこの本で扱うテーマでもあります。

先に述べたように、チームが直面する課題は段階に応じて多様です。ですから、この本では、一つのチームの段階的な成長を追うスタイルを取りました。最初は、一つのチームとして成り立つために必要な準備を整えていくところからスタートします。やがて、チームはその機能性を高めていき、問題のレベルも高まっていきます。本書の後半では、複数のチームの運営にも踏み込んでいきます。このように、あるチームの出来事を追い続け、読みながら追体験することで、作中のチームと同様に学びを深めていく構成を取っています。それはあたかも、チームの軌跡をたどる旅（ジャーニー）のようなものと言えます。みなさんがこの本の旅を経て、チーム活動の新たな学びを得られることを願っています。

『カイゼン・ジャーニー』とのつながり

本書のタイトルが「チーム・ジャーニー」となっているところから、もし『カイゼン・ジャーニー』という書籍をご存じであれば、その続きなのかと思われるかもしれません。実際には、『カイゼン・ジャーニー』を読んでいなくても、この本の内容を理解できるようにつくっています。『カイゼン・ジャーニー』は主人公の成長を中心に置いています。一方、本書『チーム・ジャーニー』はそのタイトルのとおり一つのチームを中心に置いて、その成長を追う構成を取っています。『カイゼン・ジャーニー』では描き足りなかった、**活動を持続するチーム**という観点をメインテーマにしています。このようなテーマ性の違いから、取り扱う課題も異なり、またそのために選択する解決策や工夫もまったく新たな内容となっています。ですから、本書を読むにあたって、『カイゼン・ジャーニー』が前提となるわけではありません（読んでいない方も安心して本書をお読みください！）。

ただし、ストーリーには『カイゼン・ジャーニー』をすでに読んでいただいた方に向けての楽しみも織り込んだつもりです。そのような方がストーリーを読み進めて、『カイゼン・ジャーニー』のことも思い起こしてくださると嬉しいです。

対象読者

チーム開発をよりよくやれるようにしていきたいと考えている方を対象に描いています。具体的には以下のような方々を対象読者としています。

- これからチームのリーダーになる人、なりたい人、またすでにリーダーを担っている人。
- 今後、複数のチームをマネジメントする人
- チームのリーダーを支援する立場の人、チームメンバー
- プロダクトの企画者（プロダクトオーナー）で、開発チームと一緒にプロダクトづくりを行っている人

内容は主にソフトウェア開発を想定していますが、チームで活動するような業務であれば業種を問わず適用できる工夫もあります。ぜひ参考にしていただければと思います。

この本の読み方

全16話で構成しています。各話前半がストーリーとなっており、登場人物たちによる描写があります。ストーリーはさらに問題編（どのような状況の下でどんな問題が起きるか）と解決編（問題をどのように解決するのか）の2つのセクションで構成されています。そして、ストーリーの後に解説（解決策の詳しい説明）を用意しています。

どのような書籍であれ、そこに書かれている内容を「正解」とみなして、現実の現場で通り一遍の取り組みを適用しようとしてもフィットしづらいものです。それぞれの現場の背景や前提、状況を踏まえる必要があります。本書でストーリーを用意しているのは、取り扱う工夫や取り組みの前提、想定している状況をわかりやすく伝えるためです。適用状況を理解し、みなさんの現場と照らし合わせて、適用の工夫を重ねてもらいたいと思います。

全体は2部構成となっており、前半8話の第1部は単一チームの状況について、後半8話の第2部は複数チームでの状況を対象としています。さらに、8話のうち前半4話は基本編、後半4話は応用編という位置づけにしています。なお、本文でも触れていますが、後半8話の第2部は複数チームの状況を踏まえているものの、直面する課題は単一チームでも起きうるものであったりと、その解決策はやはり単一チームでも適用できるものです。基本的に、全16話を頭から読み進めていただくと良いでしょう。

巻末にはこの本の内容を補足する目的で、あるいは次に読む本の手がかりとして参考文献を掲げています。また、作中で扱うジャーニースタイルの開発について内容をまとめた付録を用意しました。学びを広げ、深めるための参考にしてください。

この本に関する情報

この本についてのお知らせや補足情報は以下で提供しています。内容についてのフィードバックや質問、相談、本書についての読書会や勉強会へのお誘いもお待ちしております :)

- サポートページ　https://teamjourney.link/
- Twitter公式ハッシュタグ　#チームジャーニー
- 著者プロフィールサイト　https://ichitani.com/

前書きはここまでとします。これから、ともに考え、ともにつくる旅を始めることにしましょう。

Contents

Prologue
プロローグ

受け継がれるジャーニー

「それぞれの持ち場で。がんばれ、だよ。」

あの人がくれた言葉を思い出した。これから僕たちは新たな目的地に向けて、チームで旅を始める。

このチームは一つの組織でもある。立ち上げる会社は小さなものだけど、そこでつくっていくプロダクトはきっと世の中に新たな「できること」を増やすはずだ。

ただそのためには、もっと利用の現場に足を運び、仮説を立て検証する必要がある。検証でわかったことをプロダクトに素早く適用していくことも必要だ。これらに一つのチームで取り組んでいく。僕たちは自分たちが何をすべきかはわかっている。

これまでもたいがい厄介な問題に直面してきた。でも、ここから先はさらに未知数だ。この9人のメンバーで果たして乗り越えられるだろうか。誰にもわからない。ただ、これまで僕たちが歩んできた足跡は頼りになる。僕たちがいくつもの問題を乗り越えてきたのは確かなことだ。

思えば会社を変えながらここまでやってきた。とうとう自分が、小さいながらも組織を引っ張る役割に立つなんて、考えもしていなかった。今まで背負ったことがない責任を肩に感じる。

その不安が顔に出ていたのだろう。メンバーが、僕に声をかけてきた。いつも機微に気づいて、それを言葉にしてくれるメンバーに感謝した。

元気づける言葉も、同じように不安を表す言葉も、どちらも僕にとっては前に進むための後押しになる。元気づける言葉は自分で自分に向けるよりも、他人にかけてもらったほうが安心する。不安を表す言葉は、他人が口にしたほうが冷静に対処を考えることができる。

だから、どちらでも前に進める。チームメンバーと交わす言葉にこそ、チームであることの意義が表れていると僕は思う。

これまでのやり方やあり方とは違う何かを始めるときは、いつも一人であることが多かった。人を巻き込むのも、人に巻き込まれるのも、容易なことではない。お互いの不安や見栄、なぜだか斜めにかまえたくなる気持ちを乗り越えないといけない。

僕たちも、一朝一夕で今の状態になれたわけでは決してない。少しずつ、段階を踏んで進んできた。そう僕は一人のことも多かったけども、今はこうしてチームがある。

みんなの存在が僕を何度でも勇気づける。これまでのように、これからも。

「何か考え事ですか？」

メンバーの言葉に我に返った。

「ああ、少し以前のことをね。」

そう言って僕は本格的に自分の記憶をたどり始めた。

それぞれの持ち場でがんばれ。

あの言葉をもらうきっかけとなった出来事を思い起こす。そう、あれは、思いもよらない苦労と小さな奇跡が繰り返される、忘れられないジャーニーだった。

TEAM JOURNEY

第1部 僕らが開発チームになるまで——1チームのジャーニー

「いや、あの、まだチームリーダーに会って話もしていません。」

太秦（うずまさ）

本書の主人公。アップストン社に途中入社。いきなりタスク管理ツール（フォース）の開発チームのリーダーを任される。

「なんで太秦が、タスク管理ツールなんだろうな。」

御室（おむろ）

太秦の同期。

「チーム開発でスクラムの経験がある太秦さんが、私たちの中で最も適していると思われたのでしょう。」

宇多野（うたの）

太秦の同期。

「この機能は、鹿王院くんで。」

嵐山（あらしやま）**通称"皇帝"**

タスク管理ツール（フォース）チームの実質的なリーダー。古くから開発に携わる。親会社からの出向。

「太秦さん、来週からこのチームのリーダーを頼むよ。」

砂子（すなこ）

タスク管理ツール（フォース）チームのプロダクトオーナー

「ついていけない人にはバスから降りて
もらうしかないですよね。」

天神川（てんじんがわ）

タスク管理ツール（フォース）チームのサブリーダー的存在。

「リリースの早さだけではなく、機能面
でもうちのフォースだけが迷走している
感じはありますね。」

三条（さんじょう）

タスク管理ツール（フォース）チームのメンバー。

「わからない、見たことがない、こんなんでプロ
ダクトづくりが本当にできるんですかね。」

鹿王院（ろくおういん）

タスク管理ツール（フォース）チームのメンバー。

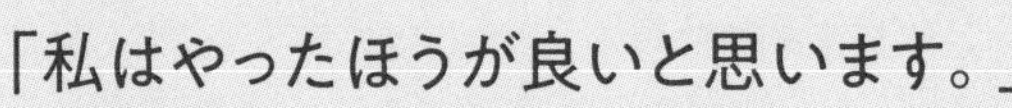

「私はやったほうが良いと思います。」

有栖（ありす）

タスク管理ツール（フォース）チームのメンバー。デザイナー。

「君が知っていることは何だ?」

蔵屋敷（くらやしき）

タスク管理ツール（フォース）チームのコーチ。

第01話 グループでしかないチーム

単一チーム 基本編

さあ、チームの旅を始めよう。ただし、その前に。チームは「チーム」になれているだろうか。もしかしたらまだ「チーム」ではなく「グループ」でしかないかもしれない。

ストーリー 導入編 新しいリーダーを迎えるチーム

僕はまた、会社を変えることにした。

これで3回、会社を辞めたことになる。今度の会社で4回目の入社。1社目は受託開発の会社で、3年以上勤めたけど、2社目と3社目は1年ほどしか在籍しなかった。決して後ろ向きな退職ではない。むしろ、1社目では素晴らしいチームメンバーに恵まれて、スクラム[1]にも取り組んだ。僕は、1社目でチームで開発することに自信を持った。だけど、この自信が井の中の蛙(かわず)の可能性だってある。だからこそ、安全な場所（コンフォートゾーン）にいつまでもいるわけにはいかないと考え、新天地を求めて会社を出たのだ。自分のチーム開発についての実践知が、他のレベルの高い環境でどこまで通用するのか確かめてみたかった。より自分を高めるための前向きな転職だった。

ところが……。2社目も、3社目も、外から見たり、聞いたりする分には先進的な会社だったのだけども。実際には現場がむちゃな開発スケジュールで疲弊気味だったり、部署や職種の間でマウントポジションをただ取り合っていたりと、とてもじゃないけどチームでプロダクトをつくっていくのに、理想的な環境とはいえなかった。皮肉なことに最初にいた会社の現場のほうが申し分のないチームになっていた。僕のチームのイメージは一人ひとりがきちんと約束を守り、お互いに貢献し合う関係性にある。

実際にこうして外に出てみると、どこもまともにチーム開発ができているとは言いにくかった。それはある意味で自分の自信にもなるのだけど、こんな風に組

1　アジャイル開発の一つの流儀。詳しくは本話末尾の補足「スクラムの概要」p.21を参照。

織の間をさすらいたいわけでもない。僕を送り出してくれたかつてのメンバーのことをよく思い出すようになった。みんな、僕の思いに気がついていて「ここよりもっと高いレベルの開発ができる場所がある。太秦（うずまさ）はもっと活躍する開発者だ」と面と向かって励まし、送り出してくれた。正直、一つ目の会社に戻ろうかと心弱くなることも増えてきたが、みんなとの別れを思い出しては踏みとどまっていた。

4社目は、デベロッパー向けのツールを開発、提供している、小さなベンチャーだった。会社の名前はアップストン。まだ、創業して5年程度だ。おそらく、全社員で30名もいないくらいの規模。もともとの成り立ちは、中堅SIerの子会社らしいのだけど、独立してからはあまり関係性があるわけではないらしい。SIの文脈と自社プロダクトの文脈は決して相性が良いわけではない[2]。僕はできる限り制約なくプロダクトづくりに飛び込んでいきたいので、親会社からの縛りがないのは好都合だ。

最初はソフトウェアテストを支援する地味なプロダクトをつくって提供していたらしいが、今は複数のプロダクト開発に取り組んでいると聞く。どれも開発を支援するツールで、開発現場の環境（開発者の体験／デベロッパーエクスペリエンス）をより良くするというミッションを掲げている。このミッションも、この会社に惹かれた理由の一つでもある。デベロッパーエクスペリエンスをより良くしよう！と言っている会社がまさか自社内をひどい状況にしているとは考えにくい。

僕が配属されたのは、タスク管理をメイン機能としたツールの開発チームだった。ちなみに、中途採用ながら同期入社が2人もいて、それぞれ別々のツール開発チームの配属となった。

「なんで太秦が、タスク管理ツールなんだろうな。」

配属結果の連絡を一緒に聞いて、明らかに不満げな様子を見せたのは同期入社

2　SIの文脈では、クライアントからの要請や期待が受発注の契約と絡み、調整しにくい制約になることが多い。あいまいなスコープ設定の中でどこまでやるべきか?が契約の力関係で決まるなどだ。結果として中長期的にプロダクトにとって望ましくない判断を下さざるを得ないこともある（たとえば、プロダクトの技術的負債の積み上がりを無視して機能をできる限り詰め込むなど）。プロダクトづくりは、プロダクトの外にある事情とプロダクト自体の質、この両者の最適化が図れる環境や前提の準備が重要になる。

の一人の御室(おむろ)だった。僕とは同じ年齢らしい。

「この会社にとって、タスク管理ツールはテスト管理ツールに続いて社長の期待が大きいプロダクトらしい。」

この会社はプロダクトのコードネームに番号を振っていて、会社の成り立ちともいえるテスト管理ツールはゼロと呼ばれている（確かユーザー向けには「テストアップ」という安直な名前がつけられて提供されているはずだ）。僕が入るタスク管理ツールは、フォースと名付けられているそうだ。アップストン社には、他に世に出ているプロダクトは今はなかったはずだから、フォースより前にあったであろう3つのプロダクトは残念な結果に終わっているのだろう。だから、フォースにはゼロに次ぐ期待がかけられているというのは御室の言うとおりかもしれない。

それなのに、なんで俺ではなくて、お前なんだと。御室はにらみつけるようにこちらを見る。御室の開発者としてのこれまでの実績は明らかで、僕よりはるかに即戦力で動けるだろう。御室は自分自身について相当な自負心を持っているようだ。御室に責められて僕の胸が早鐘を打ち続けていると、もう一人の同期入社が間に入ってきてくれた。やはり僕と同い年で、眼鏡の奥に細い目を忍ばせた宇多野(うたの)だった。

「タスク管理ツールは、今チームが混乱していて大変だと聞きました。チーム開発でスクラムの経験がある太秦さんが、私たちの中で最も適していると思われたのでしょう。」

宇多野の口調は、静かでそれだけに説得力が高く聞こえた。御室も言い返せないようで、その後は僕のほうを見ることはなかった。宇多野は気にすることはないとばかりに細い目をへの字に折り曲げてみせた。

来週からチームリーダー、やってくれる？

「太秦さん、来週からこのチームのリーダーを頼むよ。」

僕は自分の耳を疑った。そして、相手が本当にそう言ったのか確かめるように目の前の男性を見上げる。やけにガタイが良い、プロダクトオーナー[3]の砂子(すなこ)さんだ。

3　アジャイル開発の一つの流儀である「スクラム」において「何をどの順序でつくるか」に最も責任を持つ役割。プロダクトや事業の企画者であることが多い。略称はPO(ピーオー)（Product Owner）。

「……今なんて、言われました？　私がこのチームに来てからまだ1か月も経っていませんけど……。」
「知ってる。今日で、11営業日だ。」
「いや、あの、まだチームリーダーに会って話もしていません。」
「そうだな。でも、もう二度と会えないかなー。辞めちゃったから。」
　冷たさを感じる嫌な汗が顔をつたい始めた。状況の深刻さに反して、砂子さんの余裕の吹かせ加減が異様に感じられる。
　(僕が、このチームのリーダーをつとめるだって……!?)
　不意に背後に気配を感じた。いつの間にか僕の後ろにチームのメンバーが並んでいる。
「……なんだまた辞めたのか。」
　ひときわ大きな体で、貫禄のあるメンバーが口火を切った。このチームの最古参、嵐山(あらしやま)さんだ。もともとタスク管理ツール「フォース」の原型をつくったのが嵐山さんで、誰よりもプロダクトのことについて詳しい。そして、誰よりも態度が横柄だ。チームメンバーからはひそかに“**皇帝**(こうてい)”と呼ばれているが、そんな高貴さなんてまったくない、ただのジャイアンだ。
「まあ、しょうがないっすよね。ついていけない人にはバスから降りてもらうしかないですよね[4]。」
　これまた、さらっと怖いことを口にするのが皇帝と同じく初期の頃からチームにいる天神川(てんじんがわ)さんだ。年齢も皇帝に次ぎ、早口で自分の見解をまくしたてるため、チームの若いメンバーはたいてい押し込まれている。
「お二人とも言いすぎですよ。太秦さんのドキドキがこちらにも伝わってきます。」
　皇帝と天神川さんの横に並ぶと、細身で小柄な体がさらに小さく見える、三条(さんじょう)さんが眼鏡を押し上げながら、早口でたしなめた。三条さんまで早口なのは、皇帝、天神川の2人にはっきりと聞こえないようにするためだろう。彼らに意見をしたら、即座に反撃を受けてしまう。さすがに、このチームの経験がそこそこある三条さんは上手いものだった。だが、もちろん2人の耳には届いていないので

4　人をバスに乗せる、バスから降ろすというメタファーは、『ビジョナリー・カンパニー 2　飛躍の法則』ジム・コリンズ　著／山岡洋一　訳（日経BP社／ ISBN：9784822242633）によるもの。チームには何か成し遂げるべきミッションがあるはずだ。その実現に必要な人をチームに置き、そうではない人はチームから外れてもらうことで別の活躍の場を得るという考え方。

何の効果もない。

「………。」

三条さんの横に立つのは、鹿王院（ろくおういん）くん。僕よりも若く、三条さんよりさらに細身に見える。不用意な発言をすることはないが、それは皇帝と天神川さんを恐れているというよりは、やりとりが面倒なので何も言わないようにしている、という感じだった。三条さんと同じく眼鏡をしているため、皇帝に時々“眼鏡兄弟”と冷やかされている。

「……これで、2人目ですね。」

端っこに立っていた女性が静かに言い放った。このチームでは最年少にあたる有栖（ありす）さんだ。有栖さんも物静かで、ほとんど自分の意見を言うことはない。

「いや、もう4人目だ。」

皇帝が即座に訂正する。有栖さんがこのチームに加わる前にすでに2人がリーダーを降りていたということだろう。僕は思わず、つばを呑み込んだ。やれやれという感じで、砂子さんがため息まじりに言った。

「このチームのプロダクトもローンチしてからもう1年、初期のMVP開発の頃からするともう2年近くも経過する。そのわりにはまだまだ鳴かず飛ばずだ。」

そんなプロダクトのPOを引き受けて、俺はつらいんだとばかりに、砂子さんは恨めしそうに僕らチームをながめた。僕は自分が少し落ち着いてきたのを感じて、砂子さんに反撃を試みた。

「そんな大事な時期を迎えるプロダクトのリーダーなんて、僕にはとてもつとまりません。」

チーム開発を経験してきたとはいえ、僕はまだチームリーダーなんてやったことがないのだ。急に来週からリーダーだと言われても、一体何から始めたら良いのか。

「それはないでしょう、太秦くん。会社は君ならリーダー[5]をやれると踏んで、採用したんだから。」

砂子さんが答えるより早く皇帝が不必要に大きな声で呼びかけてきた。天神川さんもそれに同調する。

5　リーダーとはどのような役割なのか、明確になっていないのは珍しいことではない。チームの目標を定め、組織とチームの方向性が合うように努める。そのためにチームを率先して引っ張っていく（リード）ことが期待される。

「それに、このチームはだいたいこのメンバーでもう何か月もやってますからね。チームプレー[6]は良いと思いますよ。」

なぜだろう、天神川さんの後押しの言葉にまったく真実味が感じられない。この2人以外、三条さんも、鹿王院くんも、有栖さんも、みんないきいきとチーム開発をしている感じはない。あまり意見を出さないので、3人いても存在感が薄い。前任者のリーダーも現場に来られなくなってしまうなど、このチームが問題を抱えているのは明らかだ。僕の頭の中で嫌なイメージが先走り、大きくなっていく。

（ここも1年くらいで終わりだろうか……）

僕が気を遠のかせていると、不意に視界の端で見慣れない人がみんなと同じように立っているのに気がついた。砂子さんも、そういえばそうだったとばかりに、急にその人のことを紹介し始めた。

「太秦さんもいきなりこのチームのリーダーをふられていろいろと不安だと思うので、助っ人としてこのチームのコーチ[7]を用意した。」

砂子さんに促されて前に出てきたのは、鹿王院くんや三条さんに近い細身で、どちらかというと冷たい雰囲気をまとわせた人だった。

「蔵屋敷（くらやしき）です。」

彼のぶっきらぼうなことこの上ない自己紹介が、僕の心に留まることはもちろんなかった。

僕は何もわかっていない

突如ふって湧いたリーダーへの着任。僕のリーダーとしての1週目は気がついてみたらあっという間に終わっていた。あっという間に終わって、残ったのは不安[8]しかない。一向に慣れないチームメンバー、まだよくわかっていないプロダ

6　チームプレーはチーム内の連携を重視する考え方、チームワークはチームのミッション実現を重視する考え方といえる。つまり、スタンドプレー（個人の活動、行動）は前者では好ましいとされない。一方、後者ではたとえスタンドプレーであってもミッション実現につながるのであれば肯定されるという違いがある。チームプレーの良さが「良いチーム」かどうかを測る唯一の尺度になるわけではない。

7　チームに実践知を伝え、補完し、気づきを引き出す役割。チームが背伸びしすぎないように、それでいて目線が低くなりすぎないように、状態を踏まえてチームの学びを最適化する。

8　リーダーという役割についたときに湧いてくる不安は責任感によるところが大きい。周囲からの期待や設定されている目標を果たさなければならない、という責任を一人背負い込んでしまう。それが様々な悲観的な臆測を生み、不安を呼び込んでしまう。

クト、僕自身のリーダー経験の薄さ、そして、チームにあまり絡まないが開発機能だけはきっちりノルマのように積み上げるプロダクトオーナー。

ただ、今挙げたこと以上に僕の心を落ち着かなくさせる存在がある。もちろん、皇帝だ。何かにつけて皇帝からの圧を感じて胸苦しくなる。まるで「俺が言ったことは、そうなって当然だ。できないなんて言葉は存在しない」という前提が置かれているようだ。この皇帝のどうにもならなさ加減と、プロダクトオーナーの問答無用の要請の間で板挟みになることが目に見えていた。リーダーが4人も入れ代わり立ち代わりするわけだ。

他のメンバーも皇帝の圧は感じているようだが、とにかく事を荒立てないように発言を控えている。静まり返った集団が、黙々と言われた仕事をこなす現場。このチームの異様さはこれまで僕が経験したことのないものだった。

週の最後の営業日を迎え、チームのみんなはさっさと帰ってしまったが、僕はなんとなく自席に残ってしまう。やることが積まれているわけでもない。なんともいえない不安が見えない力となって僕を椅子に押しつけているようだった。

フロアにほとんど人がいなくなっても立ち上がれない僕に、近づいてきた人影があった。蔵屋敷さんだった。コーチという、開発現場ではあまり耳慣れない役割に、皇帝を始めチーム一同が彼をどう扱えば良いのかわからないままでいた。

助っ人だと砂子さんは言っていたが、彼とはこの1週間一度も口をきかなかった。何がコーチだ。僕は不安を怒りに変え、彼が何かを言うよりも早く自分の気持ちをあふれさせていた。とにかく誰かにこの状況の文句を言いたかったのだと思う。

「僕には無理ですよ。チームはひとくせもふたくせもある人たちばかり。そもそもプロダクトだって上手くいってないし。何よりも僕は、リーダーなんてやったことがないんですもの……！」

そこまで吐露しているというのに、蔵屋敷さんはいまだ一言も言葉を発しない。ただじっと僕をながめている。この人は一体何者なのだろう？と畏れにも似た感情を湧かせ始めたところで、ようやく蔵屋敷さんは口を開いた。

「君が知っていることは何だ？」

「……え？」

今なんて言った？　僕が知っていること？　僕は蔵屋敷さんの言葉を待ったが、彼は冷たい視線を僕に送り続けるだけだった。この間、蔵屋敷さんの問いが僕の中を駆けめぐる。

何を知っているのか？　このチームの？　このプロダクトの？　いずれにしても、僕はまだ何も知らないと言っていいということに気がついた。

何も知らないのに、自分の偏った想像力だけを働かせて、この先の展開をイメージし、そのイメージに縛られている。僕の考えがそこまでたどり着いたとき、蔵屋敷さんは静かに、そして唐突に言ってのけた。

「君は、まだチームとは何かを知らない。」

蔵屋敷の解説 グループからチームになるための一歩を踏む

太秦チームのコーチをつとめることになった蔵屋敷だ。第1部の解説は、私が進めていくことにする。この解説では、チームとは何かということと、チームの運営上よく発生する問題について概観する。ここで挙げた問題を第2話以降で掘り下げて扱っていく。

太秦チームは実際にはまだ「チーム」にもなっていない。たいていのチームがこうしたところからスタートする。初めて集まった一団が一足飛びに機能するチームになることは、ほぼない。自分たち自身の振る舞いや考えに向き合い、段階的にチームの機能性を高めていこう。

チームとグループの違い

太秦チームがまだ「チーム」にもなっていないとしたら、どういう状態なのだろうか。今の状態は、ただ人を寄せ集めているだけにすぎない。これを「グループ」と呼ぶ。チームとグループとはまったく異なるものだ（**表1.1**）。

表1.1 | チームとグループの定義

	チーム	グループ
存在意義	一人では不可能な成果をあげる （成果をあげるために必要な学習を自ら取り入れる）	人の集合を外部から見分けやすくすることができる （つまり内側より外側基準の意義）
主語	わたしたち	わたし、あなた、彼・彼女たち
ミッション	チームの存在意義に直結するミッションが共有されている	個々の行動レベルにまで落とし込めるミッションにはなっていない
役割	ミッション遂行に必要な役割を定義し、お互いに補完しあう	集団内での相互作用が乏しいため役割分担を必要としない
コミュニケーション	お互いの関係性、個々の振る舞い、考え方が相互作用に与える影響に注意を払う	相互作用ではなく、相互連絡になっている
プロセス	ミッション遂行のための最適化を自分たちで進める	集団としてのプロセスではなく、仕事を受け渡すワークフローだけがある
ルール	自分たちで決める	外部から決められる

グループをながめていて何か思いつくことはないか？　グループは組織が決める構造の一つになっている場合がある（たとえば、開発グループやデザイングループといった具合に）。当事者ではなくその外側から「集団を見分けられるようにする」という目的のための概念として捉えると、**表1.1**の「グループ」のような状態になるのは当然といえる（外から集団へのラベルを貼ってわかりやすく分類するという目的は達成できている）。

ただ、本来は具体的に達成したいミッションがあって、左側の「チーム」のようにありたいのに右側の「グループ」のようになっているとしたら、そこにはギャップがある。左側のチームのようになるための課題に取り組んでいこう。

もちろん、いきなり左側のような理想的なチームになれるわけではない。冒頭で述べたように段階を意識したい。この段階のイメージを適当に扱っているうちは、チームとして成熟していかない。まず、チームがどのような状態（段階）にあるのか理解することから始めよう。

チームもプロダクトのように成長する

チームづくりに向き合っていくことに、えたいの知れない難しさを感じるかもしれない。実際のところ、何を考えているか外からながめただけではわからない「他者」に向き合う活動なのだから、それは難しい。ただ、チームづくりに似た活動にわれわれはすでに取り組んでいる。プロダクトづくりだ。プロダクトをつくっていくことと、チームをつくっていくこと（なっていくこと）は、アプローチが似ている。

プロダクトづくりでアジャイルを志向しているなら、そのつくり方とはインクリメンタル（少しずつ）になる（**図1.1**）。少しずつプロダクトとしてできることが増えていくようになる。チームも同じだ。いきなり理想的な状態にはならない。段階的に成長を遂げていく。

時間とともに、プロダクトやプロジェクトについて知るべきことを知り、チームはその練度を高めていく。つまり、われわれはインクリメンタルにソフトウェアとしてのプロダクトづくりを進めるとともに、同時にチームという「プロダクト」をつくっているといえる。

プロダクトづくりに細心の注意を払うように、チームづくりにも気を配る必要がある。チームづくりも、適当にやっていれば適当にしかならない。プロダクトづくりと同様だ。

図1.1 | プロダクトもチームもつくられ方は同じ

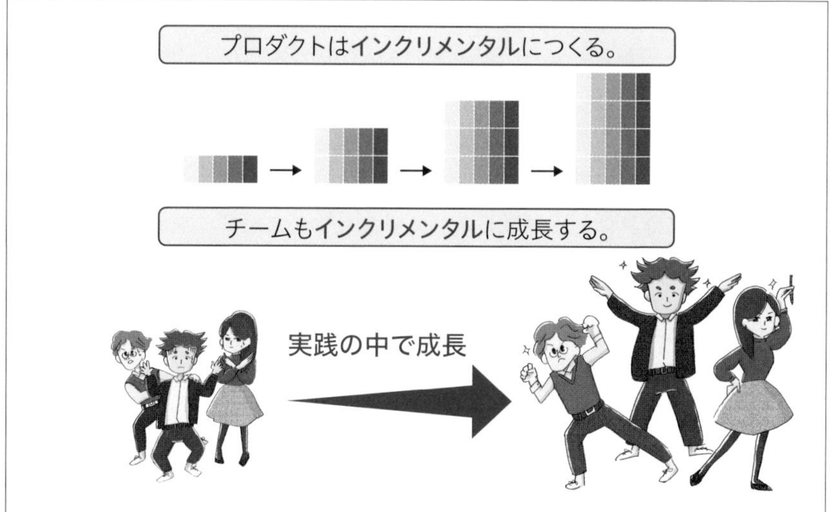

チームになるための4つの条件

一人では出せない成果を上げるために「チーム」という仕事のやり方を取るわけだ。「これなら一人でやったほうがマシ」という状態が続くようではチームを選択する意義が薄い[9]。チームになるための条件が4つある。

〈チームになるための4つの条件〉

① チームの目的を揃える
② 共通の目標を認識する
③ お互いの持ち味を把握する
④ 協働で仕事するためのやり方を整える

9　実際にはチームの成長は段階のため、一人のほうが効率的、という状況はありえる。

①チームの目的を揃える

答える問いは「**われわれはなぜここにいるのか？**」だ。何を達成するために、どういう状況をつくるためにこのチームを結成したのか。誰かから与えられた言葉をすべてにするのではなく自分たち自身でミッション（任務）を捉え、自分たちの言葉で言語化しよう[10]。そして、メンバーによって捉えたミッションが大きく異なる、といった状態にならないようにする。ミッションを表した文章は、チームがよく目にする場所（リアルな場合も、デジタルな場合もあるだろう）に掲示し、定期的に方向性を違えていないかみんなでながめるようにする。

②共通の目標を認識する

ミッションは、一気呵成（かせい）に実現するには険しく、チームの最初の段階では本当に達成できるのかという不安を感じることも多いだろう。ゆえに、ミッションを大きなまま捉えるのではなく、複数の目標[11]にブレイクダウン（分割し、詳細化）する[12]。いくつかの目標をクリアすれば、ミッションに手が届くようになる、というプランニングをする。ミッションのままではやりようが思いつかなかったところを、達成の条件を明確にしてかつサイズを小さくした目標に落とし込むことで、現実感も出てくる。目標もまた、誰か一人がわかっていれば良いわけではなく、チーム一人ひとりの思考や行動の基礎となるよう、全員で共通にする。

③お互いの持ち味を把握する

①②までがチームにとっての「**Why**」にあたる（**図1.2**）。なぜこのチーム

10 たいていの場合はチームにはスポンサー（結成をオーダーした人。わかりやすく言うとマネージャー）がいるだろう。そうした人々に捉えているミッションを見せて伝え、すりあわせておく。

11 この目標の実体はスクラムでいえばスプリントゴールにあたる。ゴールの粒度がスプリントの手にあまるようであれば複数のスプリントにまたがるゴールを定めても良い。それをさらに、スプリントゴールに落とし込むとよりわかりやすくなるだろう。

12 たとえば、タスク管理ツールでいえば、ミッションを「競合のツールと同等の機能性を備える」と置くと、個々の目標は競合ツールの機能性を一つ一つ備えるべく設定されることになるだろう。「チームでファイルの共有ができる」とか「権限を定義しメンバーに付与することができる」などだ。「チームでファイルの共有ができる」ためにはファイルのアップロードやダウンロード、ツール上のフォルダ管理などが必要になるだろう。これらは目標を達成するために必要な機能として認識される。

が存在するのかという意義の言語化にあたる。Whyを共通認識した上で必要なのは、どうやってそのWhyを実現するかという**How**（作戦）だ。その前提として、まずチームメンバー互いの得意とすること、重視していること、関心ごと（何についてよりやる気を出すのか）などの「**持ち味**」を把握する。

図1.2 | チームづくりのWhyとHow

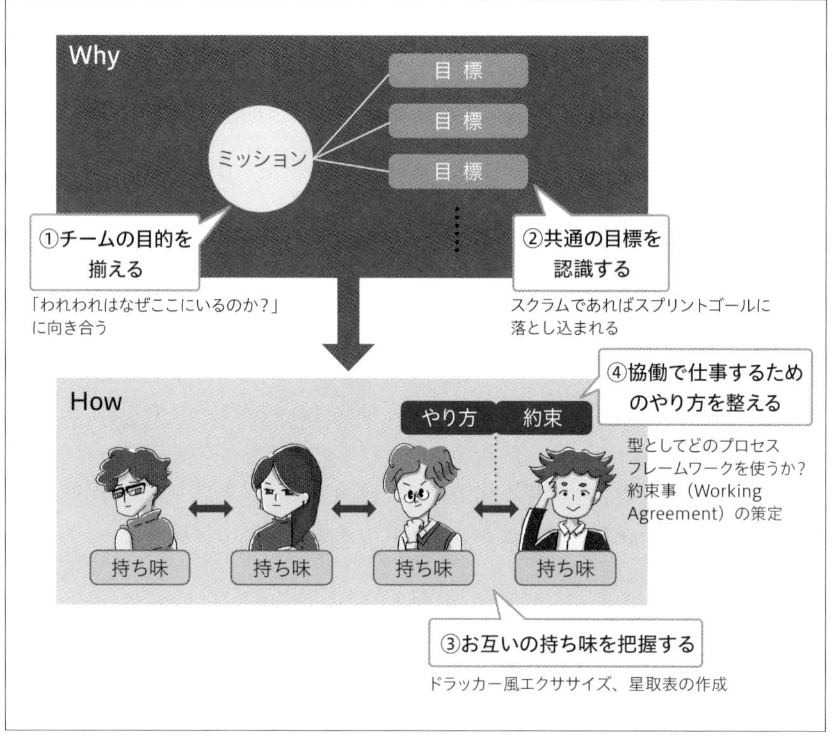

チームビルディングのワークショップとしては「**ドラッカー風エクササイズ**」（**図1.3**）、「**星取表**」（**図1.4**）などが挙げられる。そうしたワークを実施して把握しても良いし、ラフに雑談のような会話の中で、確かめあっても良い。ワークを実施するのに時間を調整し、準備し、といった具合で、1週間も2週間もかかるくらいなら、思いついたその日の午後に集まって雑談したり、次の日の朝会で話し始めたりするほうが効果を得やすく、より早くチームの活動に影響を与えられる。

図1.3｜ドラッカー風エクササイズ

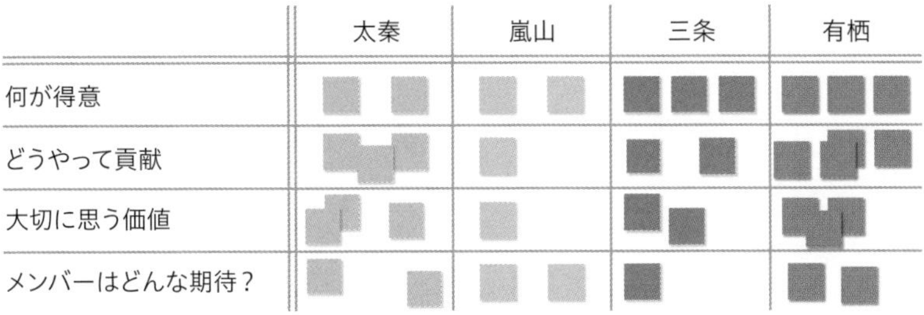

	太秦	嵐山	三条	有栖
何が得意				
どうやって貢献				
大切に思う価値				
メンバーはどんな期待？				

ドラッカー風エクササイズとは、4つの質問（自分は何が得意なのか？　自分はどうやって貢献するつもりか？　自分が大切に思う価値は何か？　チームメンバーは自分にどんな成果を期待していると思うか？）に対してチームで答えて、それぞれの得意技や価値観を明らかにするチームビルディングの手法。

図1.4｜星取表

	スクラム	AWS	Vue.js	Go	ユニットテスト	テスト自動化	ビジュアルデザイン	CSS
太秦	○	↑	△	○	○	○		
嵐山		○	○	☆	○			
天神川	△	△	△	○		↑		
三条		↑	○	△	↑			
鹿王院		↑	○	△	↑			△
有栖							△	△
砂子	○	△					△	

☆：エース級　○：一人前
△：ヘルプが必要　↑：習得希望
−：できない

星取表とは、チームメンバーがどのようなスキルを持っているのかを見える化し、俯瞰するための道具。別名スキルマップ。

④協働で仕事するためのやり方を整える

人と人とがともに動き、まとまった成果を上げていくためには**前提**が必要だ。お互いが完全に好きなように動いて、それでいて結果が出せるというのは一つの理想だが、チーム最初の段階ではまるで遠いことだろう。チームとして仕事の「**やり方**」と「**約束**」を整え、前提に置くようにする。

初めて組むメンバーが多いチームの場合は、そのチームとしての「やり方」はまだ成立していない。ゆえに、集まったメンバーの間で「どのように仕事を進めていくか」の共通理解が得やすいプロセスや進め方のフレームワーク（枠組み）を選択して[13]、スタートを切ることになる。チームの活動を繰り返していく中で自分たちのやり方を少しずつ見出していくイメージで進めていきたい。

もう一つ「約束」について。決まりごとで活動を縛る狙いは、チームの状態がカオスになりすぎないようにするため[14]である。チームの初期の段階は互いの人となり、リズム、どの程度の関わりを持つと良い相互作用が生まれるかという「**間合い**」が計りにくい。ゆえに、チームとしての約束を設定し、前提にする。「いつ何時にチームの定例会を行う」「コードは必ず自分以外の誰かのレビューを通す」「疑問を持ったらその場で質問する」といったように、具体的な内容にする。そうした約束（前提）を置くことで、望ましい状態、結果を引き出すことを狙う。

いつ何時にチームの定例会を行う	➡プロセスが円滑に進むために
コードは必ず自分以外の誰かのレビューを通す	➡アウトプットの質を高めるために
疑問を持ったらその場で質問する	➡チームの機能性を上げるために

13 たとえばスクラムであり、カンバンであり、その組織の共通の「やり方」かもしれない。いずれにしてもチームにその「やり方」にある程度詳しい人物がいることが望ましい。そうでなければ、まず「やり方」を整理するところに時間を使うことになる。

14 一人ひとりの自主性を引き出すための決めごとを設けることもあるだろう。そうした目的の場合は、義務を課すのではなく、最小限の禁止を設けてそれ以外の許可状況をつくるほうが適しているだろう。つまり、チームとしての「やらないこと」「やってはいけないこと」を定める。「～をやること」でチームの活動をコントロールしようとすると、細かくたくさんのルールをつくってしまうことになりかねない。そうではなく、明らかにチームとして望ましくないことを設けることでそれ以外のすべてを許可する、としたほうが動きやすくなるだろう。

逆に、置いている前提が望ましい結果に結びつかないような場合、または今まで結果が出ていたのにチームやプロダクトの状況が進んだことで効果が上がらなくなってしまった場合、決まりごとの見直しを行う。こうした**決まりごとはそもそも最小限に留める**ようにする。覚えきれないほどの決まりごとを設定してしまって、自分たちの行動を自分たちで制限しすぎないようにしたい。

そして、決まりごととして役割を果たさなくなった内容は、ふりかえり▶▶第２話参照などで状況を確認し**捨てていく**ようにしよう[15]。捨てる判断の基準は、チームのミッション実現に必要なものなのかどうかだ。つまり、チームのミッションが変わるならば、決まりごとも変わる可能性がある。

チームに起きる問題パターン

第１部では、チームに起きる数多くの現象、問題について取り扱う（**表1.2**）。いずれも容易ならざるものだ。だが、起こりうる問題をパターンとして認識していると、戦いようがある。

15　では、役に立たなくなったのではなく、チームにとって当たり前になった内容はどうするべきだろうか。これも決まりごとの中から消してしまうという考え方がある。一方で、「これこそ自分たちの価値観を表している」ような内容はどれだけ自明であっても残しておいたほうが良い。チームに後から来る人のために。それは、時が流れた後の自分たち自身も含まれる。

表1.2 | 第1部で扱う問題のパターン

問題のパターン	内容	登場話
トラックナンバー1問題	・特定の人にしかできない仕事がある ・特定の個人に強く依存していることを、チームメンバーが気づけていないこともある	第2話
個の関係性が影響する問題	・チームメンバーが特定のチームメンバーに苦手意識を感じていたり、わだかまりがある ・率直な意見を好む人と、できるだけ衝突したくないスタイルの人との間で起きるコミュニケーション不全 ・互いに評価が甘くて、チームとして殻を破っていけないというケースもある	第2話
オレが皇帝だ問題	・声の大きいメンバーがいて、そのメンバーが発言すると、誰も発言できなくなる	第2話
「どうぞ、どうぞ」問題	・言ったもの負けの雰囲気があり、誰も発言しない	第2話
目的理解不足	・目的理解が浸透しておらず、チームとして何にフォーカスすればよいかわかっていない	第2話
メンバーが受け身問題	・リーダーが仕切りすぎてメンバーが受け身になってしまう ・リーダーの過度なマイクロマネジメント	第2話
タスクこなしてしまう問題	・チームだけど個人活動の集合にしかならない。目標にコミットしているというよりは個々人がひたすらタスクを実行している状況。進捗は出ているように見えるが、チーム感はない	第2話
課題や仕事の見えない化問題	・課題はあるのにトラッキングできておらず、「あれどうなった」みたいな会話が繰り返される ・チームの目標や課題が見える化されていない	第3話
品質とは問題	・品質についての認識がメンバーによってバラバラ。力の入れ具合にムラがある	第3話
お見合い問題	・チーム内の役割が不明確で、お互いにお見合いしたり、同じことを実施してしまったりしている	第3話
誤ったチームファースト問題	・成果よりもチーム内の良い関係だけが重視されている	第4話
誤った民主主義問題	・チームのことはチーム全員で決めましょう、という感じで、何でもかんでも、合議制で決める。何か物事を一つ決めるのにも、猛烈に時間がかかる	第4話
マンネリ化	・現象としては「ふりかえりで何もでない」「軽微な問題が放置されたまま（割れ窓問題）」 ・チームのあり方、やり方に慣れきってしまい、新鮮味がなく、モチベーションの低下につながっている	第5話
情熱空振り問題	・リーダーや関係者の思いや熱量がメンバーに伝わっていない、伝わらない	第5話

問題のパターン	内容	登場話
働き方、働く場所が違う問題	・働き方や働く場所が異なることで時間的、空間的、経験的分断をもたらし、チーム活動に支障をきたす	第6話
サーヴァント過ぎリーダー	・メンバーに遠慮して、リーダーが足元の課題ばかりに対処している	第7話
知らないところで決まる問題	・チームの重要な方針がチームの外で決まり、振り回される ・チームが目的を見失ってしまう	第7話

補足 プラクティス＆フレームワーク

スクラムの概要

ここでは、本文の内容を補足するプラクティスやフレームワーク、知識を紹介する。第1話では、スクラム（スプリントと呼ばれる固定された期間を反復的に繰り返し、価値あるプロダクトを構築していくフレームワーク）を扱う。本書の随所には、スクラムの用語が出てくる。もしスクラムの内容や理解に自信がなければ**図1.A**に目を通しておこう。また、スクラム自体の学習については「スクラムガイド」などを用いることをお薦めする。参考文献を巻末にまとめておこう。

図1.A｜スクラムの役割、スクラムイベントと作成物

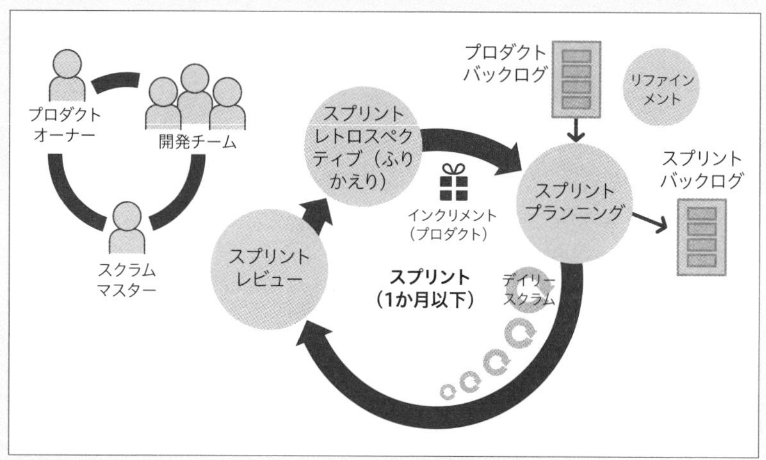

NEXT ▶▶

» イベント

スクラムは以下の5つのイベントで構成される。

①スプリント ➡ 反復される開発期間のこと。こうした区切られた期間のことをタイムボックスと呼ぶ。スプリントは、通常は1か月以下で設定する。
②スプリントプランニング ➡ そのスプリントで何を開発するのかを計画するミーティングのこと。
③デイリースクラム ➡ 日々の進捗や優先順位、障害などを確認し合う短いミーティングのこと。毎日同じ時間、場所で実施する。
④スプリントレビュー ➡ スプリントの終わりに作成物をレビューし、フィードバックを得るミーティング。
⑤スプリントレトロスペクティブ ➡ プロセスを検査し、カイゼンするためのミーティング。

» 役割

スクラムのチームは、以下の3つの役割で構成される。

①プロダクトオーナー ➡ プロダクトの価値の最大化に責任を負う。
②開発チーム ➡ プロダクトを形にしていくチーム。
③スクラムマスター ➡ チームが成果を上げるために支援する。

» 作成物

この3つの役割を持ったメンバーと、5つのイベントを通して、以下の3種類の作成物をつくっていく。

①プロダクトバックログ ➡ 実現したいプロダクトの要求、要望、機能の一覧。
②スプリントバックログ ➡ プロダクトバックログからスプリント内で作成すると決定した対象の一覧。
③インクリメント ➡ 動作するプロダクト。

NEXT ▶▶

図1.B｜スクラムとウォーターフォールの比較

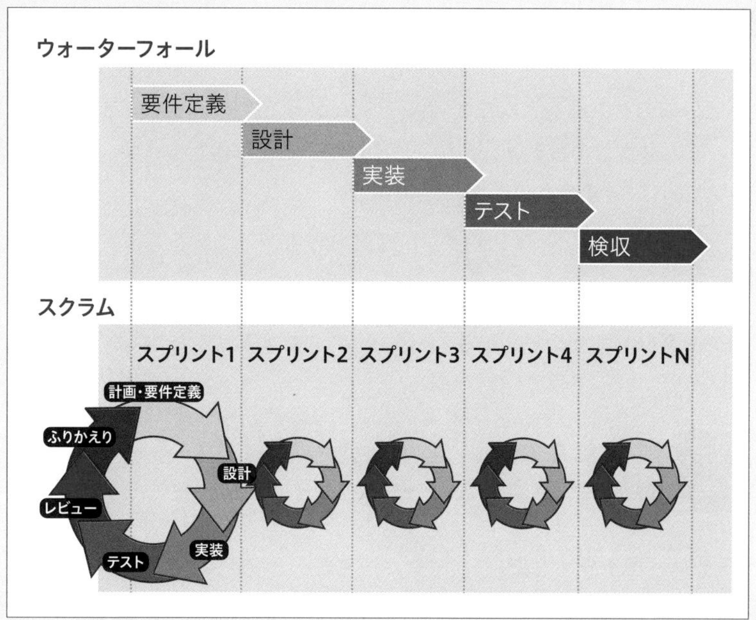

スクラムでは、スプリントの中でプロダクトバックログの実現に必要な行為をすべて行う。

第1話｜まとめ　チームの変遷と学んだこと

	チームのファースト	フォーメーション	太秦やチームが学んだこと
第1話 グループでしかないチーム	**タスクファースト** ("皇帝"による統治)	リーダー：太秦 メンバー：皇帝、天神川、三条、鹿王院、有栖 PO　　：砂子 コーチ　：蔵屋敷	•チームになるための4つの条件

第02話　一人ひとりに向き合う

単一チーム　基本編

ただ目の前のタスクをこなすだけ。チームがどこに向かっているのか誰もわからない。そんな状態からチームとして最初にやることは何だろうか。まずは、個々人で「Why」に向き合うことから始めよう。

現在のチーム構成

リーダー　　　　　　：太秦（うずまさ）
メンバー　　　　　　：皇帝、天神川（てんじんがわ）、三条（さんじょう）、鹿王院（ろくおういん）、有栖（ありす）
プロダクトオーナー：砂子（すなこ）

ストーリー 問題編　敷かれたレールをただ走り続けている機関車のようなチーム

「この機能は、鹿王院くんで。」

本人の顔を見ることなく、皇帝はアサイン[1]を始めた。今日はプランニングの日で、積み上がった機能リストをプロジェクタで壁に映しながら、チーム全員でその担当を決めている。全員といっても、皇帝が一存で決めてしまっている。皇帝以外は天神川さんを除き、ほとんど誰も発言しない。

「前回のスプリントで、鹿王院さんは時間を持て余していたから大丈夫ですよ。」

本人の代わりに天神川さんが返事する。この2人のかけあいだけでミーティングは進行していく。ちなみに、プロダクトオーナーの砂子さんはこの場にいない。そもそも砂子さんをオフィスで見かけること自体が少ない。おそらく、利用企業の訪問や営業を行っているのだろう、詳しくはわからない[2]。砂子さんの関心は機能がどれだけできあがるかであり、機能のリストを積み上げていれば良いと考えているのか、チームのミーティングに参加することはまずない。その代わり、蔵屋敷さんが入っている。ただし、会議室の隅で座っているだけだ。他のメンバー

1　タスクに担当を割り当てること。一方、サインアップは自ら手を挙げて、引き受けることを表明すること。

2　プロダクトオーナーとチームの距離感は自然と詰まっていくものではない。物理的な距離があればなおさらだ。「何をやっているかわからない」というのは望ましい状態ではないことに留意しよう。

以上に口を開くことはない。
「はい、次。コメントのリアルタイム反映機能ね。これは、太秦くんで。」
　皇帝に不意に名前を呼ばれて、体がびくりと動いた。
「この機能、砂子さんが前々スプリントから欲しいと言っていたやつですね。」
　天神川さんが目を輝かせて僕のほうを見た。「君ならやれるよ」と、根拠のない後押しを親指を立てて表現している。見かねたのは三条さんだった。言葉を慎重に選びながら発言した。
「さすが、期待の新リーダーですね。リーダー業をやりながら、実装もしていく。これまでのリーダーとはわけが違う。……それは素晴らしいのですが、すでに太秦さんは両手いっぱいのタスクを抱えているようですけど。」
　皇帝はこのミーティングが始まって、初めてメンバーのほうを見た。三条さんに対して何の感情も浮かんでいない表情を向ける。
「この機能リスト、終わらないよ？」
　抑揚のない声色が、皇帝の圧をより高めるのに一役買っている。三条さんはごくりとつばを呑み込んだ様子だった。確かに砂子さんが用意した、開発するべき機能リストにはまだ完成のめどがついていないところが数多く残されている。
「PO[3]が言っていたとおり、うちのチームがつくっているタスク管理ツールの価値をユーザーは理解できていない。もっとわかりやすい機能を急ピッチで載せていかないと[4]、このチーム……つぶされるよ？」
　つぶされる……。解散させられるということなのだろう。そう言われると三条さんは押し黙るしかなかった。プロダクトが今ひとつユーザーに響いていないのは事実だ。だからといって、機能を次から次へと追加していけば良いのかは疑問だ。そうした疑問は、僕だけではなく、三条さんや鹿王院くん、有栖さんも感じているようだが、それ以外の選択肢を持っているわけではないので、皇帝の方針に付き従っている形だ。
　こうして、言ったら負けの雰囲気はますます強まっていく。三条さんが散発的に、皇帝と異なる意見を上げるが、すべて押しつぶされ、ミーティングを終える

3　プロダクトオーナー（Product Owner）の略称。

4　プロダクトが思うようにユーザーに利用されていないというのは常に直面する問題である。それに対して「機能を追加していく」というアプローチで良いのかは慎重に判断したほうが良い。むしろ機能が増えると複雑になりユーザーの混乱を招くことが考えられる。機能を減らすという判断も場合によって必要である。

頃にはもう皇帝以外の誰一人、口を開く人はいなかった。

僕たちは塹壕(ざんごう)の中で開発をしている

ミーティングを終えると、それぞれ自席に戻りアサインされたタスクに取りかかる。お互いに不必要な話をしている場合ではない。各自に積み上げられたタスクの量が多く、次の定例会までの2週間で終わり切るのかわからない。誰一人その表情に余裕なんて浮かんでいない。

だから何か相談を持ちかけようとしたって、誰からもほとんど反応がもらえない。三条さんはだいたい生返事だし、有栖さんもいつも透明のような薄い反応だ。鹿王院くんにいたっては会話を拒絶する静かな殺気を発しているようだ。僕に対してだけではなく、チーム全員がお互いにそんな調子だ。

こうした状況だから、お互いの仕事の様子や結果がまるでわからない。2週間後の定例会で初めてできているか、できていないかがわかる。その過程で、どのように取り組み、どんな問題に突き当たり、悩んでいるのかどうかもわからない。そして、それをどう乗り越えたかも他人が知る由もない。つまり、各自の仕事の詳細は、アサインされた本人にしかわからず、他のメンバーが手出しすることができない状況になっていた。これでは一人で仕事しているのと変わらない。まるで塹壕[5]に飛び込んで、ひたすら自分の目の前のことだけ考え、こなしているようだ。

（これが、蔵屋敷さんの言っていた"チームではなくグループ"という状態か……）

個々のメンバーは力がありそうなだけに、一人仕事になっているのが残念でしかない。現にチーム全員、それぞれにアサインされたタスクを倒し切ってくるのだ。今回のスプリントを終える頃には、相当な機能ができあがるだろう。

そして、実は誰よりも皇帝のタスク量とその消化具合が群を抜いている。彼の一方的なアサインに力強く反対できないのは、皇帝自身が最もこのプロダクトの開発をけん引しているからに他ならない。もちろん、皇帝の手がけた仕事も、他のメンバーに共有されることがなく、その中身はわからない。機能をつくればつくるほど、スプリントを重ねれば重ねるほどわからないことが増えていく感覚。

その結果、バグも相当出てくる。正直何か手を加えたら、他の機能に影響があって必ずバグも埋め込んでいるような状況だ。積み木を無作為に積み上げて

5　戦争で相手の攻撃から身を守るために掘られた穴や溝のこと。

いった結果、安定性をまるで欠いてしまって、だんだんと積みようがなくなっていく感覚。どこかで大きな障害につながってしまいそうな不安がある。

結局このチームは、ただひたすらタスクを片づけているだけなのだ。個々人の仕事は個々人のもの。そして、個々人の学びも個々人のものでしかない。特に、チームとしてのミッションや目標の設定がないため、個々人が来た球（タスク）を打ち返すのを繰り返しているだけ。まるで到達感のない開発だった。そんな状況だから、メンバーそれぞれのモチベーション、関心事はバラバラになっていて、正直なところ何を考えているのかわからない。

（これでは燃料を気にせず、ただひたすら敷かれたレールを走り続けている機関車みたいなものだ）

チームメンバーの振る舞い、発言、表情の観察をするようになってから、僕はこのチームの置かれている状況が見えてきた気がした。蔵屋敷さんとはあれから一切話すことはないが、あの人に言われたことがきっかけでこのチームのために何をしたらいいいか思い浮かぶようになった。……だけど、チームの運営やあり方について、皇帝に意見するなんて恐ろしくてできる気がしない。

タスクに集中していたおかげであっという間に次の定例会が迫ってくる。運営について提案するなら、みんなが集まるあの場が適しているはずだ。でも……。

僕の煮えきらなさが伝わっていたのだろうか。午後からの定例会に向けて、有栖さんとプロジェクタの準備をしていると不意に蔵屋敷さんが声をかけてきた。

「この状況のまま、この先いくらスプリントを繰り返したところで、プロダクトもチームも破綻するだけだ。」

蔵屋敷さんの端的だが的確な指摘。しかし、今僕が必要としているのは状況の分析ではない。

「……わかってます。ですが、とても運営に口を挟める雰囲気ではありません！」

僕が強く反発したことに、有栖さんは少し驚いた表情になった。僕と蔵屋敷さんのやりとりをただ見守っている。一方、蔵屋敷さんのほうは平然とした様子で言葉を続けた。

「いいか。時間軸をただいくら伸ばしても状況が変わる見込みがないのならば、そこにいる人間でどうにかするしかない。待っていても何も変わらない。誰かがやってきて変えてくれるなんてことはない。」

蔵屋敷さんの言葉に僕は一つも言い返すことができなかった。表情はいつもと変わらないが、蔵屋敷さんの淡々とした口調の中に圧倒的な後押しを感じる。
「そして、その**状況を変えられるのは必要性に気がついている人間だけ**だ。」
　蔵屋敷さんは一瞬押し黙ったが、このチームではそれがお前だ、そう言っているのは明白だった。そして、こう付け加えた。
「**自分のハンドルは、自分で握れ。**」

ストーリー 解決編　チームで自分たちのWhyを問い直そう

　チームに何を提案するか？　インセプションデッキ[6]？　ドラッカー風エクササイズ？　チームビルディングのワークショップはいくつかある。この最初の、緊張感あふれる一手をどうするのか。僕の不安は次の段階に移っていた。蔵屋敷さんは、僕の考えていることがまるで手に取るようにわかるらしい。先回りするように言った。
「やって満足するだけの“ワークショップ症候群”[7]になるなよ。**チームで、チームの何を知りたいのか**だ。」
　蔵屋敷さんは一貫して「何を知るのか」を問うているように思う。蔵屋敷さんは話を続ける。
「物事、状況には常に、わかっていることと、わかっていないことがある。人はわかっていることを頼りに動くものだ。そして、わかっていないことは想像で補完する。」
　だから、わかっていないことが多いほど、的外れな行動を取っている可能性が高まる（想像でしかないから）。蔵屋敷さんは、その可能性に自分の注意を向けよと言っているのだろう。だんだんと蔵屋敷さんが言いたいことがわかってきた。蔵屋敷さんも僕の理解がついてきているのを確認し、締めくくった。

6　10個の問いに答えていくことでプロジェクトやプロダクトのWhyやHowを明らかにし、チームや関係者の共通理解を育む手法。詳しくは『カイゼン・ジャーニー』第11話を参照。

7　ワークショップをやること自体が目的になっている状態のこと（本話で解説する）。ワークショップにはやってみると達成感が得られるという効能がある。この効能にとらわれてしまって、達成感を得ることが目的にすり替わるとワークショップ症候群になりうる。ワークショップを通じて何を得たかったのか、問い直すようにしよう。

「チームの行動の質を高めていくために、**わかっていないことのうち何がわかれば良いのか**を問い続ける必要がある。そして、何をわかれば良いのかは、**自分たちがどうなりたいか**に基づくはずだ。」

僕は、このチームを「グループ」から「チーム」にしたい。そして、もっと「機能するチーム」に。だから、チームとして向かうべき方向、チームとしてどうありたいかという共通の理解を得る必要があると思っている。そのためには、まず何をわからないといけないだろうか？

僕は頭を悩ませ始めた。そして、ふとずらした視線の先で有栖さんがいることを思い出した。僕と蔵屋敷さんとのやりとりをずっと聞いていたらしい。感情が表に出てこない有栖さんの顔を見つめながら、僕は彼女がどういう思いでこの話を聞いてるのか気になった。いや、そもそも彼女は何がしたくてこんなチームにいるのだろう？　僕は彼女のことについて圧倒的にわかっていることが少ないことに気づいた。

「そうか。“チーム”になっていないチームが、“チームとしてどうありたいか”なんて考えつけるはずがない。チームの前に、まず個々人が何のためにここにいるのか、だ。」

僕は蔵屋敷さんの反応をうかがう。僕がぶつけた答えを、蔵屋敷さんは静かに受け止めた。

「そうだな。人は与えられた環境に最適化しようとするあまり、自身で捉えるべき“自分のWhy”を見失ってしまっていることが珍しくない。」

僕は、何の反応もない有栖さんの顔を見つめながら、何を知るべきか完全に理解した。しかし、「チームのみんなでWhyを考えてみよう」なんて場をどうやればつくれるだろうか。そんなえたいの知れない会話なんて、皇帝だけではなく他のメンバーからも難色が示されそうな気がする。そんな僕の懸念を察したのだろう、蔵屋敷さんがまたもや先回りした。

「**必要な会話をするためには、それに適した状況をつくること**が前提だ。」

こういう会話が不自然ではない状況、それってやっぱり何かのワークショップだろうか。でも、もうワークショップを考えたり、準備する時間はない。定例会は午後には開始する。僕のまだ煮え切らない様子を見て、蔵屋敷さんは細いため息をついた。

「状況の設定は、俺がやる。」

その後はお前次第だ。蔵屋敷さんの僕を見つめる目は明らかにそう語っていた。

「お、今日はふりかえりもやるんだ。」

プロジェクタに映し出されたミーティングアジェンダを見て、天神川さんが無邪気な声を上げた。

（なるほど、ふりかえりか。）

誰よりも僕が感心していた[8]。確かにチームとして会話するのには自然な状況設定だ。

「新しいリーダーになって、もう1か月が過ぎますから、今日は定例会の終わりにふりかえりの時間を設けたいと思います。」

定例会で蔵屋敷さんが口を開いたのはこれが初めてのことだった。それ自体が、今日は何かいつもと違うと、チームのみんなもなんとなく察したらしい。皇帝がさっそくふりかえりの開催に異議を唱えるかと思っていたが、思いのほか何も言わなかった。

いつものように、レビューとプランニングを進めていく。相変わらず、皇帝がすべてのタスクの割り振りを決めていく。前回同様、過度な分量なのは明らかで、みんな黙っているが疲労の色がすでに表情に出ている。このスプリントで、もう持たない気がする。やはり、今日がこのチームの状況を変える、最初で最後のチャンスになりそうだ。

通常の定例会アジェンダを終えて、僕は切り出した。緊張感で声が上ずってしまう。

「ここからの時間は、このチームの、そして個々人のWhyを考えることにあてたいと思います。」

さっそく、皇帝が反応した。

「なんだそのテーマ。ふりかえりなのか、それ。」

天神川さんが皇帝に同調する。

「確かに、ふりかえりのテーマではないですね。これまでのKeepとかProblemを出すのではないの？」

8　太秦のチームではコーチがいたから、ふりかえりのリードを頼むことができた。では、そうした役割がないチームではどうすれば良いのか。本話の解説を読んでほしい。

まずい……これでは会話が始められない。言葉に窮している僕を見かねて三条さんが口を開いた。

「おそらく、このチームのWhy、つまり目的ですよね、これをまず明らかにした上で、僕らの今の活動についてKeepやProblemを出そうということなのでは。」

三条さんのとってもナイスな代弁。だが、皇帝は完全にヘソを曲げてしまったようだ。

「なんで、いまさらそんなことを……。そんなことのんびり話し合っている時間なんてないだろう。」

確かに、タスクは山積みだ。三条さんもこれからの対話がどれほど大事なものか、その必要性を理解しているわけではないので、それ以上食い下がれる様子ではなかった。

ミーティングをもう終えようと皇帝が言いかけたとき、思わぬところから帝国への反逆の狼煙(のろし)が上がった。

「私はやったほうが良いと思います。」

有栖さんだった。大きな声ではないが、はっきりとした意思のこもった発言。彼女のまさかの表明に誰よりも僕があっけに取られた。蔵屋敷さんに次いで無口な彼女が口を開いたおかげで、場の雰囲気はなあなあで終わらせることができなくなっていた。

「……私も、話し合ったほうが良いと思います。」

鹿王院くんが続く。もちろん三条さんもうなずいている。さらに天神川さんも「ふりかえりはやったほうが良いですね」とただ一般論に基づいた意見を述べる。皇帝も、浮かせていた腰を椅子に置き直し、しぶしぶ賛同した。

僕は、蔵屋敷さんのほうを見た。たぶん、蔵屋敷さんはあのとき、僕とだけ話しているのではなかったんだ。僕との会話を通じて、有栖さんとも会話していたんだろう。蔵屋敷さんはすっかり目を閉じてしまっていて、こちらを見ることはなかった。

よし、この流れでやるぞ。このチームに来て以来、最も大きな声で僕は宣言した。

「これから、3つの問いにみんなで答えてみましょう！」

蔵屋敷の解説　出発のための3つの問いに向き合い チームのファーストを決める

太秦のチームは、ようやくスタートラインに立つことができた。ここでは、チームをスタートラインに立たせるための取り組みについて解説する。具体的には、太秦がチームで向き合おうとしている「**出発のための3つの問い**」に答えることだが、この問いに向き合う前にいくつか踏まえておきたいことがある。

誰が始めるのか?

より良いチーム（とは何かはもちろんチームで目指す方向性として決める）へと向かうための取り組みを、始めるべきなのは誰だろうか？　リーダーだろうか、メンバーだろうか。誰が変化を起こすのかということについて、役割という切り口で考えるのはやめたほうが良い。役割で捉えようとすると「自分ではない他の誰か」へと転嫁させやすく、取り組みの主語は「彼、彼女」に置き換わってしまうだろう（「彼がやるべきでしょう」「彼女がその役割では？」）。

では誰が状況を変える行動を始めるのか？　**それは「気づいた」人だ**。今この状況には、理想との間でギャップ（問題）がある、あるいはもっとよくありたい、よくできるはず、と。「これまで」の環境に慣れてしまうと、現状への疑問も湧かなくなってしまう。これまでこうしてきたのだから、と。

緊急度が高く、重要度の高い問題、たとえばプロダクトが停止しているとか、重要なリリースが間に合いそうにないとか、そんな問題はいやが応でも目立つため、多くの人が問題として認識し、みんなで取り組める。

一方、「このままで良いのか？」というあり方の前提を問うようなものはどうだろうか。誰もが現状を問題として認識するわけではない。問題とは、理想と現状との差分にあたる。つまり、**理想が描けていなければ問題（差分）にはならない**。

太秦のように、理想的なチームのあり方を思い描いている人ほど問題を認識する。こうした「気づいた」人が行動を取らなければ、変化の兆しをつくることもできない。だが、多くの場合、「これまで」のやり方、目の前の状況に最適化されてしまい、問題として認識できる人は少数派になりがちだ[9]。一人（ぼっち）になるときさえ珍しくない（**図2.1**）。太秦は外から来たリーダーだ。チームの「これまで」に違和感をより抱きやすい立ち位置にあったということだ。

図2.1｜ぼっち曲線

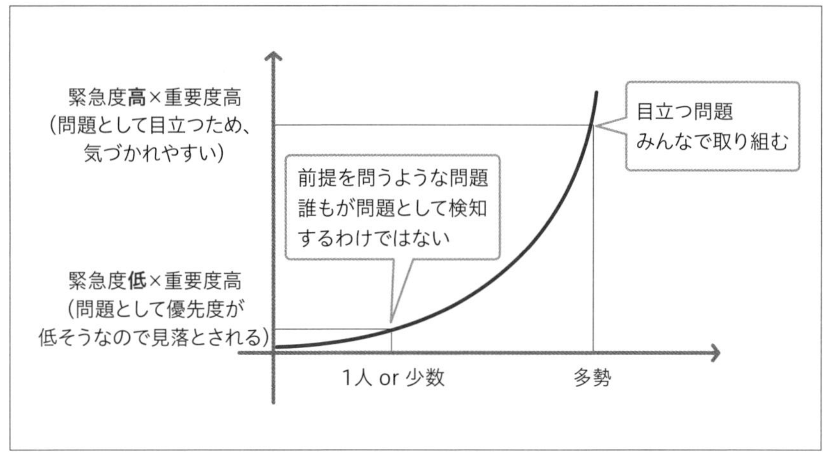

リーダーシップのパターン

変化を起こす行動が役割によらないのであれば、それはつまり誰からでも始められるということだ。そうだとすると、リーダーとはどういう役目を背負うのだろうか。ピーター・ドラッカーは『プロフェッショナルの条件』[10]の中で、″リーダーとは目標を定め、優先順位を決め、基準を定め、それを維持する者″と表現している。チームの目標の置き方は、ミッションをどのように捉えるかによって決まる。

このミッションを捉える際、**どこに重心を置くか（何を重視するか）**で、リーダーに求められる能力や姿勢＝リーダーシップにも特徴が出てくる。この特徴についていくつか挙げておこう（**図2.2**）。何を**ファースト（第一）**に置くかで、特徴が出やすい。

9　多くの人が動かない理由はもう一つある。それは、行動を取ることへのリスクだ。自分が何もかも引き受けなければならないのではないかという不安が行動することを尻込みさせる。だからこそ、行動をともにする存在、特に行動を起こす「2人目」が大事になるのだ。多くの人を一気に動かすことは困難だ。一方「2人目」を巻き込むことに狙いを置くならば、その可能性は高まる。そうした行動をともにする人たちは、自分の最初の一歩によって初めてもたらされる存在でもある。自分の行動は他の人の背中を押すことにつながるのだ。

10　『プロフェッショナルの条件――いかに成果をあげ、成長するか』P・F. ドラッカー　著／上田 惇生 訳（ダイヤモンド社／ ISBN：9784478300596）

図 2.2 | リーダーシップの特徴（リーダーシップ・パターン）

状況突破ファースト（太秦）

問題を抱えた状況の進捗、膠着の突破のために、自分自身がまずその第一歩を踏むことを第一とする。
これまでの前提や役割、やり方を踏み越える（越境）ことに躊躇しない。その一歩と結果でもって、他のメンバーを引きつけ、巻き込んでいく。

長所
- チーム活動の膠着、衝突といった、それまでの視座では解決できない問題を乗り越えていく。
- 今まではたどり着けなかった価値（状況）に到達できる可能性を見いだす。

短所
- メンバーが巻き込まれてくれなかった場合、孤立無援になってしまう。

プロダクトファースト（砂子）

プロダクトのつくり込みや状況の進捗を第一と置く。プロダクトとしてどうあるべきかに強いこだわりがある。
理想的なプロダクトをつくり上げるためにチームがあるという前提の置き方ゆえ、メンバーを振り切ってしまいがち。

長所
- プロダクトづくりのスピード感が高まる。
- プロダクトとしての成果を短期的に上げられる。

短所
- チームビルドが置き去りになりがちで、チーム力が育ちにくい。
- リーダーがカリスマ化しやすく、メンバーが指示待ちになってしまう。

チーム成長ファースト（蔵屋敷）

チームが成長できるか、できているかを第一に置く。
チームの中では、黒子役にまわり、時にメンバーへの試練もあえて課すような行動を取る。リーダーというよりは、コーチの役回りをつとめる。答えより、問いかけを重視し、チームに思考を促す。

長所
- チームの成長（チームで考え、乗り越える）が促される。
- メンバー一人ひとりリーダーシップが求められる。

短所
- まだ練度の低いチームの場合は適切な「段階」設計をしなければチーム活動が崩壊する。
- 初期の開発の進みが遅い。チームの成長とともに挽回するが、チームの外部（組織）からの“期待”に間に合わない場合もある。

タスクファースト（嵐山）

与えられた仕事（タスク）、役割をこなすことが第一。そのためのコマンド&コントロールも辞さない。タスク達成に過度に最適化しようとして、自分の命令（コマンド）と統制（コントロール）を最優先にしてしまう。

長所
- 短期的にタスクの消化は圧倒的に進む。

短所
- メンバーが「俯瞰する力」を伸ばせない。
- リーダー自身も全体像を見失いかねない。
- なぜこの仕事をやるのか？という動機づけが弱いままになる。
- チームが自分の目の前のことに最適化してしまう。

チームファースト（天神川）

チームでの意思決定を第一と置き、民主的なチームのあり方を重視する。独りよがりのリーダーシップではなく、サーヴァントな（組織に奉仕する）リーダーシップを取る。リーダーというよりはファシリテーターに近い。成果は、チームビルドの次という順番の置き方。

長所
- チームプレー感（一糸乱れぬ動き）が高まる。
- チームプレーに基づくメンバーのモチベーションの向上。

短所
- 一つのあり方（意見の一致重視）に固執した場合、チームから多様性が失われる。
- 成果が上がらない状況への対処が進まない。

一つ注意しておきたいことは**「ファースト」の選択とは、どれか一つのみを選ばなければならないということではない**。チームの状況は日々変化し、様々な出来事が起こる。ゆえに何を第一として意思決定をするか、細かく変えることもある。柔軟に選択できるほうが状況に適応できる。ゆえに、複数のファーストの使い分けを行おう。チームが実現しなければならないミッションを踏まえて、特にどのファーストに比重を置くのかの見立てが重要である。とにかくプロダクトづくりのアウトプットを増やすことが必要ならばプロダクトファーストを。新しいあり方ややり方に挑戦するならばチーム成長ファーストを。チームの連携を高めたり、理解の共通化を強化したりするならばチームファーストを。特に何を優先するのか――**ファーストとは、チームの意思決定の基準を言語化したもの**といえる。

ただし、完璧なリーダーなどはいない。それぞれのファーストを推し進めるにあたって欠けている能力や足りない経験があれば、チームで補完し合いたい。

つまり、チームが置く「ファースト」とは、最初はリーダーが最も体現する役割になるかもしれないが、リーダー個人にのみ帰属するものではない[11]。今自分たちがミッションを果たすために必要な「ファースト」とは何なのかをチームとして捉え[12]、その方角へ向かうようにしよう。リーダーは、みんなが方角自体を見出さずやみくもになっていないか、あるいは誤った方角に向いていないか、チームを見つめ続ける役割といえる。

日常の活動と非日常の場づくりを使い分けて、チームの練度を上げていく

さて、いずれのリーダーシップパターンだとしても、チームビルディングは避けて通れない。世の中には様々なチームビルドのためのワークショップがある。こうしたワークショップを学び、そして試すことは結構だが、やっただけで満足して終えないようにしたい。それではやることが目的になってしまっている「**ワークショップ症候群**」だ。

どれだけ多様なワークショップを、たとえ100回実施したところで、実践で結果を出せるチームになれるわけではない。本を読み続けただけでプログラミングの達人になれるわけではないのと同じだ。実際に、現場のコードを読み、書かなければ上達しない。

ただし、本を読んで知識を得ることはプログラミングを上達させるには必要な活動といえる。それと同じで、ワークショップでチームメンバーの考え方を

11 選択されたファーストはチームの考え方、基準を表現するものになる。当然リーダーだけが背負っていれば良いものではない。チームの主義（チームイズム）は、チームで合意しチームで背負うものだ。

12 そのためにこの後で解説する「出発のための3つの問い」にチームで向き合いたい。必要なファーストとは何かに気づくためには、自分たちが何を実現しなければならないのかについての捉え直しが前提となる。

把握し、練度がまだ足りていないやり方の練習をしておくのは、有用だ。

つまり、日常の実践で鍛えていくことと、ワークショップで知ることと学ぶことを使い分けることが重要だ。ワークショップは意図的に状況をつくり出す、非日常的な活動といえる。日常をこなすだけでは遭遇できない、会話や学習を意図的につくり出すためには、非日常的な場づくりも必要になる。

チームがスタートラインに立つための「出発のための3つの問い」に向き合うときこそ、その場づくりが必要となる。今回のストーリーでは、「ふりかえり」の場を利用したが、話し合う内容としては「むきなおり」[13]といえる。あえてふりかえりにしたのは、設定された場へのチームの慣れ具合に配慮したためだ。ふりかえりであれば、チームにとってなじみがあるが、むきなおりというとまずその場が何なのか理解を揃えるところから始めなければならない。そうした場に前向きなチームの状態になっていれば良いが、太秦のチームはまったくそうではない。こうした場合は、**現実にあわせた場の設定をしたほうが良い**[14]。

チームで「出発のための3つの問い」に向き合う

では、「出発のための3つの問い」の具体的な中身を捉えよう。この問いは**ゴールデンサークル**[15]というフレームワークをもとに考えられている。ゴールデンサークルでは、Why（目的）から考え始めて、そのWhyを実現するためのHow（手段）を練り、最初の一手としてのWhat（タスク）を決め、行動を起こすという流れが提案されている。

このフレームに則れば、チームで向き合うのはまず、チームとしてのWhy（目的）ということになるだろう。ただ、人はチームである前にまず一人の個人なのだ。まだチームがビルドされておらずグループのような集団ならばなおさら、「チームとして」の前に**「個人として」に向き合う**のが順番だ。そうでなければ、チームに何のためにどこまでコミットすれば良いのか、自分自身がわからないままだろう。

---

13 本話末尾の補足を参照。

14 行動や言葉が相手にどう受け止められるかを想像し、ともに前に進んでいける選択をしたい。「正しい言い方」「教科書どおり」を選んだとして、相手を巻き込めないのでは意義がない。

15 サイモン・シネックが「TED Talks」でプレゼンした『優れたリーダーはどうやって行動を促すのか(How great leaders inspire action)』(2009年)で提唱した理論。
https://www.ted.com/talks/simon_sinek_how_great_leaders_inspire_action?language=ja

すなわち、チームになるべく向き合う問いとは、以下の3つであり、この順番で答えていくことになる。「**出発**」とあるのは、チームとしてこれから始める段階、またはチームの方向性を決め直すタイミングで問いかける[16]ためだ。

〈**出発のための3つの問い**〉

① 自分はなぜここにいるのか？（個人としてのWhy）
② 私たちは何をする者たちなのか？（チームとしてのWhy）
③ そのために何を大事にするのか？（チームとしてのHow）

まず自分自身がここにいる理由。**なぜ、他ならぬこのチームに参加しているのか**。そこでの自分の目的とは一体何なのか。それを思い出すことから始める。あるいは、ゼロから考えることになるだろう。

その上で、チームとしてのミッションに向き合う。積み上がった機能リストを片っ端からとにかく形にしていくのがミッションなのか。それとも、プロダクトの向こう側にいるユーザーに、有用なあるいは意味のある体験を提供することがミッションなのか。タスクレベルでは同じような行為でも、視座の置き方によってミッションは大きく異なってくる。こうしたチームのミッションと、個人のWhyが接続していると望ましい。チームの活動が、個人の自己実現につながり、個々人の目的充足がチームの成果を押し上げることになりうる。

チームのミッションをチームの外からただ与えられただけでは、個人のWhyと接続しにくいところがある。だが、第1話で述べたようにチーム自身で、自分たちの言葉でミッションを言語化し直すことで、個々人のWhyとのつながりを織り込める芽も出てくる。

3つ目の問いは、Whyを実現するための手段を確認するためのものだ。手段といっても、これらの問いはチームのスタートラインで答えるものだから、抽象度の高い問いになる。つまり、3つ目の問いでチームの価値観を確認し合う。**Whyを実現するために、自分たちは何を大事にするのか？**　この共通の基準が、チームの日常的な振る舞いや約束につながり、チームにまとまりを生

16　本書でも第8話で問い直すことになる。

むことになる。

当然だが、これらの問いに対する解はチーム自身で決め、そして育んでいくものだ。チームの、状況への理解や仕事の質は段階的に高まっていく。結成初期に一度答えて終わりではなく、時間を経て向き合い続けるようにしたい。

図2.3｜チームの立ち上げ時に向き合う3つの問い（出発のための3つの問い）

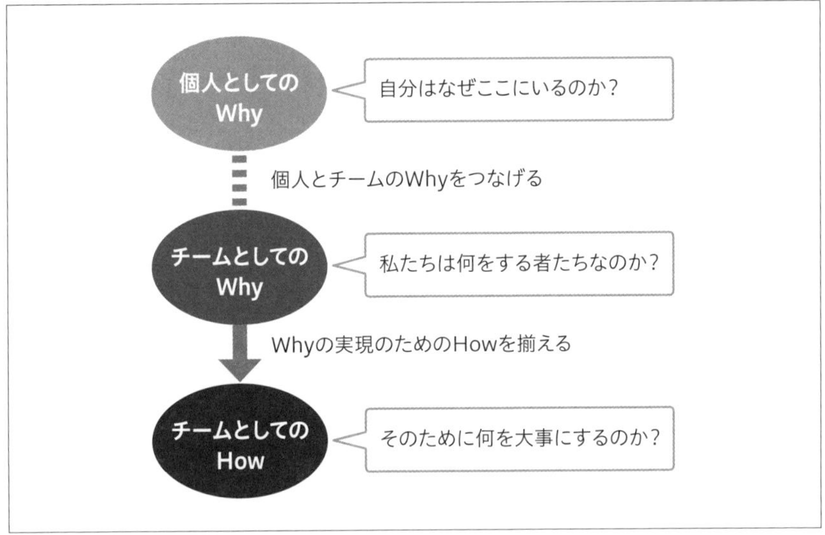

補足 プラクティス＆フレームワーク

「ふりかえり」と「むきなおり」

ふりかえりとは、チームの活動の「過去」を棚卸しし、そこから気づきを得て、次の行動の仮説を立てる行為のことである。一定のタイムボックス（1週間とか、1か月とか）を切って過去を棚卸しすると、チームの様々な行為と結果が取り出される。それらの情報をもとにして、評価を行う。良い点、続けるべき習慣や工夫というプラスの面と、解決はしているが再発を防止したい問題、またはまだ現在も続いている問題といったマイナスの面の両面で気づきを得る。

NEXT ▶▶

一方、むきなおりは、チームの「未来」に目を向けて、ありたい方向性を見定める。時に、状況が変わっていて向かいたい先が変わることもある。そうした方角を捉えた後、今何をするべきかを洗い直す。方向性が変わればやることの優先度も変わる可能性がある。まさに、ありたい方向に向き直るのがむきなおりという行為である。

ふりかえりは、過去から現在を正し、むきなおりは将来から現在を正す、という使い分けになる（**図2.A**）。

図2.A｜ふりかえりとむきなおり

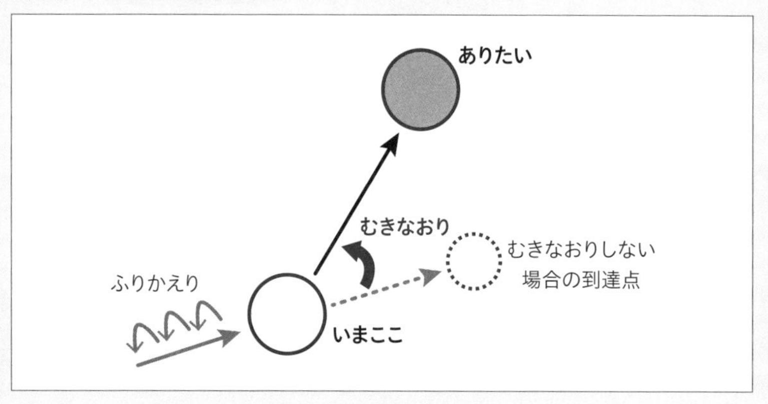

第2話｜まとめ　チームの変遷と学んだこと

	チームのファースト	フォーメーション	太秦やチームが学んだこと
第1話 グループでしかないチーム	**タスクファースト** ("皇帝"による統治)	リーダー：太秦 メンバー：皇帝、天神川、三条、鹿王院、有栖 PO　：砂子 コーチ：蔵屋敷	•チームになるための4つの条件
第2話 一人ひとりに向き合う	**タスクファースト** (グループからチームへ)	リーダー：太秦 メンバー：皇帝、天神川、三条、鹿王院、有栖 PO　：砂子 コーチ：蔵屋敷	•リーダーシップ・パターン（チームのファースト） •出発のための3つの問い

第03話 少しずつチームになる

単一チーム 基本編

いきなり理想のチームになろうとして、一度にたくさんの課題に取り組んでいないだろうか。人間が少しずつ成長していくようにチームも段階を経て、できるようになるものだ。だから、チームの成長のための「段階」を設計しよう。

現在のチーム構成

リーダー	：太秦（うずまさ）
メンバー	：皇帝、天神川（てんじんがわ）、三条（さんじょう）、鹿王院（ろくおういん）、有栖（ありす）
プロダクトオーナー	：砂子（すなこ）
コーチ	：蔵屋敷（くらやしき）

ストーリー 問題編 いきなりスクラムに挑むチーム

チームメンバーの誰もいなくなったワークスペースで、僕は一人深いため息をついた。不意にカタカタとキーボードを打つ音が耳に残った。誰もいなくなったと思っていたが、少し離れたところで、一心不乱にディスプレイにくらいつくように仕事をしている人物がいた。皇帝こと嵐山（あらしやま）さんだった。次のスプリントレビューまでに少しでも進捗を出そうとしているのだろう。嵐山さんを除くチームメンバーはすでに帰宅している。18時までには仕事を終えようというルールをチームで決めたのだ。

僕の視線の先の壁には、みんなで模造紙に書いて貼り出した「3つの問いへの回答」がある。

最初は「自分はなぜここにいるのか？」という問い。三条さんは「プログラミングでチームに貢献すること」、鹿王院くんは「コードを書く」とだけ。天神川さんは「チームプレーを高めること」、有栖さんは「UIデザイン」、そして皇帝は「進捗」の2文字。もちろん、僕は「チームを機能させること」で、チーム開発への思いを表明したつもりだ。それぞれの関心事をはっきりと表している。……が、与えられた役割とか目の前のタスクに寄りがちな気がした。

2つ目の問い「私たちは何をする者たちなのか？」には、全員一致で「フォース

（タスク管理ツール）をつくりあげること」だった。これも何か違和感を抱く。間違っていないのだけど、ワクワクしてこない。

そして、3つ目の問い「そのために何を大事にするのか？」。これに答える際は、一つ目の問いにつながるそれぞれの関心で、意見が割れた。皇帝と、三条さんは「進捗遅れを出さないための計画づくり」、僕と有栖さん、天神川さんは「チーム開発を始めること」、鹿王院くんは「コードを書く」だった。皇帝は「チーム開発はやっているじゃないか！」と声を荒らげたが、僕はグループとチームの違いを説明し、今はまだチーム開発に到底至っていないことを主張した。「なるほど、確かにそうだ。」と、三条さんが僕の意見に賛同してくれて、結果として「チーム開発」を掲げることになった。もちろん、皇帝はありありと不満を見せたが、みんなの明確な意思表明に押し切られた形だ。

襲来する問題の数々

こうしてチーム開発を標榜し、さっそく天神川さんがどうしても改めて取り組みたいと宣言したスクラム（このチームですでに始めていた“スクラム”は皇帝の進め方によってすっかり形骸化していた）を始めることになったのだけど……。とても、良い感じの状況になってきたとはいえない。初めてのスプリントレビューで、一つも機能のデモをできなかったとき、プロダクトオーナーの砂子さんは「新しい取り組み、歓迎！」とばかりに、まだにこやかだった。だが、次のスプリントでも大したアウトプットがないとわかったときには、一転「一体なにしているの？」と冷たい言葉を投げかけた。

明らかに、皇帝が仕切っていた頃のほうが進みが良かった。今、チームはいくつも問題を抱えている。まず、三条さんがリタイアしてしまった。一人夜遅くまで残ることが増えた結果、次の日の朝に来られない、それが続いた後に体調不良での休みがもう3日続いている。チームでタスクのサインアップ[1]をやるようになって、誰も引き取り手がいない、なんとなく誰もやらない、明らかにやりたくない、そういったタスクをすべてかっさらって引き受けていたのが三条さんだった。無理なサインアップ表明に対して何もしてこなかった僕たちチームメンバーに問題がある。その一方で、三条さん自身が招いてしまったところもある。これからのチーム開発に人一倍気負いがあったのだろう、自分にかかる負荷が見立て

1　アサイン（誰かが割り当てる）からサインアップ（自分で取りにいく）にチームの動き方は変わっている。

られず、暴走してしまった次第だ。皇帝がタスクアサインを仕切っていた頃は、チーム全体の負荷が高いのは問題だったものの、誰か一人に偏りが生まれるようなことはなかった。

次に、チームで最もかわされるようになった象徴的な言葉がある。「あれどうなった？」という言葉だ。チームでやるべきと捉えた課題がどういう状態にあるのかわからず、この言葉を先頭に置いた会話が繰り返されるようになった。特に、鹿王院くんが持ったボール（課題）がトラッキングできなくなることが多かった。鹿王院くんが発信する情報が少なすぎるのと、課題のリスト化すらできていないため、本人もあっという間に見失っているようだった。結果として、誰もフォローできておらず、バグを含んだままの機能をリリースしてしまう事態まで起きてしまった。以前は、皇帝が課題を取りまとめていたため、チームとして大きな抜け漏れが起こることはなかった。ただし、皇帝が一人で課題リストを握っていたため、個々の状態がわからなかったことに変わりはない。

さらに、アウトプットの品質についても、衝突が起こるようになった。スプリントレビューでデモされる機能に関して、砂子さんからのダメ出しコメントが圧倒的に増えてしまった。「これ、本当にボタン押してみた？」「絶対、動かしてないよね、これ」、砂子さんからの言葉はイライラが乗り移って、とげとげしさを増す一方だった。これまでは、皇帝がすべての機能の最終確認を行っていたため、動かしたとたんにエラーが返ってくるなんてことはなかった。

おまけに、チームメンバーがタスクや課題についてお互いに「お見合い」することが増えたり（その結果、三条さんが限界をむかえてしまったわけだ）、逆に2人で同じことをしてしまっていたりと、チグハグ感が強くなっている。役割についても不明確なところが出てきてしまった。チームでの進め方を相談するときは、一応リーダーである太秦なのか、これまで仕切ってきた皇帝なのか、新たにつとめるようになったスクラムマスターの天神川さんなのか。もちろん、皇帝の時代にはありえなかったわかりづらさだ。課題リストを個々人で管理すると鹿王院くんを筆頭に抜け漏れが多いため、チームで一つにまとめようと決めたのは良いものの、どう運用していくかも決める必要がある。「課題リストの課題」を引き受けた有栖さんは、相談した三者が三様の答えを返してきたのだろう。「3人で話し合って決めてください」とさじをなげて、さっさと帰ってしまったのがつい先ほどのことだ。

問題は山積み。毎日、どうにかしなきゃと思うことが増えていく。僕がもう一つため息をつこうとしたとき、いつの間にか背後に蔵屋敷さんが立っていた。何も言わず僕を見下ろしている。僕の疲れ切った表情はこの人にはどう映っているのだろう？　僕も何も言わず、蔵屋敷さんを見上げ続けた。先に口を開いたのは蔵屋敷さんのほうだった。

「このグループで、“いきなりスクラム”は早い[2]。」

10年早いとでも言いたいのか？　そんなこと僕だってわかっている。

「でも、チーム開発に取り組んでいくと、僕たちは決めたんです。」

僕はみんなで答えた3つの問いを指さした。その先にある壁を見もせず、蔵屋敷さんは続けた。

「一度に、すべての問題に取りかかろうとしても、問題は減っていかない。」

そうなのだ、一つ問題に取り組んでも、そのために取った行動が次の問題を連れてきている感覚がある。課題リストの衝突なんてまさにそれ。だから取り組むべき問題の数が減っていかず、プレッシャーが高まるばかりなのだ。僕は何を言ったらいいか言葉も喉も詰まらせて、蔵屋敷さんの言葉を待った。誰も話さなくなって、いつの間にか皇帝のキーボードを打刻する音が止まっていることに僕は気づいた。沈黙を破ったのは蔵屋敷さんだった。

「“**チームのジャーニー**”をイメージしよう。」

ストーリー解決編　短く、小さい、一巡のサイクルを通そう

チームのジャーニーをイメージする。何を言っているのかわからなかった。蔵屋敷さんはその真意を語る前に、個別の問題について片づけ始めた。

・（タスクにサインアップしすぎてしまう問題について）

リタイアしてしまうくらい負荷が高まる前に、毎週のプランニングでこれから1週間でやろうとしているタスクのボリュームをチームで見立てて、規模感

2　スクラムへの一歩を丁寧に考えたい。チームの練度にあわせて様々な一歩が考えられるはずだ。だから、スクラムガイドをチームで読み、始めていくのを引き止めようということではない。ただ、チームが失敗できる環境、状況にあるのかには気を配っておきたい。チーム開発には様々な制約や期待がある。そうしたことに向き合うことがたいていの場合求められる。

に無理がないかを確認しておく。もし、チームのキャパシティを超えているようであれば、対象とするタスクを見直す。

・**（各自の課題が見えない問題について）**

課題リストは個々人ではなく、チームで一つ持つ。各課題の状態がわかるようにタスクボードを運用する。

・**（完成の定義が合っていない問題について）**

機能開発に関しての完成の定義をチームで合わせておく。各メンバーがどこまでタスクをこなしたら、その機能は完成したといえるのか。実装が終われば良いのか、テストまで終われば良いのか、特定の環境に配置できれば良いのか。その完成の定義をプロダクトオーナーとも合わせておく。

・**（役割がかぶってしまう問題について）**

役割とはその人への期待にラベル付けしたものだ。個々人で理解の異なる役割定義に則るのではなく、お互いにどういう振る舞いを期待するのか、言語化し、共通の理解にする。

「最後のは、ドラッカー風エクササイズを行うと良いだろう。」

僕は蔵屋敷さんの言葉にうなずきながらメモを取る。ドラッカー風エクササイズ……やはり、チームビルディングのワークショップが足りないのだろうか。

「“ワークショップで状況を一発で変えよう”みたいに捉えるなよ。」

本当にこちらの考えていることが何でも見通されているのではないかと思ってしまう。ワークショップの使い所は前回教えてもらっている。日常での実践と、非日常での取り組みを使い分ける。

「個々の価値観、関心事、信念といったところは日常の活動だけでは捉えづらいため、ワークショップを利用する。一方、個々の仕事に対する振る舞い方、経験の度合い、強みなどは実践の中で捉えなければ意味がない。」

それはそうだ。自分の得意技について言葉だけが躍ったところで、現実の仕事は片づいていかない。

「“チームのジャーニー”とは、ひょっとしてその日常のほうでの工夫のことですか？」

蔵屋敷さんは近くにあったホワイトボードに、階段状の絵を描いた（**図3.1**）。

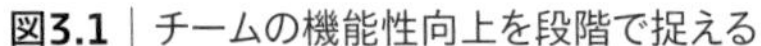

図3.1 | チームの機能性向上を段階で捉える

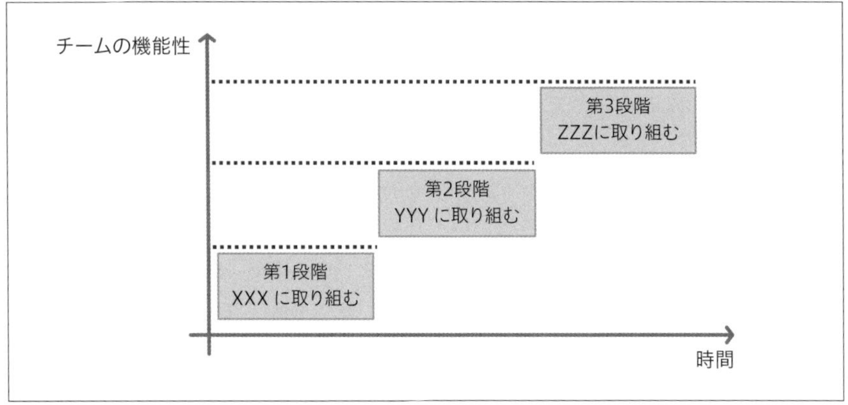

「お互いについての理解を深めることと、チームの機能性を高めていくことを**段階**で捉える。どちらも一気に仕上がることはない。チームがどういう段階にあるかを把握し、“次の段階”に向けて、“今何をするべきか”を講じる。」

段階の設計、これはウォーターフォール開発でフェーズを置いて進めるのと同じようなイメージだろうか？　……いや、各段階でやることは可変なのだ。最初に決めたプランに現実を合わせていくような、固定的な考え方ではない。将来チームで到達したい状態を見据えつつ、現実を踏まえ各段階でやるべきことを変えていく。「全体」感と、個別の段階という「詳細」の両面を同時に捉えながら適応していこうという考え方なのだ。

僕が良い線を察したのに気づいたのだろう、蔵屋敷さんは軽くうなずいて、続けた。

「チームの段階設計の方針としては、**“短く、小さい、一巡のサイクルを繰り返す”**だ。チーム活動のサイクルを早めに一巡させること[3]で、**問題に早期に出会えるようにする。**」

“短く”はチーム活動のタイムボックスのことで、“小さい”は仕事のサイズのことなのだろう。チームの活動を一巡させるのを短期間で終わらせるためには、

3　一巡の対象は、つくる機能を決めてつくり終えるまでに必要な一連のタスクすべてのこと。たとえば、スプリントで開発をしていてある一つの機能をつくりきるのに、2スプリントも3スプリントもかかるのは「早めの一巡」とは呼べない（一つのスプリントの中で完結するように機能の切り方を小さくする）。

一度に取りかかる仕事を小さくする必要がある。確かに、チームの活動を早めに一巡させられれば、何が問題なのかにも早めに気づくことができる[4]。

ただし、幅広い、数多くの問題を一度に相手にしようとしても、手に負えるものではない。今のチームの状況がそれだ。だから、チームのキャパ以上に手を広げないようにして、問題の発生自体を絞るようにする。一つずつ問題を乗り越えていくことで、チームとしての経験を積み、次の問題に適応できるようにする。

そうして、チームの練度を高めていくわけだが、ただ積み上げていくだけではない。チームとしての方向性、理想的な状態を目指して、取りかかる仕事や取り組むやり方を段階的に仕組む。チームのイマココに合わせて、取り組みを変えながら進める。

「それが、“チームのジャーニーをイメージする”の意味ですね。」

チーム開発を目指すといっていきなりスクラムに取り組むのではなく[5]、もっと段階を置いて、たとえば課題やタスクの見える化から始めるようにする。さらにその手前に、チームメンバーお互いを理解するための、チームビルディングのワークショップを置く。スクラムをスタートラインにではなく、むしろスクラムに至るための道筋を考えるべきだった。

そこで、僕は気づいてしまった。蔵屋敷さんの目を真正面から見る。

「……課題やタスクの見える化から取りかかるなら、タスクのアサインメントについては、チームのことを知り尽くしている皇帝……いえ、嵐山さんにまずは仕切ってもらうべきだった……」

僕たちは一度にすべてのことを変えようとしすぎてしまったのだ。結果はこのとおり、手に負えない状況だ。チームの練度に合わせて段階的に進んでいくべきだった。

きっと皇帝も、自分のマネジメントがゼロになったら、こうなることがわかっていたのではないか。だったら、なぜ、僕たちの選択を阻止しようとしなかったのだろう。

4　認識の相違がありそうなところや検討ができていないところで、なおかつ今放置すると後で取り返しが大変そうなものは早めに手をつけておきたい。解決まで道筋を立ててから着手するのではなく、早期にまず問題があること自体をチームで取り上げる。問題に気づけるのは一人だったとしても、解決はチームで行える。

5　スクラムによるチーム開発を進めていくということは、チームでの動き方が問われるということだ。チームで判断しチームで動くということがどれだけなめらかにできるか。そうした状態からどの程度現状が離れているかによって、スクラムに取り組む難しさは変わってくる。

蔵屋敷さんは、珍しくあきれた様子で、僕の疑問に答えてくれた。
「なぜって、リーダーはお前だろう？」
「リーダーの僕がチームのみんなと一緒に決めたことだから……その決定を尊重してくれたってことですか、まさか、そんな。」
「嵐山さんはもとからプログラマーでマネジメントを得意としているわけではない。コマンド・コントロールのスタイルしか持ち合わせていなかった。そんな彼が、状況を打破するためにできることは、一人でタスクを背負い込むことくらいだ。」
僕は、あわてて皇帝が座っているはずの席を見た。さっきまでいたのに、空になっている。
「ここがチームの出発地点だ。」
あぜんとする僕の背中に投げかけられる言葉。僕は、こぶしを強く握り直した。

蔵屋敷の解説　段階の設計でチームのジャーニーを描く

段階の設計（デザイン）を取り入れる

チームの成長戦略「チーム・ジャーニー」の根底には、**段階の設計（デザイン）**という考え方がある。たどり着きたい、理想とする状態と、現状の差分をイメージしてみよう（**図3.2**）。現状に対して求められる変化量が大きく、その格差に途方もなさを感じることがある。

図3.2｜理想とする状態と、現状の差分をイメージする

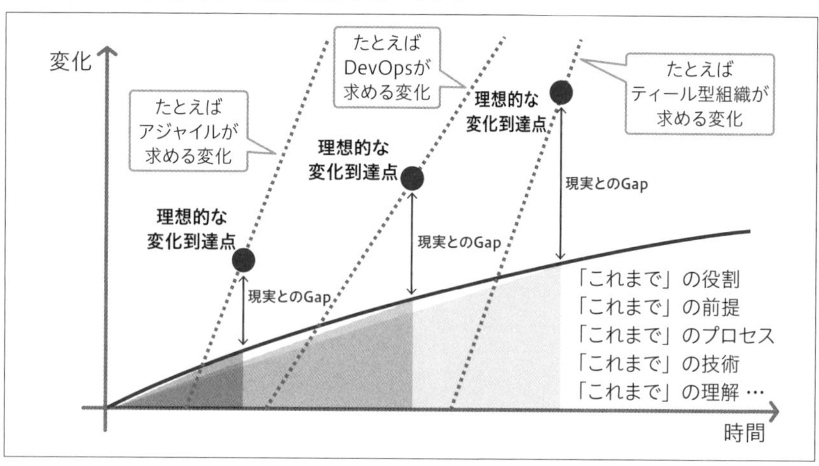

ゆえに、いきなりたどり着きたい「**目的地**」に向かって全速力で走り出すのではなく、目的地を見据えつつ、その過程をデザインする。重要なのは、最初に見立てた段階設計を守り抜こうとするのではなく、段階を進める中で見えてきた現実の状況を踏まえて、段階設計を組み直すことだ。あくまで目的地への到達を念頭に置いての組み直しになるが、一方、目的地自体をむきなおりによって変えることもありえる。

段階を設計する具体的なプロセスは以下のとおり[6]だ。

①理想とする到達状態をイメージし、最初の目的地としておく。

目的地を見定めるのは非常に大切だ。目的地を誤ると、どれだけ作戦を講じ、行動の最適化につとめたとしても期待どおりの成果にはならない。とはいえチームを始めたばかりの段階では、目的地といってもあいまいなイメージでしかない場合が多い。**段階の到達を繰り返す中で目的地も明確にしたい。**

目的地を明らかにするための問いは「**われわれがたどり着きたい場所はどこか**」だ。どんな状況、状態をつくり出したいかを具体的に表現しよう。

②目的地に至るために必要な状態を段階として分ける。

・目的地に至っている場合どのような状況、状態になっているか？

・その状況、状態になるためには、その前段階としてはどのような状況、状態になっているか？

と、目的地から逆算して、段階を構想する[7]（**図3.3**）。段階を置いていき、その変化の傾きに無理がないかを検討する。段階から段階へ移行するのに期間は足りているだろうか？

こうした見立ては最初は正確性に欠けるものだろう。実際に段階を進めていく中で、段階設計を見直すようにしよう。

図3.3 | 目的地から逆算して、段階を構想

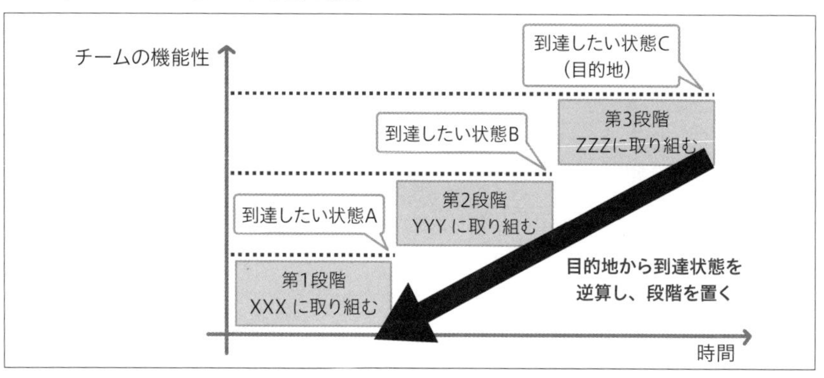

6　このプロセスを実施する主体は誰だろうか？　チームのあり方を決めることなので基本的にチームで取り組んでほしい。ただし、チームの視座がまだ十分に高められていない状況もある。リーダーが一人構想し、それをたたき台としてチームで向き合ってみるという進め方もある。

7　段階を置いた後は出発地から目的地の間の行き来を想像して、無理がないか、違和感がないか、ワクワクするかを感じ取ってみる。

③各段階において「到達したい状況、状態」となるために何に取り組むべきかを見立てる。

取るべき行動目標、達成すべき成果目標の2軸で当該の段階で目指すことを端的にかつ具体的に表現する。できているできていない、達成しているしていないと客観的に判断できる内容を定義しよう（もちろん必要に応じて複数定義する）。そうでなければ各段階を終えるときに評価が難しくなるからだ。段階に対するあいまいな評価を重ねていっても、目的地にはたどり着けない。

また、行動目標、成果目標を実現するにあたってプランニングの段階ですでに課題が見えているようであれば、それに対する施策も検討する。

チームの到達度合いは、「ふりかえり」で確認すると良いだろう。その**状態に応じて、段階の組み直しを行う**。思うように練度が上がらず、段階を延長することもあるし、まだ目的地に到達するための傾きが急であると判断し、段階自体を追加することも考えられる（**図3.4**）。

図3.4｜ふりかえりで段階の組み直しを行う

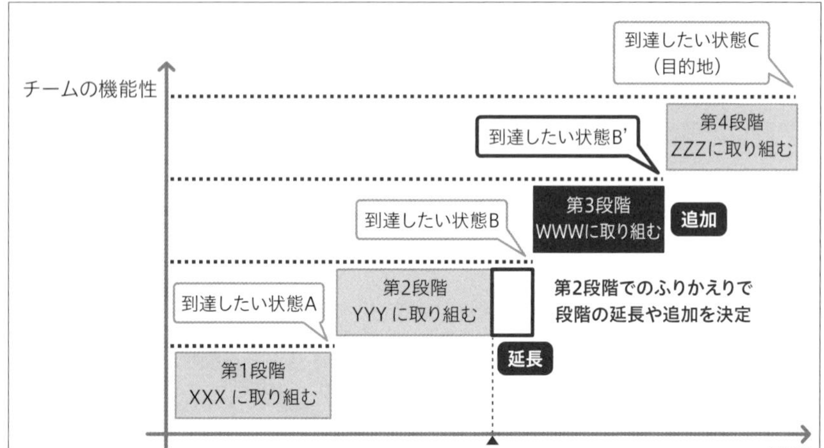

また、段階を経ていく過程で、方向性自体を変える必要性に気づくこともある。従前の方向性のままで良いのかという問い直しは「むきなおり」で行う（**図3.5**）。

図3.5｜むきなおりで目的地自体を変え、段階を再設計

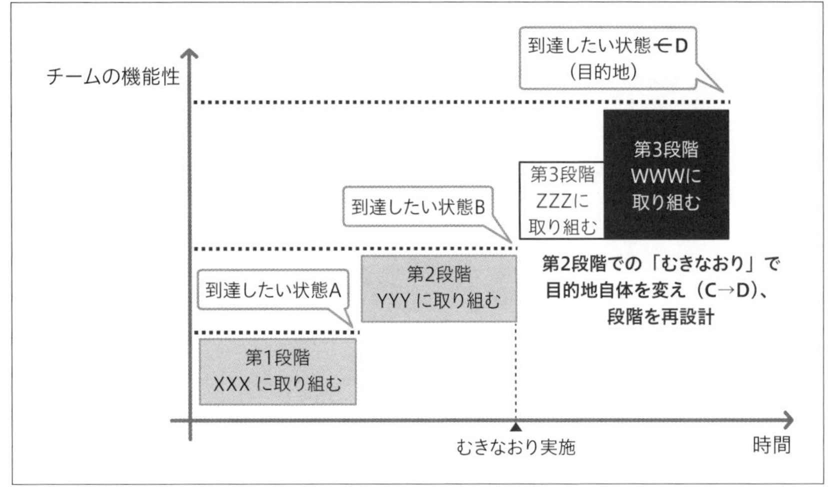

チームがより機能していくための段階設計として、たとえば以下の構想が考えられる。

第1段階：チーム活動の状況の見える化を始める
第2段階：開発チームで反復開発に取り組む（反復開発のリズムに慣れる）
第3段階：開発チームの外側も含めたスクラムに取り組む（プロダクトオーナーの設置）

もちろん、スクラムチームへの到達自体が一つの過程であり、そこから次の到達に向けて段階を構想していくことになる（**図3.6**）。

図3.6 | チーム・ジャーニーとむきなおりの例

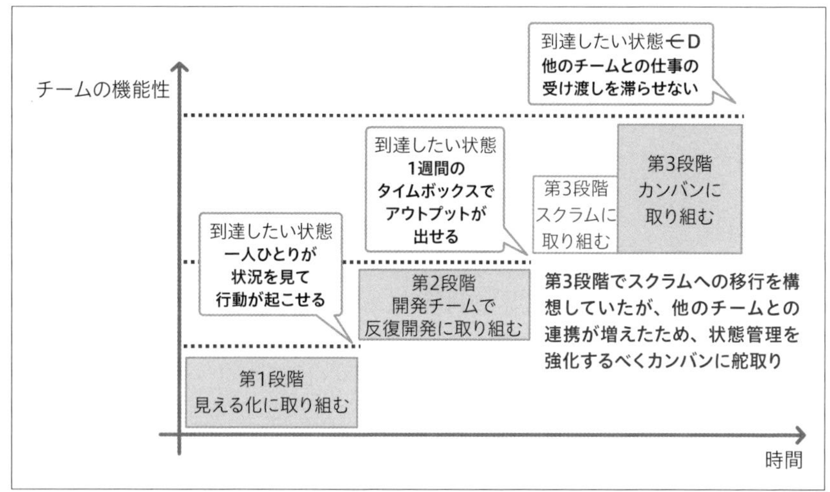

チームの成長戦略「チーム・ジャーニー」

段階の設計をチームの成長戦略として落とし込むためには、フレームがあったほうが考えやすい。チームの成長モデルとして有名な「**タックマンモデル**」(**図3.7**)、そしてチームの状態構造を表すモデルとしてダニエル・キムが考案した「**成功循環モデル**」(**図3.8**)、この2つを組み合わせて、チーム・ジャーニーのフレームをイメージする(**図3.9**)。

図3.7 | タックマンモデル

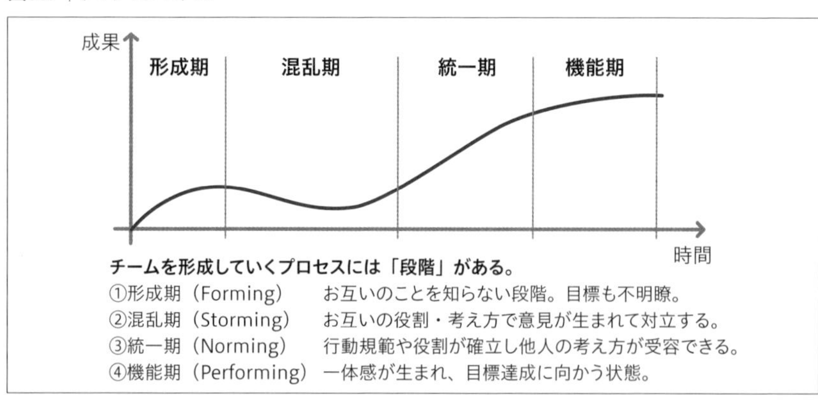

図3.8｜成功循環モデル

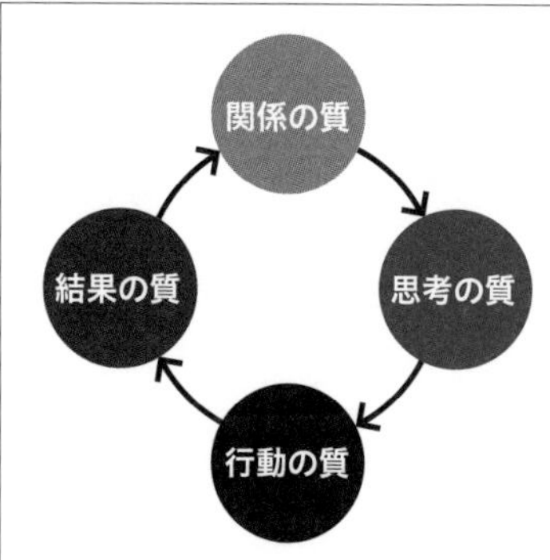

成功循環モデルでは、仕事や活動の“結果の質”を高めるためには、まず、メンバー間の“関係の質”を高めるべき、という考え方に立っている。
関係性が良くなれば、“思考の質”も向上する。思考の質が高まれば、“行動の質”も良くなり、結果の質が向上していく。
逆に、結果が伴わないために対立・押し付けが増えて、関係の質が悪化することもある。関係が悪くなれば、協調性に欠け、思考の質が低下する。積極的に動かなくなり、行動の質の低下につながり、結果が出ない……という負のサイクルが考えられる。

図3.9｜タックマンモデル × 成功循環モデル（チーム・ジャーニーのフレーム）

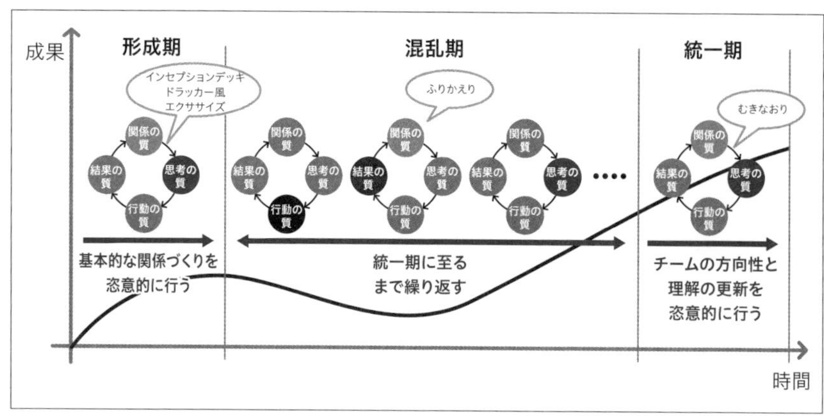

形成期においては、**チーム内の基本的な関係づくりがファースト**だ。関係の質を高めて、チームとしての思考の質につなげる。これを意識的に行う必要がある。これまですでに繰り返してきたように、ワークショップの非日常性をここで活用する。具体的には、ドラッカー風エクササイズやインセプションデッキが考えられる。お互いの考え方や価値観についての差を理解するようにする。

決して、差を解消しきろうとは考えないことだ。人の考え方は違って当然だ。むしろ、多様性があるからこそ、そのチームの機能性に幅がつくれる。まずは差を理解し、その上でチーム活動で支障をきたすようなところがあれば、チームとしての考え方を見出し、必要に応じて取り決め（**Working Agreement**）を設ける。

もう一つ、形成期に行いたい取り組みがある。それは、お互いのできないこと、得意としないことの理解である。具体的には以下の問いにチームで答える時間を設ける。

- 自分は何が不得意なのか？
- どういう風に仕事をしてしまうか？（他人からも言われていること）
- 自分の地雷（踏まれると爆発すること）は何か？
- むかしチームメンバーの期待に応えられなかった事件とは？

これらの問いは、ドラッカー風エクササイズで明らかにする「得意なこと」とは逆にあたるため、「**ドラッカー風エクササイズB面**[8]」とでも呼んでおく。得意なことばかりではなく、不得意なこと、苦手なことについての理解を共通にしておくことで、未然に事故を防げる可能性を高められる。こうした観点での理解も、チームの関係の質を高めることになる。

なお、B面はA面とは分けて実施したほうが良い。A面はチームビルドの最初期に行うことが多いだろう。最初期はまだ仕事が一巡していなかったりしてお互いの様子、雰囲気がわかっていない。B面を話し合うには実際に一緒に仕事をしてからのほうが、リアルなイメージが持てるだろう。

さて、次に混乱期に視点を移そう。この期での重要な方針は、「**短く、小さい、一巡のサイクルを繰り返す**」である。この方針には2つの狙いがある。

①チームの活動として、正すべきことを早く明らかにする

チームの活動を短期間で一巡させることで、早めに問題と出会っておくようにする。早めの問題検出は、その後の手の打ちように余裕をつくることができる。たとえば、テストの実施が開発からだいぶ離れた後にあるようだと、品質に対する認識違いが相当遅れて発覚することになる。もちろんプロジェクトを危うくするだろう。一巡とは、仕事の始まりから完了するまでを指す。まず一

8　実施にあたっては「チームに伝えておきたい自分のB面」ではなく「過去を思い起こして実際にあったこと」を挙げてもらうようにしよう。前者は、チームに伝えるべきかどうかといった思考のフィルターが入ってしまう可能性がある。素の言葉を引き出すファシリテートが望ましい。

巡させることで、こうした認識違いも早期に検出できる[9]。

ただし、一度に数多くの問題に直面してしまうとチームが乗り越えられない場合がある。問題の発生を絞れるよう、一度に取りかかる仕事のサイズを小さくする。

②結果からチームの関係性を高める

仕事のサイズが十分に小さいと、短期間で一巡させることができる。チームの初期段階は**できる限り早く最初の結果を出すようにする**。一巡目の「行動の質」はチーム活動を始めたばかりなので、はっきりいって低いものだろう。大した結果も出ないだろう。だが、結果は結果だ。成功循環モデルの起点となる**関係の質を高める最良の手段は、結果をチームで分かち合うこと**だ。「**オレたちはやれる**」感を演出することなのだ。ふりかえりの中で、自分たちの上げた成果に向き合い、どんなに小さなものでも認め合うようにしよう。ゼロからイチが生まれたのには他ならないのだから。

ふりかえりでは、一巡目を終えてみてわかったことから、さっそくカイゼンに取りかかる（**図3.10**）。チームとしての思考の質を高め、二巡目の行動の質につなげる狙いだ。

図3.10｜ふりかえりからカイゼンへ

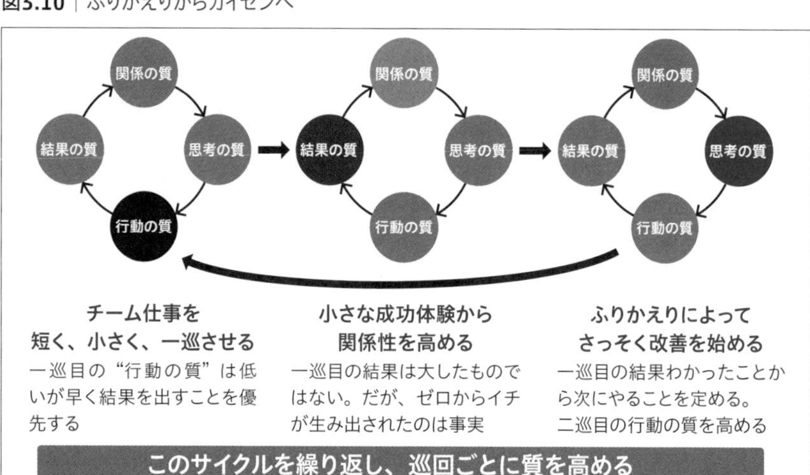
関係の質
結果の質
思考の質
行動の質
関係の質
結果の質
思考の質
行動の質
関係の質
結果の質
思考の質
行動の質
チーム仕事を
短く、小さく、一巡させる
一巡目の“行動の質”は低いが早く結果を出すことを優先する
小さな成功体験から
関係性を高める
一巡目の結果は大したものではない。だが、ゼロからイチが生み出されたのは事実
ふりかえりによって
さっそく改善を始める
一巡目の結果わかったことから次にやることを定める。二巡目の行動の質を高める
このサイクルを繰り返し、巡回ごとに質を高める

9　ゆえにアジャイルな開発スタイルと相性が良い。

この考えを踏まえると、一巡目をできる限り速く駆け抜けることに価値があるとわかるだろう。では、最速最短の一巡目とはどんなものだろうか？　1か月？　少々長いな。1週間？　いやまだまだ。最短は「1日」だろう。そんな一巡目ありかって？　最初の一巡目を「合宿」にしてしまうのは一つの作戦だ。1日の中で、仕事の計画と実施、ふりかえりまで行う。2日間かけて、仕事を始める前段としてチームビルディングのワークショップをやるのもちょうど良い。実際に、タスクを片づけるのはモブワーク[10]、モブプログラミング[11]で行うと、より過程からの学びが最速で得られる。

最後に統一期だが、ここでチームの**新たな目的地を見いだすむきなおりを行う**。次に目指す状態（目的地）をチームで決める。それに基づいて、必要な規範や役割の再定義を行う。インセプションデッキ、Working Agreement[12]の見直しなど適宜行う。

このフレームに則り、先ほどの段階設計の考え方に基づく、チームの成長戦略を描く。たとえば、こんなイメージだ（**図3.11**）。

図3.11｜チームの成長戦略「チーム・ジャーニー」の青写真

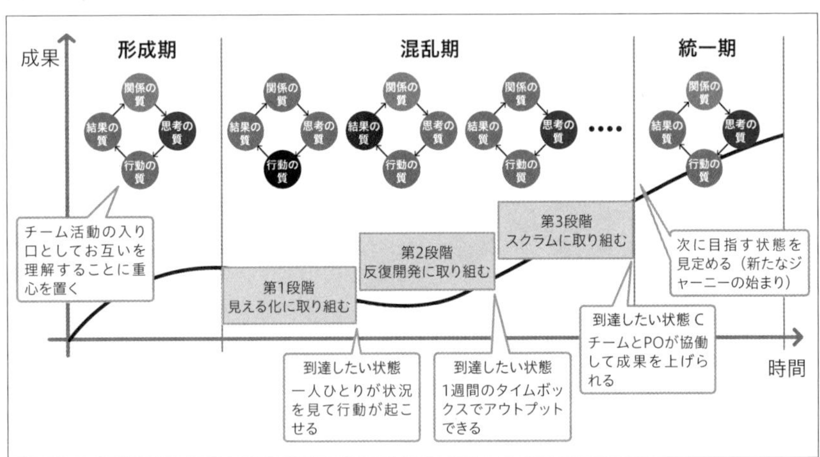

10　モブプログラミングを開発に限らず、その他のワークでも適用すること。

11　全員で一つの画面を見ながらワイガヤで開発をすること。

12　チームで決めたルール。チームの振る舞いや約束事を決めておくことで、お互いの期待のズレを小さくする。

補足 プラクティス＆フレームワーク

コルブの経験学習モデル

こうしたチーム・ジャーニーがヒントにしているモデルに「コルブの経験学習モデル」がある（**図3.A**）。

図3.A｜コルブの経験学習モデル

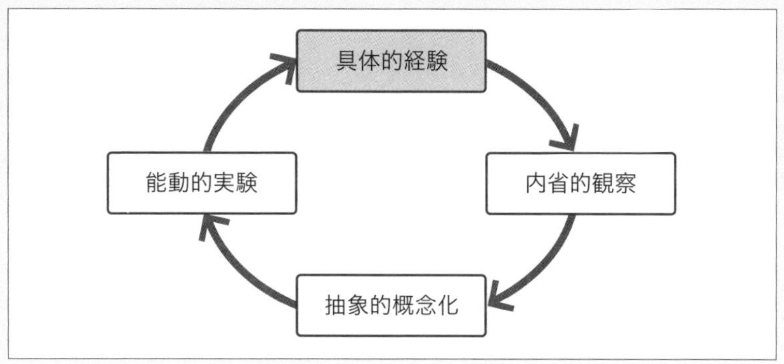

具体的な経験から学びの対象となるインプット（情報）を得るために内省的観察（自分の内面に向き合い、省みること）、つまりふりかえりを行う（**図3.B**）。ふりかえりを経て「次に取り組むこと」を決める際には、インプットから理解したことを知識あるいは仮説として整理して、実行可能な状態をつくっているといえる。挑戦的な取り組みほど、いきなり実践するのはハードルが高いため、実際には実験を挟んだりする。

たとえば、ふりかえりの結果、プロダクトの品質を高めるために「受け入れテストを先に書いて、開発すること」を決めたとする。だが、そのままチーム全員が取り組むには、まだやり方に慣れていないこともあり進みに大きな影響が出る可能性がある。だから、チーム内の一人のメンバーだけが取り組んでみる、対象となるプロダクトバックログを絞るなどの、まずは実験をしてみて判断する、といった具合だ。実験を繰り返した結果、実践に投入可能な状態に達する。

NEXT ▶▶

図3.B｜経験学習モデルの具体例

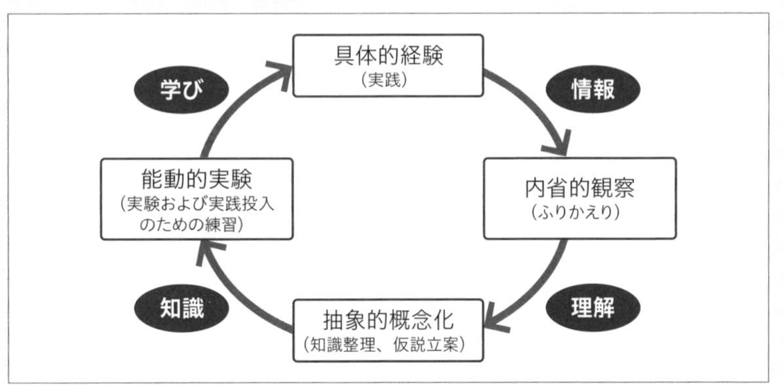

この経験学習モデルをいかに速く回すか。回転の密度を高めることが、チームの次の段階を助けることにつながる。チーム・ジャーニーの「段階」も、経験学習を引き出すための概念である。

第3話｜まとめ　チームの変遷と学んだこと

	チームのファースト	フォーメーション	太秦やチームが学んだこと
第1話 グループでしかないチーム	**タスクファースト** ("皇帝"による統治)	リーダー：太秦 メンバー：皇帝、天神川、三条、鹿王院、有栖 PO　　：砂子 コーチ　：蔵屋敷	•チームになるための4つの条件
第2話 一人ひとりに向き合う	**タスクファースト** (グループからチームへ)	リーダー：太秦 メンバー：皇帝、天神川、三条、鹿王院、有栖 PO　　：砂子 コーチ　：蔵屋敷	•リーダーシップ・パターン(チームのファースト) •出発のための3つの問い
第3話 少しずつチームになる	**チームファースト** (いきなりスクラム)	リーダー　　　　：太秦 メンバー　　　　：皇帝、三条、鹿王院、有栖 スクラムマスター：天神川 PO　　　　　　：砂子 コーチ　　　　　：蔵屋敷	•段階の設計 •チームの成長戦略「チーム・ジャーニー」 •ドラッカー風エクササイズB面

第04話 チームのファーストを変える

単一チーム 基本編

チーム全体に情報を行き渡らせ、全員で意思決定する。民主的なチームといえるが、その結果何を決めるにも時間がかかり、何も始められずにいるという状態は望ましいとはいえないだろう。チームの第一主義（ファースト）をミッションに適した内容で選ぼう。

現在のチーム構成

リーダー	：太秦（うずまさ）
メンバー	：三条（さんじょう）、鹿王院（ろくおういん）、有栖（ありす）
スクラムマスター	：天神川（てんじんがわ）
プロダクトオーナー	：砂子（すなこ）
コーチ	：蔵屋敷（くらやしき）

ストーリー 問題編　チームごっこに陥るチーム

僕たちは、チームで合宿を行った。湘南にある昭和の雰囲気たっぷりの民宿で1泊2日。宿は、天神川さんが以前も利用したことがあるらしく手配してくれた。この合宿には砂子さんも、蔵屋敷さんも参加した。

1日目はチームビルディングのワークショップ。蔵屋敷さんファシリテートによるドラッカー風エクササイズのA面とB面。加えて、僕がチームに参画する前の期間も含めて、ふりかえりを行った。タイムラインふりかえり[1]で、1年ほど思い出しを行い、KPTで気づきを整理する。

タイムラインふりかえりでは僕が知らない大小様々な事件が洗い出された。

「そういえば砂子さんが一度、いつになったらこの機能が実装されるんだって怒り出したことがありましたよね。」

三条さんのおどけた言い方を、砂子さんは冷たく突き放す。

1　チームに今まであった出来事を年表のように書き出し、それに伴う感情や課題解決の変遷を追うふりかえり。詳しくは『カイゼン・ジャーニー』第19話を参考に。

「数を間違えている。一度や二度どころではないだろ。」

その一方で、天神川さんが懐かしそうに貼られた付箋を取り上げる。

「そういえば、鹿王院さんがこのチームに入って、まだ1年経ってないのですよね。」

天神川さんの感想に三条さんが反応する。

「まあ、鹿王院くんだけではなく、有栖さんもだいたい同じ時期でしたし、そもそもこのチームはずっと急ごしらえのまま走って来た気がしますよ。」

「最初、俺と嵐山（あらしやま）さんと天神川さんの3人だけで立ち上げたからな。」

砂子さんもちょっと懐かしそうにそう応じた。皇帝の名前が出てきて、一同の間に一瞬の沈黙が生まれた。僕は、もし皇帝が参加していたら座っていただろう、一つだけ空いている座布団をながめた。

そう、皇帝はもういない。蔵屋敷さんからチームのあり方について考えさせられた夜の後、数日おいてこのチームを去ってしまったのだ。みんなに別れを告げることもなく。本人の代わりに砂子さんがチームにその背景を教えてくれた。皇帝はもともと親会社からの出向でこの会社に来ていて、新しいリーダーの着任によって離れる予定だったのだという。それが、僕の前任者が引き受けきれず退職してしまったので、僕が慣れるまで残ってくれていたということだった。それにしても唐突な離脱で、当然引き継ぎなども行っていない。

そうしたこともあり、僕は合宿によってチームの新たなスタートを切ろうと考えたのだ。合宿では「短く、小さい、一巡のサイクル」を意識して、2日目にはその日分の短いプランニングミーティングを実施し、大半をモブプログラミングの時間にあてた。共同すると、お互いの考え方や仕事の仕方が垣間見えてきた。天神川さんはテストコードを書いてからプロダクトコードを書くスタイルの一方、三条さん、鹿王院くんにはその習慣はない。三条さんは、後できっちりテストをして質を担保しようと考える一方、鹿王院くんは頻繁に動かしながら動作を何度もチェックし問題を見つけようとする。どのやり方が良い悪いではなく、ここまで一緒に開発をしていながらやり方の差に気づいてこなかったということが、まずみんなにとっての発見だった。

そうしたスタイルの違いを表出させ、整えつつ、僕はこのチームの行動の質、思考の質、関係の質に目を向けた。先ほどのとおり行動は人によってムラがある。またスクラムを行動レベルでまともに経験したメンバーはいない。もっというと、スクラムに基づくプロセスについて、理解がバラバラ。何のためにスプリントで開発するのか、鹿王院くんも有栖さんもまったく答えられなかった。お互いの関係については、特に目立って衝突が生まれているところはない。これは衝突する以前に、それぞれが目の前のタスクに追われて、塹壕に入って戦っているようなものだったからだろう。

こうした状態を改めて理解して、僕はこのチームの最初の段階として、状態や活動の見える化を掲げることにした。日々のコミュニケーションに朝会、課題の状態がわかるようにタスクボード、そしてふりかえりの定期化。まずこれらのプラクティスに絞り、1か月のタイムボックスを置く。

こうして、合宿後最初に迎えたチーム再出発の朝は気持ちが晴れ渡っていた。こんな気分はこのチームに来て、初めてのことだった。これから始めるチームの活動に期待しかない。

僕の期待どおり、合宿後のチームの士気は高かった。何か問題が起きても、全員でそのことについて話し合う時間が増えた。「みんなで決めよう」と。天神川さんがよく呼びかけてくれた。天神川さんは、もともと趣味でチームスポーツをやっていることもあり、かねがねチームプレーの大事さを口にしていた。今まで皇帝がいて権力が一人に集中するスタイルだったため、具体的な行動が取れず不本意だったのだろう。チーム内での呼びかけをいきいきと行うようになった。

そして、新たな問題が起こる

「しかし、このままで大丈夫なんですかねえ。」

新しいチームの活動を始めて数日経った頃、三条さんが僕になんとなく気になっているという風でそう持ちかけてきた。僕はちょっと驚いて、三条さんが何を気にしているのか問い直した。

「……明らかにパフォーマンスが出ていません。」

三条さんの表情は苦々しいものだった。皇帝の不在がさっそくこのチームの進捗に影を落とし始めていた。まず皇帝自身が圧倒的にタスクをこなしていたため、消化されるタスクの量が直接的に減っている。もう一つ、問題なのは皇帝がやってきた開発の引き継ぎだった。中途半端に残ったタスクは一つもなかったのだが、皇帝しか知らないコードベースがふんだんにあり、正直なところどこをどう直せばいいかその調査にいちいち時間がかかるという状況になっていた。三条さんは特に、後者について問題視していた。どうにかしたいのにどうにもならないことへのふがいなさが表情にも出ている。

三条さんの予言どおり、その後もチームの進捗は遅々として悪かった。さすがに僕の中にも焦る思いがむくむくと湧き上がってくる。天神川さんにもそのことを伝えたが「今はチームプレーを高める時期でしょう」と取り合わない。ふりかえりで取り上げても「これは今はまだ優先して取り組むべき問題ではない」と、優先度を下げられてしまい、対策が練られることもない。三条さんも、天神川さんの頑なな様子にこれ以上踏み込むとまた関係性が壊れてしまうのではないかと、問題提起以上動くことはない。全員が厄介な問題から目をそむけようとしているのは明らかだった。

パフォーマンスが出ない要因は他にもあった。何かにつけてみんなで集まって話し合うことが増えたため、ミーティングに時間が取られている。意思決定はチーム全員で決めましょうと、何か物事を決めるのにも猛烈に時間がかかる。朝会は何時からやるのか？　朝ではみんな集まらないのではないか、夕会のほうが良いのではないか、でもそれでは朝会とは呼べないのではないか？……。タスクボードのレーンはどう分けるか？　Doingレーンは人別に分けたほうが良いか、いやそうしたらチーム感がなくなるのではないか？……。明らかに皇帝の専制の反動が出ていた。チームの雰囲気は一夜にして民主的なものに切り替わったが、その代わり箸を倒すだけのような問題にも時間が必要になっていた。

僕自身は、そうしたチームの動きには個々のメンバーの自主性が出ているとも感じていたので、強引に介入して、止めたり判断したりすることにはためらいを感じていた。僕が次の「皇帝」になるようなことがあってはならない……。だが、このままで良いのか？

僕は自分がどう振る舞うべきなのかについて意識が取られがちになっていた。目の前でチームミーティングが繰り広げられていても、ほとんど耳に入ってこない。見かねたのだろう、有栖さんが横にいる僕を肘でつついた。

「……太秦（うずまさ）さん、いいかげん決めないと。」

ふと視線を上げると、議論はフロントエンドとバックエンドにあるそれぞれの技術的負債の解消と、機能開発のどれを優先すべきかで白熱していた。鹿王院くんは、フロントエンドの技術的負債について、三条さんはバックエンドのそれについて、そして機能開発については有栖さんが、それぞれ優先すべきと意見を挙げている。天神川さんが司会進行をしてはいるが、ただそれぞれの意見を引き出しているだけ。どう結論づけたら良いかはお手上げのようだった。天神川さんは、視線を上げた僕に気がついてあわてたように議論をまとめにかかった。

「今回は、3人がそれぞれで必要と思っていることをそれぞれが進めるということでどうですか。」

何という中途半端な意思決定。ただ、僕も他に代案があるわけではない。うなだれるしかなかった。その様子にあきれたのだろう、有栖さんはこの後僕と口もきいてくれなくなってしまった。

こうした進行の先に待っていたのは、想像のつくことだった。プロダクトオーナー砂子さんとのレビュー会。合宿を挟んでチームの活動が新しくなって数週間過ぎているのに、まともなアウトプットが出てこない。砂子さんはかつてないほどの圧で、チームの全員を一喝した。

「なんなの、これ。チームごっこじゃん。」

ストーリー解決編　チームのファーストを変えよう

レビュー会はそのまま砂子さんを交えたチームミーティングになった。「改めてチームで取り組み方を考えてきます」という天神川さんの提案をもはや無視して、砂子さんはあたりを見渡していた。

「蔵屋敷さんは？」

「今日は御室(おむろ)さんのチームのところに行っているみたいです。」

三条さんの回答に不満あらわ。こうならないために巻き込んでいるのに、と小さくつぶやいた。砂子さんは僕のほうを見て迫った。

「それで、太秦さん、どうするの？」

そう、砂子さんも何か具体的な解決策を持っているわけではない。ただ、こうしてこのテーマについて向き合う時間と結論を出すまで終わらないという覚悟を示したのだ。でも、それで十分だった。何をすべきかもうわかっている。この場に蔵屋敷さんがいないのも、改めて僕に教えることがないからだ。

このチームはまだ一巡していない。合宿以降、小さな結果を出すことができていない。だから、まずそこに集中しなければならない。ただ、そのためにはこのチームの方向性を変える必要がある。僕の言葉にみんな耳を傾けてくれるだろうか？　チームの停滞に何の介入もしてこなかった僕の提案に合意してくれるだろうか？

（リーダーはお前だろう？）

蔵屋敷さんの言葉が脳裏によみがえった。意を決して、みんなの顔を見る。
「このチームは、これまでチームプレーや何でも合議してみんなで決めるということを第一に置いてやってきましたが、これから先はしばらく、結果を出すことを優先したいと思います。」

チームファースト[2]から、**プロダクトファースト**[3]へ。明らかに天神川さんが失望の表情を見せる。他のみんなにも皇帝の時代へ逆戻りかと緊張が走ったように思える。今はそう受け止められるかもしれない。それでも、小さな結果から駆動するジャーニーを始めなければならない。
「この先のチームの方向性を改めて決めたいと思います。」

そう言って、僕はホワイトボードに円を3つ重ねて描いた。**ゴールデンサークル**だ。このチームのミッションとして「プロダクトファーストで、アウトプットを出す」をWhyに書く。そして、このWhyのためのHowを、これから決めていく。
「負債返却より機能を優先するのは、以前砂子さんが言ったようにこのプロダクトの利用が思ったより伸びていなくて、いつ経営サイドに止められてもおかしくないからです。ただし、だからといって、機能をたくさん積み上げていくのが解決策とも思っていません。」

そう言ってから砂子さんのほうを見る。今度は逆に砂子さんがたじろいだ。
「砂子さんにはむしろ機能を絞ってもらいたいと思います。チームはまだ新しくなってこのとおりです。現実的に出せるアウトプットも多くはありません。だからこそ、勝負どころの機能に絞ってもらいたいのです。そこに集中します。」
「……わかった。」

砂子さんの返事を確認してから、三条さんのほうを見る。三条さんは僕が何を言いたいのか察して、先回りしてみせた。
「嵐山さんのコード全般を追い回すのをやめて、勝負機能周辺に絞ってキャッチアップする、ですよね？」

僕は深くうなずいて、三条さんに応える。それから、ゴールデンサークルのHowのところに「勝負機能に絞り込み」「コードのキャッチアップも限定する」、そして「役割の再定義」と書き連ねた。プロダクトファーストというミッションで臨むには、どういうフォーメーションが適しているか。Whatのほうに、役割

2　チームでの意思決定を第一と置き、民主的なチームのあり方を重視する。
3　プロダクトの作り込みや状況の進捗を第一と置く。

の再定義の具体的な中身としてフォーメーションの案を書き始めた。

スクラムマスターは廃止と書いた上で、フロントエンドのリード役に鹿王院くん、バックエンドのリード役に天神川さんの名前を挙げる。またしても、天神川さんがわかりやすく、さびしげな表情を見せる。

「ごめんなさい、スクラムにまだ取り組める状況ではないので、この役割を置いたらかえって、どう進めるかがわかりにくくなってしまうのです。」

そう弁解した上で「リード」のイメージを伝えた。各リードはチームのコミュニケーションを促すという意味でのリード（先導）と、意思決定の上でのリード（先導）をつとめる。これまでの「すべて全員の合議で決める」から、プロダクトのフロントエンド、バックエンドそれぞれの課題について、最終の意思決定をリード役に委ねるあり方へ。そして、この2つの観点以外については、チームの「リード」として僕がその役割をつとめる。

最後にプロダクト企画者として砂子さんの名前を挙げた上で、僕はみんなに宣言した。

「まず1か月。プロダクトファーストで、ジャーニーしましょう。」

みんなからどんな言葉が返ってくるか、あるいは何も返ってこないのか。僕は目をつぶってしまいたい気分になった。不意に声が上がった。

「……じゃあ、仕事にかかろう。」

三条さんだった。「さあ、やるぞ」とあえて声を出して、みんなの中にあるなんとなくの戸惑いを押し流していく。みんなを自席へと押し戻しながら、三条さんは不意に僕のほうを振り向いた。

「良いリードだと思います、太秦さん。」

三条さんの言葉に、僕は自分が初めてリーダーの仕事を果たしたんだと思った。

蔵屋敷の解説　ミッション・ジャーニーを設計する

リーダーシップパターンのチームファーストとプロダクトファースト。この2つの間で、チームのあり方が揺れ動くのはよくあることだ。何をファーストに置いてチーム活動をするのかは、プロダクトづくりの文脈や置かれている状況による。たとえば、自社で運営するサービスで安定的な運用が問われる状況では、コミュニケーションが円滑で、より安定したチーム運営が求められるだろう（チームファースト）。

一方、これからサービスを立ち上げようと、何をつくるべきか探りながら進めていく状況の場合、まずは実用的で最小限の範囲の機能開発を優先し、検証していくことが必要だろう（プロダクトファースト）。こうした**第一主義を適宜切り替え**[4]**、状況に適応できるのが機能性の高いチームといえる**。

ここでは、ジャーニーを始めるために必要なチームの**構造設計**と**ミッション定義**をどのように行うか解説する。何をファーストとして置くのかは、チームづくりの根底を成すものになる。

チームの構造をデザインする

まずは、チームの構造とはどのような要素で決まるのか、捉えておこう（**図4.1**）。

図4.1｜チームの構造

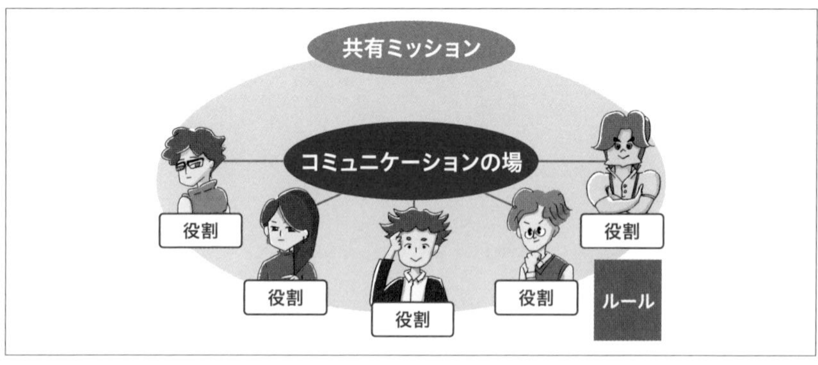

4　第一主義に準じて優先するファーストがあれば第二、第三とチームの共通理解にしておくと良い。

①共有ミッション……ミッション定義 +チームのファースト設定

チームが達成すべき目標に置いているミッション（段階設計における各段階の到達したい状況、状態がミッションにあたる）と、これから始めるチーム活動について第一（ファースト）と置くべきことは何かの設定。

②役割……プログラマー、デザイナーといった専門領域に基づく役割定義 +「リード」の設定

ミッション達成に必要な役割の定義を行う。何らかの専門領域が役割として挙がるだろう。加えて、ある領域についての先導役として「リード」を必要に応じて設定する。その領域についてのコミュニケーションの活性化と意思決定の促進（場合によってリードが意思決定自体を行う）を担う責務を負う。

③コミュニケーションの場……チーム内での同期の目的、場所・手段、タイミング・頻度の決定

場の設定について、例としてスクラムイベントを一つあてはめてみよう。

場　：プランニングミーティング
同期目的　：スプリントでの活動内容を決める
場所・手段　：オンラインミーティングツールを利用
タイミング・頻度　：毎週火曜日16時-18時

こうした場の設定を同期の目的の数だけ用意する。スクラムイベントとしては、計画づくりとしての「プランニングミーティング」と、その結果を吟味するための「スプリントレビュー」の2つの場を軸と置く。その2つの場の間で、日々の状況共有のために「デイリースクラム」、そしてプロセスのカイゼンの場として「スプリントレトロスペクティブ」を設置する。

④ルール…チーム内の取り決め[5]

お互いの活動を制約するための取り決めをつくる。制約がまったくなければ、

5　第1話の「チームになるための4つの条件」（p.14）でもチームで守りたい約束について解説した。チームの構造の一つとして持っておきたい。

チーム活動が集中せず、結果への結びつきが弱くなってしまう。具体的には、Working Agreementの設定や、完成の定義、透明性などの原則の取り入れをチームで定める。

今回のストーリーでは、太秦は「プロダクトファーストで、アウトプットを出す」というミッション（①）を置いた。まず何より「短く、小さい、一巡のサイクル」をつくりつつ、プロダクトを生き残らせるために必要な機能実装にフォーカスすることを選択した。このミッション定義に基づいて、作戦を組み立てていく。役割（②）には、フロントエンドリード、バックエンドリード、チームリードを置いて、意思決定のアジリティを上げることを選んだ。

ストーリー中には表れていないが、実際には場（③）とルール（④）の設定は不可欠だ。特にスクラムにまだ取り組んでいない段階なので、チーム内の同期コミュニケーション、事実上のプロダクトオーナーとの同期コミュニケーションを設計する必要がある。

また、「**誤った民主主義**」を抑制するためのルール設定も必要だろう。リードに意思決定を委譲しつつ、同期コミュニケーションの場の位置づけ（目的）も明確にし、「すべてについて全員で議論する」ような状況を回避する。

こうしたチームの構造をデザインすることで、チームの中の互いの働きかけ、相互作用を望ましい状態に仕立てていこう。

この4つの要素の組み合わせによっては、逆にチームとして力を発揮できない状態にもなりうる。どのような状態があるのか注意しておこう。

“個人商店”状態（図4.2）

役割、コミュニケーションの場、ルールは存在するが、共有ミッションがなかったり、あいまいだったりすると、個々人がそれぞれの責任を果たすだけの“個人商店”状態になってしまう。

図4.2｜“個人商店”状態

“塹壕”状態（図4.3）

役割、ルール、共有ミッションはあるが、コミュニケーションの場がないとすると、目の前の仕事を個別に倒していくだけの“塹壕”状態になる。状況の同期は誰か一人、リーダーが握っておけば良いという考え方になっているだろう。

図4.3｜“塹壕”状態

“烏合(うごう)の衆”状態（図4.4）

役割、コミュニケーションの場、共有ミッションはあるが、ルールがないとすると、お互いの活動をかみ合わせる制約が足りず、“烏合の衆”状態になってしまう。思い思いに良かれと動いているが、成果が上がらないといった問題を抱えてしまう。

図4.4 | “烏合の衆”状態

“仲良しこよし”状態（図4.5）

コミュニケーションの場、ルール、共有ミッションはあるが、役割の定義があいまいなままだと、責務もあいまいとなり、チームとして結果を出すために、お互いへのより意識的なアテンションや配慮を軸とした共同活動になる。これがなれ合いによってカバーする方向に振れていくと、“仲良しこよし”状態になる[6]。成果を出すことよりも、お互いの期待する動きになっているかを重視しがちになる。

図4.5 | “仲良しこよし”状態

6　チームの構造課題については、チームがともにする時間と空間の局所化（コミュニケーションのリアルタイム化）、つまりモブプログラミングで突破できるところがある。

このように、チームの構造設計はチーム活動を行うにあたって重要な一歩といえる。ミッションが変わる場合は、構造の見直しを行うときだ。また、チームの練度が十分に高まった際も同様だ。逆に役割の定義を事細かく行わなくても個々人が自律的に動いて結果を出せるようになる、同期の場がそれほど多くなくてもおのずと最適な連携が取れる、ルールがなくてもお互いの行動の整合性を保てる、そして、ミッション自体をチームで問い直し、より高次のミッションを自分たちで見出せる状態もありえるということだ。

チームのゴールデンサークルを描く

チームでジャーニーを始める際やファーストの切り替えの必要性を感じたときに、チームのゴールデンサークルを描いておこう（**図4.6**）。

図4.6 | チームのゴールデンサークル

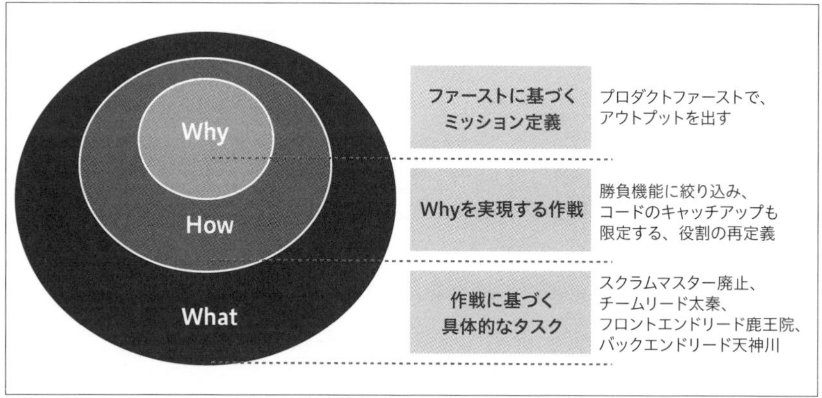

Whyとして、まず何にファーストを置くのか、そしてファーストに基づいて達成したいミッションを具体的にする。

Howでは、Whyを実現するための作戦、方針を挙げる。チームの構造設計はそのうちの一つになる。何を決めるのか、どういう方向性を取るのか、必要な作戦を複数挙げる。

Whatでは、Howで決めた内容に基づいて具体的なタスクを挙げる。作戦だけ決まって、最初のアクションがあいまいでは、チーム活動を始めることができない。WhyからHow、HowからWhatへと通貫性、整合性を持たせるようにする。

ここで、別の観点を一つ加えておこう。もともとのゴールデンサークルには定義はないが**When**としてタイムボックスを意識したい（**図4.7**）。

図4.7｜ゴールデンサークル＋When

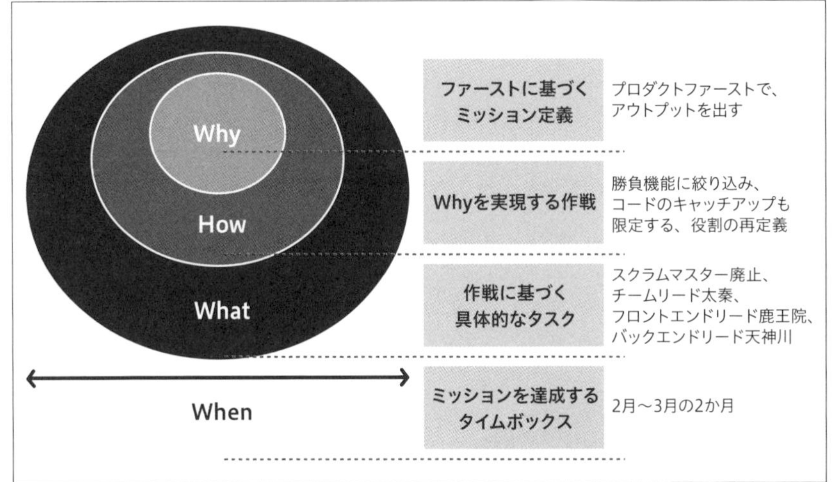

Whenは、Whyで挙げたミッションを実現するためのタイムボックスの定義だ。考え方は2つある。

①ミッション達成に必要な期間が見立てられる
　見立てられた期間に基づいて、タイムボックスを決める。
②ミッション達成に必要な期間が見立てられない
　必要な期間が見立てられないため、状況を見直すタイミング（むきなおり）の間隔を決める。むきなおり自体の間隔は1か月を基本としよう。もちろん1か月以下でもかまわないが、あまり間隔が短いとチームの方向性を見直す情報が足りず、判断を誤る可能性がある。十分に時間を取って判断するなら2か月、3か月と間隔を長めに取ることになる。

①②いずれかに基づいて、タイムボックス設定を行う。時間軸がないと、ファーストの見直し、ミッションに対する成果の検証があいまいなままとなり、やがてチーム活動に支障をきたすことになるだろう。

逆に、時間軸があるからこそチームの集中力を高められるといえる。**人の集**

中も貴重なリソースとして捉えよう。無制限に集中し続けられるわけではない。期間を設定することによって、「集中のしどころ」を意識的につくり出すことができる。

このタイムボックスは、スクラムでいうスプリントよりも長くなる時間軸のイメージだ。複数のスプリントを束ねる概念といえる。逆に、ミッション定義をスプリント単位に分割したものが「スプリントゴール」といえる。こうした現実的にスプリントに収まらず、複数のスプリントで達成していくような成果を扱うタイムボックスがスクラムにはないため、その観点でのチーム活動の有りようが宙に浮いて、あいまいになってしまう。このタイムボックスのことをミッションに基づく期間として「**ミッション・ジャーニー**」と呼ぶことにする。

ミッション・ジャーニー

このミッション・ジャーニーが第3話で解説した「**段階**」のことである（**図4.8**）。第1話で述べたように、チームもプロダクトも段階的に成長していく。第3話では「チーム」にフォーカスして段階の説明をしてきたが、ミッションに置く内容にはプロダクトの観点もある。

図4.8｜ミッション・ジャーニーとは？

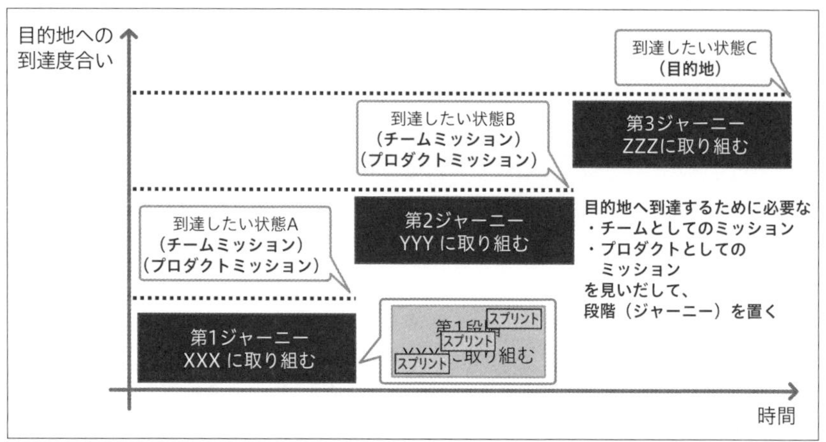

ミッション・ジャーニーに必要なスプリントの数は、ミッションの内容やむきなおりの間隔設定によって異なってくる。この点で、ミッション・ジャーニーというタイムボックスは可変となる。タイムボックスを基本的に固定するスプ

リント[7]とは異なるところだ。

実際のところ、われわれが担うミッションの粒度は様々だ。2、3スプリントで終えるミッションもあれば、10スプリント必要なミッションもあるだろう。そうした状況に適応するべく、タイムボックスを構造化する（**図4.9**）。固定的なタイムボックスだけでは表現しきれない、ミッション達成のための道筋をジャーニーで捉えられるようにする。

図4.9｜固定のスプリントと可変のジャーニーという構造関係

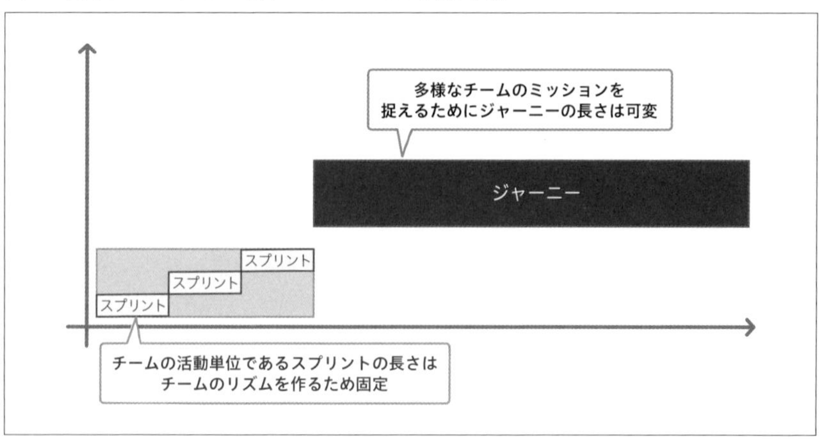

ミッション・ジャーニーでは、**着地の予測**が重要になる。想定していたよりもスプリントの数が多くなるとわかった時点で、ジャーニーの延長を検討しなければならない。このプラン変更にはプロダクトの関係者への説明がたいていの場合伴うため、土壇場ではなく前もって期待マネジメントをしておきたいところだ[8]。そのために、スプリントを終了するたびにジャーニーが事前の予測ど

7　スプリントは開発のリズムをつくるためその長さを固定する。あまりに長くするとスクラムイベントの間隔が長くなり、チームの方針や活動の調整が利きにくくなる。もちろん、2週間スプリントで開発していたがもっと早められそうだということで、ある時点のスプリントから1週間に切り替えるという判断はありだ。ただ、あるスプリントは2週間、次は4週間、その次は1週間ということはしない。

8　第1ジャーニーに何を置き、第2ジャーニーは何を狙うのか、といったジャーニー全体の見立ては関係者に説明し、共通理解にしておきたい。ジャーニーとは、「プロダクトを期待する状態に到達させるために必要な段階と作戦」についてのチームとしての表明でもある。こうした表明の可視化がなければ、関係者の「もっとローンチを早められるのではないか？」という期待は「（早められないのは）チームが手を抜いているのではないか？」という疑念に変わることになる。

おり終えられそうか、シミュレーションをするようにしたい（**図4.10**）。これが着地の予測だ。ジャーニーを終える予定の数スプリント前から、着地がずれていく見立てが得られるようであれば、関係者への調整もやりやすくなる。ミッションは「われわれはなぜここにいるのか？」で問うものである。一方、着地は、「**われわれはいつたどり着けるのか？**」という問いに向き合うことで得られる。

図4.10｜ミッション・ジャーニーでの着地の予測

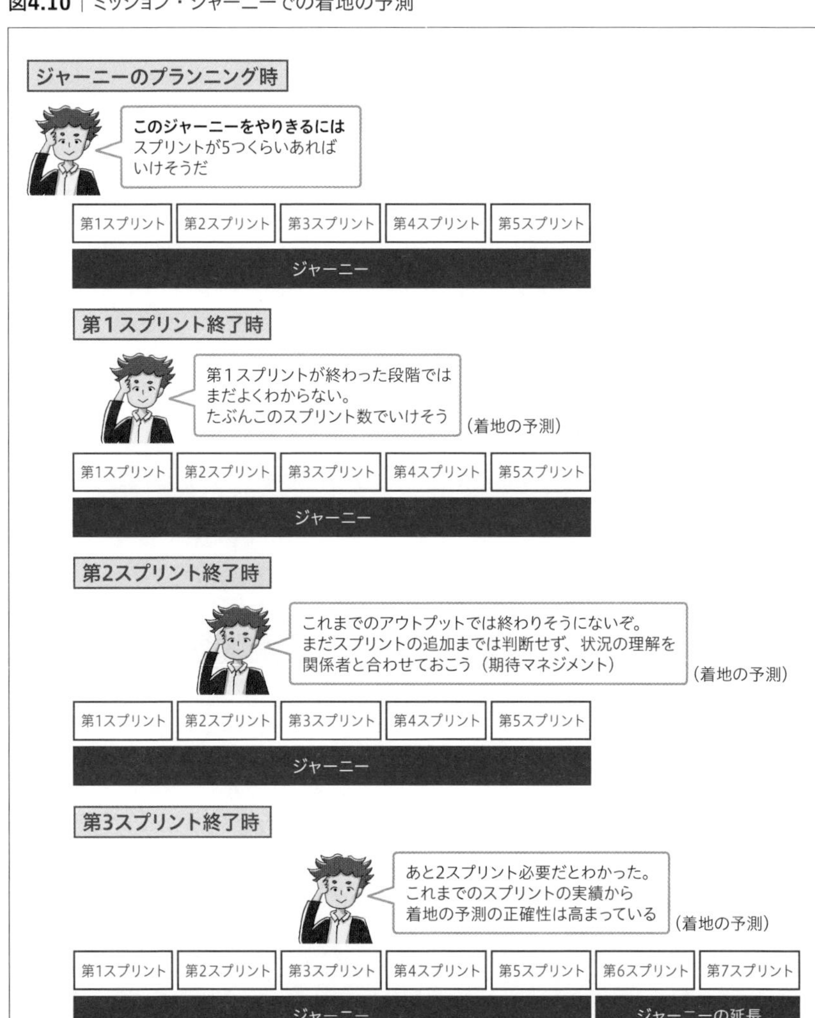

最後にここまで述べてきたジャーニー（段階）を取り入れた開発のあり方についてまとめておこう（**図4.11**）。この後のストーリーでも、引き続き内容を補完していく。

図4.11｜ジャーニーを取り入れた開発

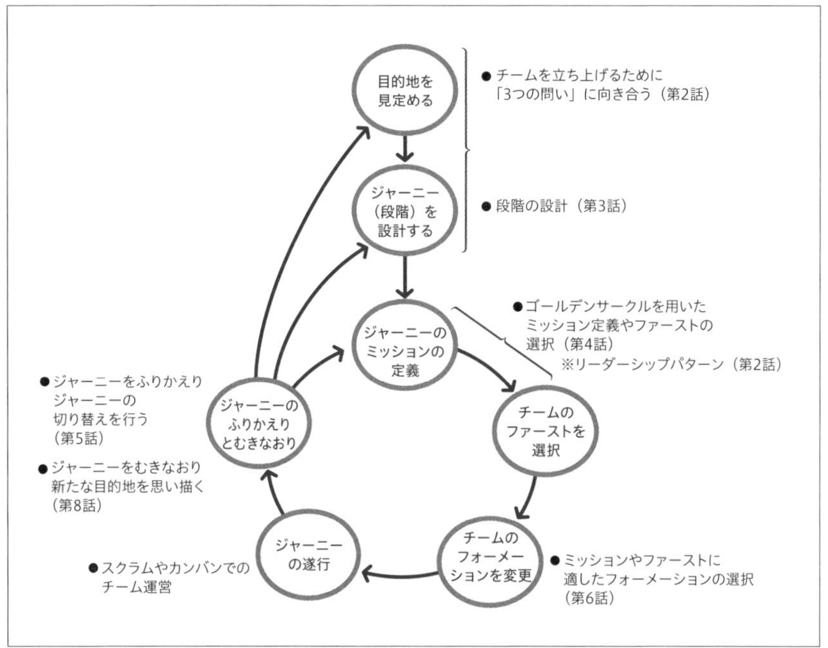

補足 プラクティス＆フレームワーク

PDCAとOODA

PDCAは、Plan（計画）-Do（実施）-Check（点検）-Action（改善）の計画駆動の有名なフレームワークのこと（**図4.A**）。

一方、OODAは、Observe（観察）-Orient（方向付け）-Decide（意思決定）-Act（行動）で構成される探索的なフレームワークのことである（**図4.B**）。OODAは、空軍パイロットが空中戦闘時に取る意思決定モデルとして定義されたものであり、何が起こるか予測のつきにくい状

NEXT ▶▶

況に適応するために考え出されたモデルといえる。

図4.A｜PDCA

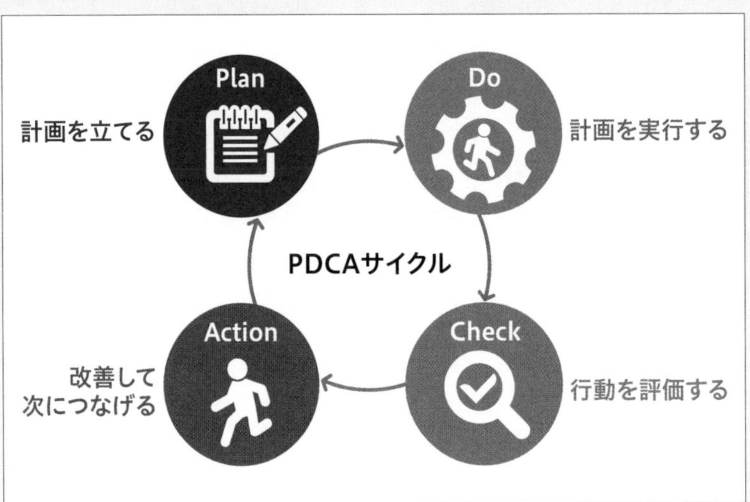

図4.B｜OODA

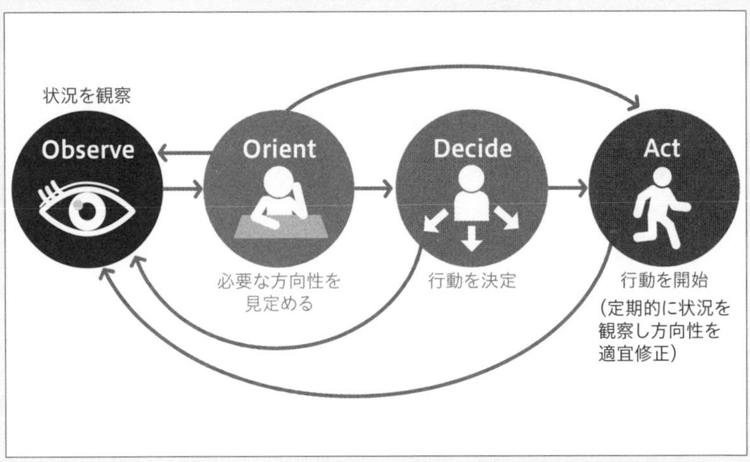

こうした対比の場合、PDCAは不確実性の高い状況で役に立たないと評価されることが少なくない。だが、ひとたび何らかの意思決定をした

NEXT ▶▶

後はどのように遂行するかがその判断を生かす要因となるため、PDCAの考え方が不要なわけではない。問題なのはPDCAのP（計画）にかける時間が場合によって多大になること、また立てた計画を前提として、現実をそれに合わせようとしてしまうことである。

今回紹介したミッション・ジャーニーは、OODAの影響を受けている。状況を観察し、必要な方向性（何をファーストと置くか）を見定める。意思決定（ゴールデンサークルで決める）し、活動を始め、また定期的に状況を観察し方向性を適宜修正する（むきなおり）というイメージだ。

第4話 まとめ チームの変遷と学んだこと

	チームのファースト	フォーメーション	太秦やチームが学んだこと
第1話 グループでしかないチーム	**タスクファースト** ("皇帝"による統治)	リーダー：太秦 メンバー：皇帝、天神川、三条、鹿王院、有栖 PO：砂子 コーチ：蔵屋敷	•チームになるための4つの条件
第2話 一人ひとりに向き合う	**タスクファースト** (グループからチームへ)	リーダー：太秦 メンバー：皇帝、天神川、三条、鹿王院、有栖 PO：砂子 コーチ：蔵屋敷	•リーダーシップ・パターン(チームのファースト) •出発のための3つの問い
第3話 少しずつチームになる	**チームファースト** (いきなりスクラム)	リーダー：太秦 メンバー：皇帝、三条、鹿王院、有栖 スクラムマスター：天神川 PO：砂子 コーチ：蔵屋敷	•段階の設計 •チームの成長戦略「チーム・ジャーニー」 •ドラッカー風エクササイズB面
第4話 チームのファーストを変える	**プロダクトファースト** (誤った民主主義からの移行)	リーダー、チームリード：太秦 フロントエンドリード：鹿王院 バックエンドリード：天神川 メンバー：三条、有栖 PO：砂子 コーチ：蔵屋敷	•チームの構造設計 •ゴールデンサークル＋When •ミッション・ジャーニー

第05話 チームをアップデートする

単一チーム 応用編

チームの活動に惰性を感じたり、丁寧さを欠き始めたと気づいたりしたら、チームのアップデートを考えるタイミングだ。チームのDIFF（差分）を取ろう。これまでの自分たち（過去）、これから先の理想（未来）、そして他のチームとの。

現在のチーム構成

リーダー、チームリード	太秦（うずまさ）
フロントエンドリード	鹿王院（ろくおういん）
バックエンドリード	天神川（てんじんがわ）
メンバー	三条（さんじょう）、有栖（ありす）
プロダクトオーナー	砂子（すなこ）
コーチ	蔵屋敷（くらやしき）

ストーリー 問題編　マンネリ化を迎えたチーム

プロダクトファーストでひた走って1か月。プロダクト企画の責任者である砂子さんとのレビューがようやく回り始めた。砂子さんにデモできる機能が以前よりも格段に増えた。特に、鹿王院くんによるアウトプットが目覚ましかった。プロダクトの機能性を高めていくというミッションが明確になったため、格段に動きやすくなったようだ。ほぼ一人でフロントエンドの開発を突き進めている。

デザイナーの有栖さんはすでに鹿王院くんのスピードについていけなくなっている。鹿王院くんが実装した後から、デザインを適用していく流れになっている。チームとしてアウトプットが出せるようになったため、砂子さんから機能面での変更要請や相談も徐々に増えている。砂子さんとの最初のコミュニケーションは主に有栖さんが取るようにしている。砂子さんと有栖さん、有栖さんと鹿王院くんが会話するシーンが圧倒的に増えた。

一方、フロントエンドとバックエンドの橋渡しをするように両方の機能開発に携わってもらうつもりだった三条さんも、鹿王院くんが独走するものだからすぐにバックエンド側に回って天神川さんを補完する役割に専念する形になっている。

僕自身もみんなほどではないがハギレのようなタスクを引き受けて、コードを書くようにしている。僕たちのチームは、明らかに皇帝の時代から比べて独自のフォーメーションをつくり始めている。

僕は、チームの立ち上がりに手応えを感じていた。少し危なっかしいところもあるけれども、チームの動きとして活気が出てきた。この調子で、プロダクトのこれまでの遅れを取り戻そうと、フォーメーションを固めて走り続けることを選んだ。プロダクトもチームもこのまま順調に前進していけるだろうという僕の楽観が崩れたのは、このフォーメーションでの3か月を終えようとしたときのことだった。

問題がないことは問題ではない?

「本当に何もないんですか？」

退屈そうな声で、チームの面々に水を向ける天神川さん。いつものふりかえりの時間。僕は真っ白なホワイトボードを見上げた。このところ、KeepもProblemもろくに挙がらなくなっていた[1]。ファシリテーターの天神川さんはそのことが不満で仕方ない。前回のふりかえりではあまりにも何も出ないので、各自3枚付箋を挙げることを強制していた。だが明らかに逆効果で、出てきたものは「ランチに行く店に飽きた」とか「朝の電車が混みすぎ」とかチームでふりかえるような内容ではないものばかり。ずいぶんと雰囲気の悪い場になってしまった。天神川さんがいっそうへそを曲げたのは言うまでもない。

（今日も何も出ないのかな……本当にこれで良いのかな……いや、**問題がないことが問題なのでは**……）

僕が思いを巡らせていると、三条さんが手を挙げてなけなしの1枚をボードに貼り出した。Problemだった。三条さんは毅然と鹿王院くんのほうを見ながら言った。

「フロントの機能で、この1か月、放置され続けているバグがあります。」

「え、そうなの？　そんな長いこと滞留しているバグ、リストには挙がっていないけど。」

1　ふりかえりがマンネリ化するのはよくあることだ。ふりかえりのやり方を変えるのは一つの作戦だ。書籍やネットをあたってやり方の引き出しを広げておこう。ただし、いくらやり方を揃えたところでチームの視座が変わらなければ効果は出にくくなる。どのような視座の変え方があるのか、本話で解説する。

天神川さんは手元でPCを開き、スプレッドシートをながめ始めた。僕たちのチームは、タスクについては壁に貼り出したタスクボードで見えるようにしているが、バグについては量が多いのと、砂子さんに最後は確実に確認してもらうために、スプレッドシートで共有していた。みんな一斉に鹿王院くんを見つめる。当の本人は、眉一つ動かさず、淡々と答えた。

「そのバグ、プロダクトの利用にはほぼ影響ないんで直さなくて良いかなと。」

言い終わらないうちに天神川さんが反応した。

「何言っているの？　バグを直さない？　しかも、リストにも挙げてないし。何考えているの？」

一同、鹿王院くんの出方を待った。ところが、話は終わったとばかりに鹿王院くんは何も言葉を発しない。そのことがまた三条さんの温度を高めた。

「鹿王院くん、**割れ窓理論**[2]というのを知っているか？　こういう問題を軽微だからと放置していると、ああこの問題もまあいいかと、こっちもいいやと、問題の放置につながっていくんだ。余裕がないときはやることから落とすとしても今は拾うときじゃないのか？」

確かにチームは3か月前に比べると見違えるようにつくれるようになっている。ふりかえりに何も出てこないように、今はチーム全体としては余裕があるといっていい。三条さんは畳みかけるように、鹿王院くんを糾弾した。

「それから、フロントで新しいCSSフレームワークを導入しただろう。なんで、共有しないんだ！　そうやって自分しかわからないことを増やしていって、後でチームが困らないとでも思っているのか？」

「では、言わせてもらいますが。」

鹿王院くんがさすがに口を開く。その声にはうっすらと嫌悪感をにじませているのがわかる。

「どうでもいいルールが多くて、コードを書く以外のムダなタスクが多すぎます。」

バグリストのことを言っているのは明らかだった。オフィスにいないことが多い砂子さんのために、こうした管理表を他にもいくつか運用している。タスクも、タスクボードに挙げながら、一方でスプレッドシートのリストがあり、二重で管

2　もともとは環境犯罪学上の理論だが、ソフトウェア開発の文脈でも『達人プログラマー』で紹介されている。
『新装版 達人プログラマー　職人から名匠への道』Andrew Hunt, David Thomas　著／村上雅章訳（オーム社／ISBN：9784274219337）

理している。チームの見える化の具体的なやり方については本人の希望もあって天神川さんがリードしている。真っ向から指摘されて、返す言葉もないようだった。

「それに、これは嵐山（あらしやま）さんがいた頃から思っていたことですが、このチームの技術スタック[3]はいつまで経っても古いままです。技術への取り組みがまったく足りていないと思います。」

鹿王院くんの反撃に、今度は天神川さん、三条さんが沈黙する番だった。鹿王院くんが物静かなのは控えめな性格だからではない、客観的に状況を見ていて、ムダなコミュニケーションは一切取る気がなく、自分で良かれと思って淡々と進めてしまうのだ。これはまずいぞと、場の雰囲気を変えるべく今度は僕が打って出た。

「久しぶりに、互いにこうしたほうが良いという意見が出ましたね！　ここからTryをみんなで考えませんか？」

宙に躍り出た僕の言葉は、そして、誰にも受け止められずかき消えていった。ますますまずい。チームに生まれた空白を僕は自分の言葉で埋めようとした。

「このプロダクトは、4か月前に比べると格段に良くなっていると思います。機能も増えたし、バグも減ってきている。砂子さんの言葉を借りれば“ようやくユーザーからのフィードバックを受けられるスタートラインに立てた”という状態です。……ここから、プロダクトとしてより価値をユーザーに提供できるように……」

そこまで言って僕は言葉を喉に詰まらせた。みんな、黙って聞いている様子でいて、まったく耳に入れていないのが明白だったからだ。鹿王院くんは壁の何もないところを凝視しているだけ、天神川さんはスマートウォッチに入る通知を普段よりも丹念にチェックしている。有栖さんは、目を閉じて何を考えているかわからない。僕は自分でつくり出した沈黙に耐えられなくなって、一方的にふりかえりの解散を宣言した。みんな、即座に動き始めて、自分の仕事へと戻っていく。これでは、4か月前に逆戻りだ……。おそらくひどい顔になっていたのだろう、三条さんが僕に声をかけてきた。

「鹿王院くんは、このチームのエースになるやつです。」

思いのほか、三条さんが鹿王院くんを評価していることに驚いて、僕は三条さ

3　プロダクトづくりのためにチームで採用を決めた技術群。

んの目を二度見した。そんな僕の様子を苦笑いしながら三条さんは続ける。

「だからこそ、チーム開発にやる気を出して、乗ってもらいたいのですが……どうしたらいいのやら。すいません。」

この状況を好転させるようなアイデアは三条さんにも浮かんでいないようだった。僕はアイデアの代わりに、最近僕たちの現場に顔を出すこともほとんどなくなった人の顔を浮かべた。いつまでも頼るつもりはないのだけど、この状況ではそうもいかない。もちろん、頭に浮かべたのは蔵屋敷さんだった。

ストーリー解決編 他のチームの現場を見よう

僕たちは、自分たちがいつもいるオフィスとは別にある、他のチームの拠点を訪れていた。僕たちの会社は今、いくつも並行してプロダクトをつくっている。一つの場所では複数のチームが収まりきらないため、拠点が分かれてしまっている。この拠点には、チャットツールをつくっているチームがいた。

「チャットツールのフィフス、今、会社も力を入れているみたいですね。」

三条さんが訪れたオフィスの様子をながめながらそう言った。チャットツールは僕たちが取り組んでいるプロダクトの次のナンバリングが付与されているようだった。僕はうなずいて応えたが、鹿王院くんは、他のチームにもプロダクトにも、その見学にもまるっきり興味がないようで押し黙っていた。そう、僕たちはフィフスチームの現場見学にやってきていた。僕と、三条さんと、鹿王院くんの3人だ。

オフィスを見渡していると、片隅に見覚えのある顔があった。蔵屋敷さんだ。あの後、蔵屋敷さんにさっそく連絡を取ったのだが、起きている問題の説明を最後まで聞くこともなく、一言「ここへ来て、チャットツールのチームと会話しろ」とだけ。どうやら蔵屋敷さんは会社の依頼で、複数あるチームを横断的に見ているらしく、三条さんが言ったとおり今最も力を入れる先になっているフィフスチームのこの現場に、最近はいることが多いらしい。僕はそのことになぜだか少し自分がいらついているのを感じた。そこへ、フィフスチームのリーダーが2人のメンバーを引き連れてやってきた。

「よう、太秦。今日は、見学に来たんだって。」

にやにやしながらやってきたリーダーの表情にはありったけの自信が浮かんでいた。同期の御室(おむろ)だった。相変わらず、僕のことが気に入らないらしい。その後ろからついてきた、メガネをかけた若いメンバーも口を開いた。

「どうぞゆっくり見ていってください。太秦さんのチームに取り入れられるものがあれば良いのですが。」

異常なほどの早口のためあまり聞き取れなかったが、どうやらメンバーのほうも僕たちに対してマウントポジションを取りたいらしい。御室と顔を見合わせてにやにやしている。

「……仁和(にんな)さん、ちょっと……言い方。」

メガネのメンバーは仁和というのだろう。たしなめるような言い方をしたのは、僕よりも年上に見える女性だった。蔵屋敷さんの事前の紹介では、プロダクトオーナーの音無(おとなし)さんという人だ。本職はデザイナーで、フィフスチームではプロダクトオーナーをつとめている。自信たっぷりの御室、仁和のコンビに対して、明らかに気の弱そうな雰囲気だった。

「うちのメンバーの仁和と、プロダクトオーナーの音無さん。仁和はチームのエースプログラマーで、たぶんうちの会社で一番コードが書けるんじゃない。それでいてサブリーダーもつとめてくれていて、チームのファシリをしている。」

御室にそう持ち上げられても仁和くんは表情一つ変えない。チームでのファシリテートも冷静にやるのだろう。ふりかえりに誰も乗ってこないとへそを曲げてしまったうちのファシリテーターとつい比較してしまう。ふと、鹿王院くんが彼のことを凝視していることに気がついた。誰にも興味を持たない、鹿王院くんにしてはとても珍しいことだ。後になって気がついたのだが、どうやら「うちの会社で一番コードが書ける」という発言が気にさわったらしい。

仁和くんはまたしても早口で突っかかってきた。

「まだ、スクラムにも取り組んでいないそうで。」

御室が僕らの代わりに返事をする。

「まあ、そう言うなよ。理解は容易だが、習得は困難。スクラムガイド[4]にもそう書いてあるだろう。もっとも、太秦のチームが読んでいるとは思えないけどね。」

4　スクラムの公式ガイド。以下のサイトからダウンロードができる。日本語版もある。ページ数は20ページにも満たない。スクラムを始める前にチームで読み合わせをしよう。その際、なぜこのようにするのか？一つ一つについてのWhyを議論するとより理解が深まる。
https://www.scrumguides.org/

さすがに三条さんもかちんと来たらしい。口を開きかけたそのとき、鹿王院くんが押しのけるように前に出てきた。

「……どういう風にやっているか教えてもらえますか？」

僕と三条さんはあっけに取られた。てっきり鹿王院くんが反撃すると思っていたのだ。御室と仁和くんは自分たちの優位を感じたらしい、満足げに「もちろん」と応じた。

新たなジャーニーを始める

チャットチームのオフィスを出る頃には、もう半日くらいが経過していた。やっていることと、自慢話を交互に繰り返し聞かされてすっかりくたびれてしまったのは僕と三条さん。帰るには頃合いの時間になっていたので、自分たちの現場に戻るかどうするかと、しりごみしていた。そんな僕たちのもう帰宅したい気持ちを鹿王院くんがばっさりと切り捨てた。

「戻りましょう。」

鹿王院くんの強い力のこもった言葉に、またしても僕と三条さんは顔を見合わせるのだった。鹿王院くんは僕たちがついてきているのかも振り返らずに、現場へと帰る道を選び進み始めた。三条さんは、「こいつはいいや」と小さくつぶやいた。

もともと、鹿王院くん自身も今のチームのあり方で進めていくことに限界を感じていたのだろう。でもどのようにチームの中で振る舞えば良いのかがわからない。そのはざまで、表に現れるのは極端な部分だ。どうすれば合意できるかがわからないため、ムダだと思ったことはただ放置するだけ。自分の手元だけ上手くいっていれば良いということになってしまう。

だけど、本当は鹿王院くんは誰よりもチームがより機能するようにしたいのだ。御室たちのチームが結果を出しているならば、その活動の中身を知り、自分たちも取り入れたい。その思いが勝るからこそ、どんな相手にでも教えを乞うことができるのだ。

僕は、連絡したときに蔵屋敷さんが残してくれた言葉をふと思い出した。

「チームには、方向づけとその維持と調整が欠かせない。自分たちでミッションを見いだし、進んでいけるチームもあるが、まだそうした段階に至ってない場合は、働きかけが必要になる。」

だから、他のチームを見に行けと言ったんだ。他のチームや現場と自分たちを比較すると、当然違いが見えてくる。その違いが自分たちの方向性を考えるきっかけになりうる。リーダーがプロダクトの意義を伝えることも、ミッションの設定をリードすることも必要だが、それだけではチームとしての動機づけが高まらない局面もある。今回のようにやっていることへのマンネリを感じ始めたチームには、外からの刺激が次へ進む力になる。

「そろそろ、チームの方向性を見直したほうが良いですね。」

僕が口にしたあふれるような言葉に、三条さんはうなずいた。とにかくチームとしてアウトプットを出すことを第一に置いてきた。よりチームの機能性を高めるためにチーム内の協働のあり方を問い直す。御室のチームが取り組んでいるスクラムからは協働のための工夫が学べそうだ。

「僕たちもスクラムに取り組み直しましょう。」

僕の言葉はもう先をいく鹿王院くんの耳には届いていないだろう。でも、耳に届いていなくても、彼に伝わっているのは明らかだった。

蔵屋敷の解説　他のチームとのDIFFを取る

チームとして次のジャーニーのミッションに何を置くか。その内容はチームに大きな影響を与える。わかりやすい、明確なミッションほど、チームは動きやすくなる。取り組みに値する有意義なミッションが見いだせなければ、チームの前向きな気持ちを駆り立てることはできない。特に、イマココのやり方に慣れてしまって停滞を感じているチームではなおさら、次の段階設計が重要になる。ここでは、「**DIFF（差分）を取ることでチームの次の方向性を見いだす**」方法を解説する。

DIFFを取る

DIFFの取り方は3通りある（**図5.1**）。

図5.1｜3通りのDIFF

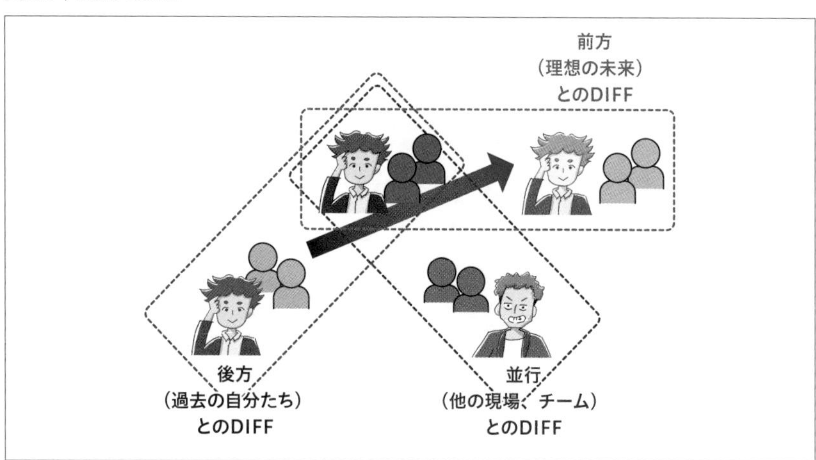

チームから見て前方にあたる**未来との差分**、逆に後方にあたる**過去との差分**、並行にある**他の現場やチームとの差分**の3通りだ。チームを中心に据えて、全方位とDIFFを取ることができるが、次の段階を講じるたびに必ず全方位と向き合う必要があるわけではない。それぞれのDIFFには特徴があるため、使い分けると良い（**図5.2**～**図5.4**）。

図5.2 | 前方との差分（未来との差分）

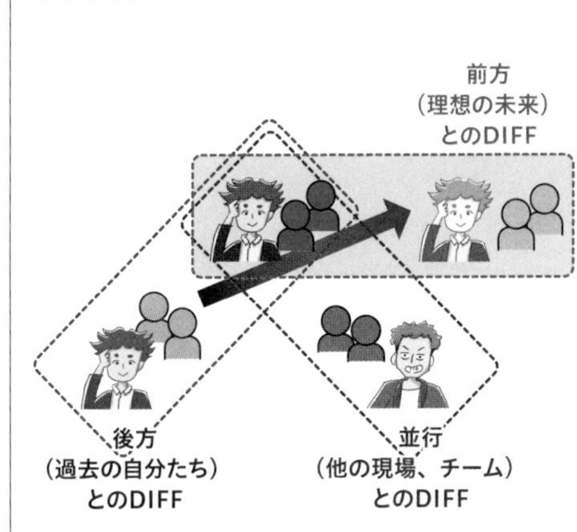

From 現状のチーム to 理想の未来

[特徴]

プロダクトあるいはチームの理想的な状態を描き、それとのDIFFを取るやり方。

現状に比べてより進んだ状態とのDIFFを取るため、チームの視座や視野を高めたり、広げる方向になる。次の段階として、わかりやすいハードルの上げ方であり、ミッションが置きやすい。

[注意]

前提として理想像が描ける必要がある。現状に慣れきってしまっていたり、プロダクトに大きな変更を入れることがなかったりするような場合（たとえば、メンテナンスモード）は、理想とする姿自体を描きにくい。むりやりに置いた理想像にチームが乗っていくのは難しい。

図5.3 | 後方との差分（過去との差分）

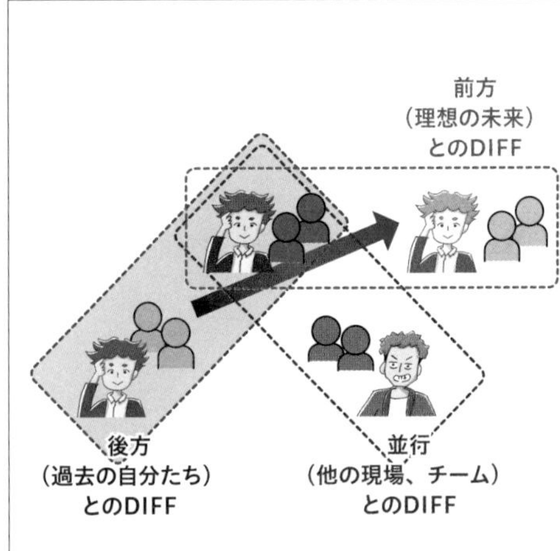

From 現状のチーム to 過去の自分たち

[特徴]

過去の自分たちに比べて「できるようになったこと」から、次の目指すべき方向性を見定めるやり方。

これまでのふりかえりの結果をながめたり（「ふりかえり結果のふりかえり」）、3か月、半年、1年といったタイムボックスをさかのぼって、何が起きたか、何ができたかをふりかえる（タイムラインふりかえり）ことで、自分たちの成長を捉える。その成長の延長線を描くことで、次の段階を決める。

[注意]

積み上げ式で取り組みやすい一方、チームの視座、視野を高めたり、広げにくいところがある。安易な着地を描いてしまい、結果として意義の低いミッションを設定しかねない。

図5.4｜並行との差分（他の現場やチームとの差分）

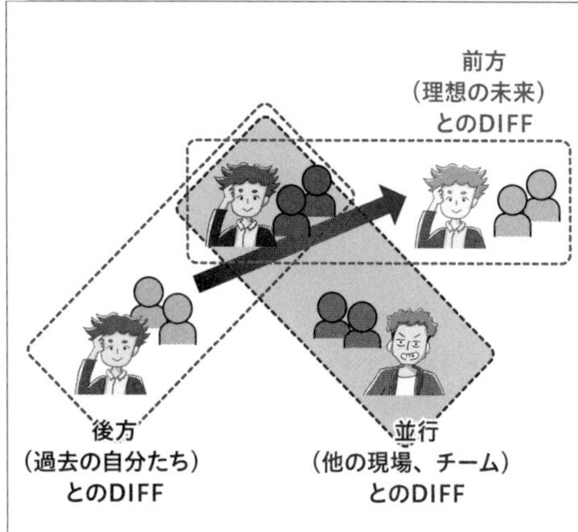

From 現状のチーム to 他の現場、チーム

[特徴]

他の現場やチームとのDIFFを取るやり方。DIFFを取る先は自組織内に限らず、組織の外も含めて広く考えられる。

過去や未来の自チームとのDIFFに終始していると、その差分は自分たちが想像できている範疇にとどまってしまう。自分たち自身では思いもよらない可能性（「こんなチームにもなれるんだ！」）に気づくために、自分たち以外の対象（基準）を比較に用いる。

[注意]

多様な発見につながる可能性がある一方、単純にDIFFを取って自チームの次の段階に適用するのは危険な場合がある。比較対象のチームもその置かれている状況や目的によって、イマココの状態が最適化されている。そうした背景、文脈が自チームのそれと比べて大きく乖離する場合、そのチームを目標と置くのは誤った方向付けになりかねない。

チームの「イマココ」を踏まえて、どのDIFFを取るのかを決めるようにしたい。チームが最初の段階を乗り越えて停滞期を迎えている場合、過去とのDIFFは延長線を引き伸ばしていくだけで、マンネリの打破につながりにくい。一方、未来とのDIFFは、チームの視座を引き上げる可能性があるが、理想像のイメージが描けていない場合、無理に理想を置いたところで机上の空論に映りやすい。

こうした状況では並行とのDIFFを取ってみよう[5]。自分たちでは気づけていなかった自チームの姿（可能性）を他チームから捉えられる場合がある。チームの外はすべて、お手本になりうる。自組織内に適した現場やチームが見当たらない場合は、組織の外に出ていこう。コミュニティや勉強会など、他の現場と接点を持てる機会は豊富にある。

なお、DIFFを取るのはチームで自律的に行われるのが理想だ。だが、チームの視座がある程度高くなければ、自分たち自身でミッションを設定しようという動きにはなかなか至らないだろう。ゆえに、初期段階ではチームのリード

5　組織の中で部署を越えて知見を共有する場をハンガーフライトと呼ぶ（第14話で解説）。それぞれのチームが日常の取り組みや特定の課題にフォーカスして発表を行う。それについての他チームからの質問やコメントを通じてさらに深掘りを行う。ハンガーフライト自体は組織内だけにとどまらず、コミュニティでも行うことができる。

役がDIFF取りを促すよう動いていくのが現実的だ。

DIFFを取る観点

次にDIFFを取る際の観点についてだ。観点は、**①ユーザーへの価値提供**、**②ビジネスの成果**、**③プロセスや技術、コミュニケーションの練度**、**④新たな領域の学習**と大きく4つある。3通りのDIFFの取り方と組み合わせて、どのような問いになるか確認しよう（**表5.1**）。

表5.1 ｜ DIFFを取る際の観点

	過去とのDIFF	未来とのDIFF	並行とのDIFF
ユーザーへの価値提供	これまでユーザーにどのような価値提供ができたのか？ そこに何を積み上げるか？	本来ユーザーに届けたい価値を再定義する。理想的な価値提供のために必要なことは何か？	他のチームはユーザーにどのような価値提供ができているか？
ビジネスの成果	これまでのビジネス的な成果（収益やKPIなど）を把握する。どの程度の変化を目指すのか？	時間軸を未来に伸ばしたとき、どのようなビジネス上の成果を上げていたいか？ 理想からの逆算で今何を達成しなければならないか？	他のチームはどの程度のビジネス的な成果を上げているのか？
プロセスや技術、コミュニケーションの練度	チームがこれまでにできていることは何か？ それらをより強化、カイゼンするならば何が考えられるか？	チームとしてのありたい姿を話し合う。ありたい姿に到達するために必要なことは何か？	他のチームが、価値提供やビジネス成果を上げるために取り組んでいることは何か？
新たな領域の学習	今できていることの延長線で次に獲得すべき能力はどのようなものか？ （今できていることとのつながりから考える）	今チームが持っている能力によらず、今後できるようになりたいことは何か？	他のチームが次に獲得しようとしている能力はどのようなものか？

こうした問いにチームで答えることで、次の段階に向けての方向性を見定める。問いへの回答がどのようなレベル感になるかはチームと置かれている状況によるが、**DIFFを取った後に自分たちが具体的な行動を起こせる**内容でありたい。あまりにも理想が高くなりすぎたり、今時点では優先度が高くないことに入れ込まなければならなくなるような事態は避けたい。また、当然これら4つ以外の観点があっても良い。何の差分を取るべきか迷うような場合の参考にしてほしい。

また、並行とのDIFFで述べたように、自分たち以外との差分を取る場合は、その背景や前提を捉えるようにしよう（**図5.5**）。他の現場がスクラムやカンバン[6]をやっているからといってそのまま自チームへ適用しようとしても、背景や前提からもたらされる状況や制約に適さず、ふさわしくない可能性がある。双方の置かれている状況や制約に着目し、その共通性に鑑みてDIFFを取るようにする。

図5.5 | 自分たち以外との差分を取る場合は、背景と前提を捉える

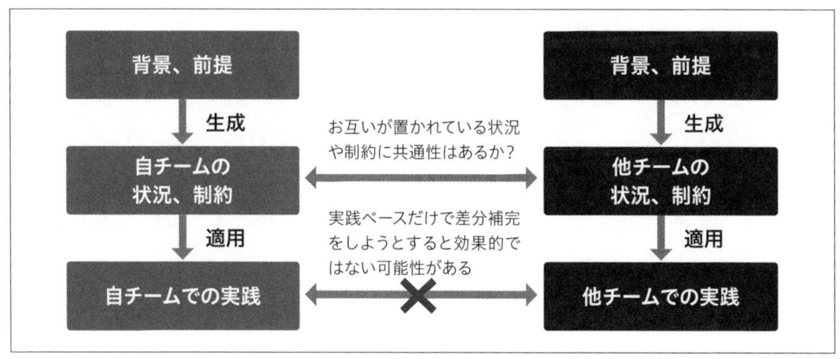

ジャーニーを切り替える

さてDIFFを取ることで、チームの次の段階の構想は見えてきただろうか。到達したい状態をミッションとして定義しよう。ここで、チームのジャーニー（段階）が切り替わることになる。ミッションの再定義をむきなおりによってチームで捉え直し、次に自分たちがどこへ向かうのか、一人ひとりが理解できている状態をつくろう。われわれはなぜここにいるのか？という問いに全員が答えられるということだ。この理解がブレていると、チーム活動の精度は高まらない。

ミッションが変わればメンバーの役割も変わる。ジャーニーを切り替えるタイミングで、その見直しも行おう。チーム結成時の最初に決めた役割に固執し続ける理由はない。ミッション実現に最適なチームフォーメーションを組み直すようにしたい。

人が役割に固定化、最適化しすぎてしまうと、ジャーニーの間での役割変更

6　何をつくるのか、今どういう状態にあるのかを可視化するためのツール。

がやりにくくなってしまう。役割として何をすれば良いのかわからない、どこまで課題を倒しているのかわからない、どこに情報があるのかわからない。こうした状況は役割を変更しづらいものにしてしまう。

ゆえに、フォーメーション上の柔軟性を確保するために、チーム内の活動、情報、知識についての透明性を高めるようにしたい。誰が何をやっているかをカンバンやタスクボードで可視化する。プロダクトやタスクにまつわる情報を散逸させず、チームで共有しているドキュメント保管場所に揃えておく。機能やユーザーインターフェースに関する設計やノウハウについても、チームでナレッジを共有できる場所と仕組みを用意しておく。ナレッジ共有のサービス[7]は世の中にいくつかある。チームで自分たちに合ったものを選択しよう。

7 esa（https://esa.io/）、DocBase（https://docbase.io/）、Kibela（https://kibe.la/ja）

第5話 まとめ チームの変遷と学んだこと

	チームのファースト	フォーメーション	太秦やチームが学んだこと
第1話 グループでしかないチーム	**タスクファースト** （"皇帝"による統治）	リーダー：太秦 メンバー：皇帝、天神川、三条、鹿王院、有栖 PO：砂子 コーチ：蔵屋敷	•チームになるための4つの条件
第2話 一人ひとりに向き合う	**タスクファースト** （グループからチームへ）	リーダー：太秦 メンバー：皇帝、天神川、三条、鹿王院、有栖 PO：砂子 コーチ：蔵屋敷	•リーダーシップ・パターン（チームのファースト） •出発のための3つの問い
第3話 少しずつチームになる	**チームファースト** （いきなりスクラム）	リーダー：太秦 メンバー：皇帝、三条、鹿王院、有栖 スクラムマスター：天神川 PO：砂子 コーチ：蔵屋敷	•段階の設計 •チームの成長戦略「チーム・ジャーニー」 •ドラッカー風エクササイズB面
第4話 チームのファーストを変える	**プロダクトファースト** （誤った民主主義からの移行）	リーダー、チームリード：太秦 フロントエンドリード：鹿王院 バックエンドリード：天神川 メンバー：三条、有栖 PO：砂子 コーチ：蔵屋敷	•チームの構造設計 •ゴールデンサークル＋When •ミッション・ジャーニー
第5話 チームをアップデートする	**チーム成長ファースト** （スクラムを始める）	リーダー、チームリード：太秦 フロントエンドリード：鹿王院 バックエンドリード：天神川 メンバー：三条、有栖 PO：砂子 コーチ：蔵屋敷	•DIFFを取る（過去、未来、他のチーム）

第06話 単一チーム 応用編

分散チームへの適応

チームといっても働き方や働く場所が異なることは珍しくない。そうした分散した環境で生まれやすいのはメンバー間の分断だ。分断に適応できるチームのフォーメーションを探してみよう。

現在のチーム構成

リーダー、チームリード：太秦（うずまさ）
フロントエンドリード：鹿王院（ろくおういん）
バックエンドリード：天神川（てんじんがわ）
メンバー：三条（さんじょう）、有栖（ありす）、嵯峨（さが）、壬生（みぶ）
プロダクトオーナー：砂子（すなこ）
コーチ：蔵屋敷（くらやしき）

ストーリー 問題編 働き方と働く場所が異なる分散チーム

僕たちは、頓挫していたスクラムへの取り組みを再び始めた。チームの次の段階に、開発チームがスプリント開発を取り入れることを置く。これまでスクラムへの取り組みに挫折してきたのは、自分たちの状態に適した始め方をしなかったからだと見ている。スクラムでいこうと判断するや、プロダクトオーナーという役割はどのような振る舞いをし、いつまでに何をし、開発チームとの関わりをどのような深さでどのくらい持つ必要があるのかという問題にいきなり直面することになる。また開発チームも、スプリントをどのようにしてこなし、次のスプリントをどうつなぎ、繰り返していくのか、その中でプロダクトはどのようにつくり込みを重ねていくのかと問われることになる。その上で一つのチームとして、なめらかに動くことを目指したい。これまでの開発のやり方、あり方から突如として大きく離れるため、困難さが一気に増す。

だから、まずは開発チームがスプリント開発という行為、状況に慣れ、そのリズムをつかむところを最初の段階としておくわけだ。難易度を下げる一つの切り口に、むやみに対象を広げないことが挙げられる。スクラムの場合は、開発チーム、その次にプロダクトオーナー、そしてステークホルダーという順で拡張を進めていく。僕は蔵屋敷さんに「それは途中の段階ではスクラムとは呼べないのではないか？」と質問したことがあるが、蔵屋敷さんからの回答がひどく短かった。「だから、なんだ？[1]」

スクラムイベントの中で、スプリントレトロスペクティブ、それを踏まえたスプリントプランニングのつながりに特に意識を高める必要があると僕は考えた。チームで問題になっていたマンネリ感、割れ窓問題、技術的挑戦のなさなどを乗り越えるためには、変化のプロセスや流れが機能するようつくり込まなければならない。

つまり、イマココの状態を捉えて、それをチームで解釈・判断し、やるべきことを確実に次のプランニングの中に織り交ぜること。これまでふりかえりが機能しない儀式になってしまっていたのは、せっかく出した意見が受け止められなかったり、実行のプランに乗らなかったりしたことで、「意見を出したところで」感につながっていたからだ。スプリントレトロスペクティブで挙げられ、解釈や感じ取り方をぶつけ合って決めた「次にやること」を、プロダクトバックログ同様にスプリントプランニングでの計画づくりの対象とする。「次にやること」は、適切なサイズに分割され、誰がサインアップするかまで決めることになる。

こうしてチームの問題検出、それに対するアイデア出し、意思決定と実行プラン化のリズムが数スプリントで整い始め、少しずつカイゼンのサイクルが回っていった。取り組みには特にフィフスチームを目の当たりにした鹿王院くんが積極的にけん引する一方、三条さんがフォローに回ることで着実に進んだ感じがある。僕たちはまた一つ、チームとしての機能性を高めることができたのだ。

プロダクトオーナーからの新たな挑戦

チームが新しいやり方の軌道に乗ったところで、砂子さんから大きな要望が寄せられることになった。タスク管理ツールの役割を広げるべく、バーンダウンチャート[2]を搭載したいということだった。これまでタスクの状態管理が中心だったツールの役割を、プロジェクトとしての見える化へと踏み出させる。バー

1 「So what？（だから何なのか?）」は目的に向かっていくにあたって何が言えるのかという問いかけにあたる。

2 開発状況が計画からどれくらい離れているかを示すグラフ。残りの開発量、タスク量は時間を経るにつれて減少していき、最終的にはゼロになる。このような状態をバーンダウン（燃え尽きる）と呼ぶ。

ンダウンチャートをはじめとして、他にも累積フロー図[3]や、チームのベロシティなど、いくつかの観点でグラフを表現できるようにしたいという。これまでにはない表現だし、集計しなければならないので、新しいアーキテクチャの検討が必要になる。大きなミッションになるので、チームの状況に合わせて段階的な取り組みにしたいと感じたが、砂子さんとはまだチームの状態を適宜共有するところまで至っていない。

ただ、砂子さんとのコミュニケーションをほぼ一手に引き受けている有栖さんが明らかに要望をさばききれなくなってきており、その様子からリスクとして看過できない段階に来ていることを砂子さん自身も理解していたらしい。皇帝の抜けた穴を埋める、という名目でメンバー増強に動いて、実際に新たなメンバーを唐突に連れてきたのだった[4]。

「こんにちわ、嵯峨（さが）といいます！」

ひときわ高く明るい声で自己紹介したのは、嵯峨くんというプログラマーだった。声も表情も明るく、いまにも握手を求めてきそうな雰囲気なのだけど、それはできない。彼はディスプレイの画面越しに存在するからだ。

「嵯峨くんはしばらくリモートワークで、働く時間も変則になる。」

砂子さんが嵯峨くんの代わりに説明する。

「はい！　妻が出産したばかりで、僕が家のことをやらないと全然回らないので。基本的にリモートで仕事します。上の子の保育園があるので、午後の時間帯も抜けるところがあります。」

僕たちの会社はベンチャーということもあってこれまでの制度、慣習のしがらみが少ない。こうした働く時間、働く場所についてはかなり融通が利くようなのだ。ただ、チームのみんなはどう受け止めていいのか、まだなんとも言えないようだった。僕も実際にこうした働き方の人と一緒にチーム開発をするのは初めてだ。

増えるメンバーはもう1名。チームのみんなが集まった会議室に見慣れない男性がすでに座っている。チームの視線に気がついて、手を振ってくる。年齢は

3　タスクの数（累積）を状態別に時系列で表現したグラフ。

4　進みが足りない場合に「メンバーを増やす」という手段を選択するには相応のプランが必要である。文脈をまったく把握していない新しいメンバーが機能するまでに至るには時間と支援が必要になる。プランなくメンバーを増やすことをチームの外側にいる人が一方的に決めてしまうのは、良い手とは言えない。

30代後半くらいだろうか、まだ若い容貌なのだけど口の周りに蓄えた髭によって結構年齢がかさんでいるように見える。

「もう一人は、フリーランスのプログラマー、壬生さん。」

　やはり砂子さんが紹介し、それを受けて壬生さんは立ち上がった。

「こんにちわ〜、壬生です。みなさんどうぞよろしくお願いしますー。」

　特徴的な間延びした語尾が耳に残る。容貌から受ける印象とはちょっと違って、柔らかい物腰の人のようだ。実は壬生さんは同期の宇多野の知り合いで、僕も事前にどんな人か少しだけ聞いている。砂子さんの依頼で、宇多野が自分の知り合いにあたってくれたということだ。宇多野は開発者コミュニティに出入りしているので、つながりが広い。

「かなり腕が立つようですよ。特に開発環境づくりとか自動化に知見があるみたいです。私も話をしてみましたが、技術に関してはかなりしっかりと答えられる方でした。」

　宇多野の言づてを聞いて、心強い思いがした。僕は利害関係なく相談ができる宇多野のような同期の存在に感謝せずにはいられなかった。

　こうして新たなメンバーが加わり、これから開発を加速させていこうと誰もが思っていたはずだ。ところが僕らの開発はまたしても壁にぶち当たるのだった。

壊れてしまったスクラム

　まず、さっそくスクラムイベントが成り立たなくなってしまった。スクラムイベントは顔を合わせてリアルなコミュニケーションの中で行いたい。そうなると外に出られる時間帯が限られる嵯峨くん、何本か他に仕事をしていて稼働する曜日が限られている壬生さん、それぞれの事情を合わせようとすると日中に開くことができなくなってしまう。ミーティングの時間くらい何とかなるでしょうと高をくくっていた僕は、思いのほかどうにもならないことにがくぜんとした。

「これは夜の時間帯にやるしかないですね……。」

　三条さんの提案にチーム全員合意はするものの、果たしてどんな開発になるのか想像がつかない[5]。

　それから、バーンダウンチャートなどのグラフ系の新たな機能のアーキテク

5　今まで経験したことがないことをやるにあたっては、本格的に導入する前に実験するようにしよう。今回の例でいえば夜の時間帯にスクラムイベントを寄せきる前に、昼夜の並行運用を試してみたい。

チャを決めていくにあたっても問題が生じた。新しいメンバーからしたら、既存の機能をキャッチアップしながら、新しい設計に取り組まなければならない。あるべき論を考えていくにあたって、どこからゼロベースで検討するのか、どこまでは既存の機能に影響を与えないように変えない判断をするのか、特に新しいメンバーにはその塩梅がつかみづらい。既存のメンバーにも確たる方針がないため、いちいち議論に時間がかかることになり各々のストレスになった。

嵯峨くんはフロントエンドの負債が気になっているようで鹿王院くんとやりとりすることが多い。

「この負債はいま返しておかないと取り返しがつかないようになりますよ。」

ちなみにこの会話もオンライン通話のツールを介してだ。

「わかっているけど、そんなことまで見直していたら新しい機能の開発なんてまったく取りかかれないです。」

嵯峨くんの指摘を鹿王院くんが突っぱねる。そういう場面が何度もあった。また、技術観点だけではなくプロセスについても新旧メンバーの間での方向付けが必要だった。

「なんで、プロダクトオーナーをスクラムイベントに交えてないんですかー。」

「あー、それは、えっと。」

壬生さんの指摘に窮していた天神川さんに代わって僕が応じる。

「プロダクトオーナーからの要望をスプリント単位で受け止めることがまだ難しいから、有栖さんにプロキシになってもらってタイムボックスの調整をしているのです。」

一つ一つ、新しいメンバーとの間ですりあわせしなければならないことだとわかっているが、チームのこれまでの事情を伝えるのに時間はかかる。これまでと変わらない量と質の開発であればそれほど負荷にはならなかっただろうけど、今は目玉機能の開発と並行して走らなければならない。既存メンバーにはこれまでどおりのアウトプットが必要だし、新しいメンバーにも動き始めてもらわなければ、砂子さんのローンチイメージにはまったく間に合わない。

そうなると、自ずとこなし仕事になり始める。数多くあるタスクをとにかく倒していけば良いんでしょと、仕事を回し始める。タスクの完了基準やお互いのコミュニケーションが粗くなっていく。そこかしこでボールの投げ合いが始まった。特に、物事の秩序を重んじる天神川さんと、粗くても形になっていけば良いでしょうという壬生さんの間でのズレが目立つようになった。

「壬生さんの機能をマージしたら、既存の一覧並び替え機能が動かなくなりましたよ。」
「あれ？　影響あるんですねー。」
それっきりで何も動くことはない壬生さん。当然機能は壊れたままだ。天神川さんは「もういいです」と言って、その分の仕事を三条さんへと回す。こうした中途半端に浮いてしまう問題は、拾い役になっている三条さんに集中していきやすい（鹿王院くんはまったく相手にしないからだ）。皇帝の時代からの悪しき習慣がまだ残っているのだ。

自ずと三条さんへの負荷が高くなる。有栖さんは砂子さんの新しい要望を整理するのにつきっきり。天神川さんは壬生さんへの指摘に夢中になっていて、嵯峨くんと壬生さんはやはりまだチームに溶け込んでいるとは言えない。鹿王院くんは相変わらずの「わが道を行く」だ。僕はチームがバラバラになっているのをはっきりと感じた。

やがて、日中の仕事に追われながらスクラムイベントを夜開催する運用の限界を迎えた。三条さんが、またしてもリタイアしたのだ[6]。このチームにかかる無理の閾値は三条さんの稼働でわかってしまう。僕は情けなくなった。これでは皇帝がいた頃と変わらないではないか。三条さんのリタイアを聞いてさすがにチーム全員、意気消沈とした雰囲気になった。僕は急きょチームミーティングを開いた。壬生さんも、嵯峨さんも、リアルな場所に来てもらっている。そして、その中には蔵屋敷さんもいた。

ストーリー解決編　状況を見て、チームにある分断を捉えよう

僕の状況説明に、蔵屋敷さんはなんて言うだろう。僕は祈るような思いで蔵屋敷さんの顔を見た。相変わらず、淡々というか何も感情の浮かんでいないように見える蔵屋敷さんがいるだけだった。
「ちょっと進んでは問題が起きて、それを乗り越えてもまた問題が起きる……。」
僕のやり方がダメなんでしょうか、と声を上げようとしたところで、蔵屋敷さ

6　ふりかえりやデイリースクラムはメンバーの状態変化を捉える機会でもある。状態については本人の申告のみではなく、他のメンバーからの観察も織り交ぜて異変を察したいところだ。

んが先回りした。

「起きている現象や状況を捉えて、どういうことなのかと解釈し、やるべきことを判断する。意思決定のプロセスの基本だ。何も珍しいことではない。」

（あれ？　励ましてくれている？）

僕のきょとんとした反応はまったく無視して、続ける蔵屋敷さん。

「ただし、状況の見方が甘い。すべては **“状況を見る”** ということから始まる。」

またしても三条さんのリタイアを招いたことを指して言っているのだろう。誰かが物理的に倒れてしまう前に、状況や兆候を捉えなければ手遅れになるばかりだ。

「新しいメンバーが増えて、活動上の制約が現れた。状況はすでに変わっている。今までどおりを維持しようとするのは、適応とは呼ばない。」

だんだんと、蔵屋敷さんの言葉が僕に刺さり始める。励まし？　いやいや、見方が甘かった……。僕に変わって、天神川さんが声を上げた。

「いや、わかりますけど、でも今回って、スクラムイベントすら開けられないという状況だったんですよ。」

天神川さんは不満そうだった。イレギュラーなことが起きない状態こそ良しとする天神川さんからしたら、今のチームは異常状態だ。

「スクラムイベントを2つに割ればいい。」

蔵屋敷さんが答えた。昼も夜も通して全力で進める、みたいな進め方は誰が見ても持続的ではないとわかる。だから、昼の部と夜の部のようにそもそも場を分けてしまう。あとはその場をどうつなぐかを工夫する。なるほど、でもそれはスクラムと言えるのだろうか……。

「それって、スクラムなんですかねー。」

壬生さんが代わりに僕が思っていたこととまったく同じ反応をした。蔵屋敷さんは涼しそうに壬生さんのほうを見返した。見返しただけで何も言わない。無言で、「だったら、どうした」と言っているのがわかる。壬生さんにも雰囲気でそれがわかったらしい、次に出す言葉を失った。蔵屋敷さんが集まっている全員に向けて言い放った。

「俺たちはなぜここにいるのか？　スクラムをやるためか、それともプロダクトを世の中に届けるためか？」

みんな静まり返っている。でも、自分たちが抱えている問題に気がつき始めた感じがする。だんだんと蔵屋敷さんがどういう人か僕もわかってきていた。蔵屋敷さんは「型」を使って仕事を始めることはあっても、その「型」に基づいた最適化にはまることを良しとしない。状況が変わったならば当てはめる「型」や自分たちの行動を変えていくことが機能するチームの振る舞い方だと考えている。蔵屋敷さんは改めて僕のほうへ向き直った。

「“状況を見る”とは、なぜその問題が起きているのかという背景にまで目を向けることだ。」

そう言って、おもむろにホワイトボードに何かを書き始める。

「働き方や働く場所の違いはチームに3つの分断をもたらす[7]。つまり、**時間の分断、場所の分断、経験の分断**だ。」

嵯峨くんや、壬生さんの「稼働時間が合わない」は時間の分断だし、リモートワークは場所の分断。そうした働き方が許容されることで様々な人が今までよりもチームの活動に関われることになる。確かに、僕がこれまでいた職場では嵯峨くんのような働き方はありえなかった。多様な働き方が許容されれば集まる人の経験も様々で、チームのそれまでのやり方と合わない可能性が高まる。今、3つの分断が重なり、問題が噴出している。僕はこんなにも状況が変わっていたんだということ、そしてそのことを深く考えることもなく進めてきたことに、怖さを感じた。

「チームのフォーメーションを変えるのは、ミッションを変えるときと、状況が変わったときだ。」

ミッションが変わるときは、新しいジャーニーを始めるときなのだ。それに適した役割を決める。これは今までやってきたことだ。加えて、進み続けるプロダクトづくりの中で状況の変化から起こる問題、あるいは問題に至る前の現象を捉え、チームのフォーメーションを変える。僕は以前、蔵屋敷さんに教わったOODAという考え方を思い出した。航空戦という極めて不安定、予測がつきがたい状況下で考え出された意思決定プロセスだという。さしずめ僕は今回、仲間（三条さん）の機体が失われたのに気づいてから動いているようなものだから、蔵屋敷さんから「状況を見ていない」と散々言われるのも無理はなかった。

「役割とそのミッションを決めよう。」

---

7 働き方の多様性は現場に分断を招き入れ、結果的にプロダクト開発をより難しいものにする。だからといってリモートワークのような新たな働き方を禁止しようというのは短絡的だ。組織における意思決定の基準をすべてプロダクト開発に合わせるのか、組織のあり方自体を問い直してみることが必要だろう。

蔵屋敷さんはそう言うと、チームメンバーの名前をまず書き出した。その名前の置き方を見て、僕は何かと似ていると感じた。そうだ、サッカーのフォーメーションを表すときにこういう図を書くんだ（**図6.1**）。

図6.1｜チームメンバー

「まず、プロダクトリードに鹿王院。プロダクトリードが、このプロダクトのアーキテクチャや設計の方針決めをリードする。今回の目玉機能実現にあたり中核となるプロダクトバックログの開発を鹿王院が担い、走っていく。」

鹿王院くんがもちろん任せてくれとばかりに深くうなずく。一方、嵯峨くんが物おじせず手を挙げて発言した。

「そういうのって、チームで決めないんですか？」

「方針決めのセッションは別途設ける。プロダクトリードが方針案をつくり、他のメンバーと共有しそのフィードバックを踏まえて、プロダクトリードが決める。ゼロベースの議論を全員でやっていくほどの時間はない。それに、新しく入ったメンバーはまだ今のプロダクトの状態を把握しなければならないはずだ。」

そうか、これはアーキテクチャや設計に関する方針決めを確実に行うことで、プロダクトづくりにおける「制約」をつくり、その制約の下で機能開発を進めていこうという考え方なのだ。つくり方の方針は、つくり手にとって制約になる。制約というと、マイナスのイメージもあるが、制約があるからこそいちいちブレなくて済むと言える。だからこそ、制約をつくり込むのは丁寧に行う必要があり、対話しながらやろうというのだ。そのセッションの呼びかけやファシリテートをチームリードが担うわけだ。そして、チームリードはもちろん僕だろう。
「チームリードは、方針決めのセッションをはじめとして、プロダクトリードと他のメンバーの間がなめらかになるように立ち振る舞う必要がある。これは、三条が適任だろう。」
　え、僕ではない？　僕はここで、まさかリーダーのお役御免⁉　不安がはっきりと顔に出ていたのだろう、僕のほうを見て蔵屋敷さんは続けた。
「太秦は、プロダクトオーナーとの接点フォローに回ったほうが良い。有栖だけではもう限界に見える。」
「そ、それはもちろんわかりますけど、では、チームのリーダーは……？」
　僕が何を言いたいのか、すぐに理解できなかったのだろう。蔵屋敷さんは一瞬眉をひそめ、そして一瞬後には自ら疑問を晴らした。
「チームリーダーは、太秦に変わりない。リーダーとリードという言葉を使い分けておきたいところだ。リーダーは人に張り付いた職務のこと。リードは、チームフォーメーション上の役割のこと。後者は、適宜変えることでチームとして状況に対処できるようにしていきたい。」
　あ、なんだ、そういう意味か。ほっとする様子があからさまだったのだろう、チームメンバーの小さな笑いを誘った。小さくとも笑いが戻ってきたのは、良い「きざし」だ。僕は、自然と湧き上がった笑顔をみんなに返した。

図6.2｜新しいチームフォーメーション

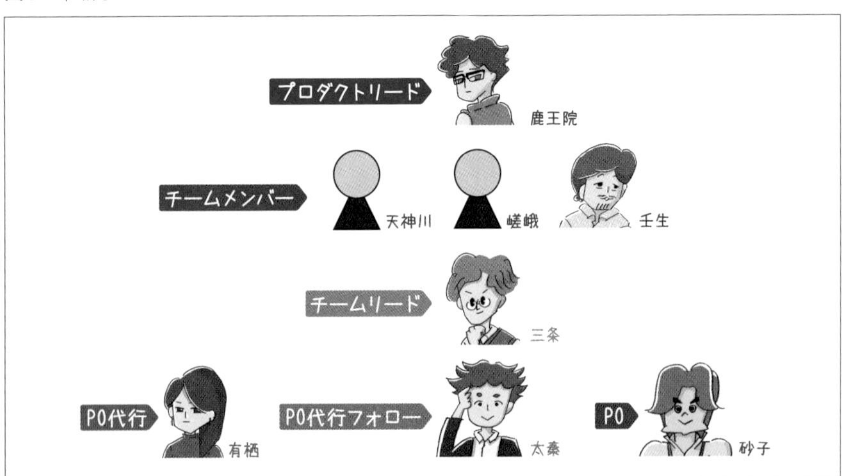

蔵屋敷の解説 チーム状況に適したフォーメーションを組む

分断による6つの問題

リモートワークや副業、変則的な勤務によって、チーム参画へのハードルが下がる一方、今まではなかった分断状況が新たな問題を招き寄せることになる。問題の構造を図示しておこう（**図6.3**）。

図6.3 | 分断による6つの問題の構造

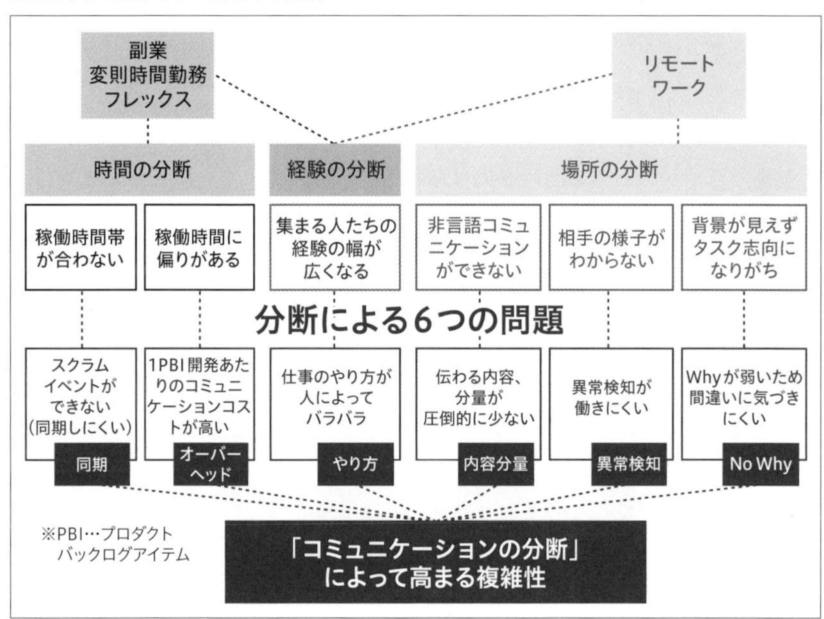

時間の分断、つまり稼働時間帯のズレが、スクラムイベントの開催すら阻むことになる。全員の稼働が合う時間帯を模索すると、時間帯に限定的なメンバーに合わせることになり、チームの負荷が高まることになる。チームの活動は一時的に負荷が高まる時期はあれど、長期的には持続可能であるべきだ。無理はいつまでも続かない。また、稼働の時間が限定的であるほど（たとえば働く日が曜日単位で限られ偏りがあるなど）、状況の同期に相応の時間が取られ、実質的なつくる時間が乏しくなってしまう。こうなると一つのプロダクトバッ

クログアイテムをつくりきるにもコミュニケーションコストが高まり、効率が落ちることになる。

場所の分断は、物理的なコミュニケーションの分断を生む。相手の様子はわからなくなり、チームメンバー内で起きている異変に気がつきにくくなる。メンバーが問題を抱えてしまって、その解決が遅れてしまう。それにわれわれは言語化している情報以外に、表情や声の調子など非言語コミュニケーションに頼っている部分が思いのほか大きい。リモートワークでは、互いに伝わる情報の量が圧倒的に限られることになる。その結果、機能としてどのような動きになるべきかニュアンスが伝わりきらなかったり、開発する機能の背景が見えなくなかったりしやすい。限られた情報の下で開発を行うため、自ずと目の前のタスクをとにかく倒しきるという動きになる。そうした要因がプロダクトの質を高められない状態をつくり出す。

最後に経験の分断について。働き方の選択肢が幅広くなることで、チームに参画できるメンバーの門戸を広げられる。一方、それだけにチームメンバーの多様性を高めることになる。具体的にはメンバーそれぞれにとっての「これまでの開発」のあり方が異なることになり、合わせるのが難しくなる。あるメンバーにとっての当たり前が、他のメンバーにとってはまったく通じないということが起きる。

いずれの分断もチーム運営を難しくすることになる。3つの分断に基づく代表的な6つの問題がチーム・コミュニケーションの分断を生み、チーム開発の複雑性を高める。

こうした分断にどう向き合うと良いのだろうか？　分断を力任せに乗り越えようとしても、その結果として反動は大きくなる。分断も制約と捉え、その制約の下での最適化を模索するのだ。具体的には、分断に沿って役割の定義を行い、その役割の間での相互作用を設計する。一つのパターンとして、雁行陣開発（がんこうじんかいはつ）を紹介しよう[8]。雁行陣開発は陣形としての雁行陣（**図6.4**）をメタファとして踏まえており、チーム内に前衛後衛というフォーメーションを設置する考え方である。

8　雁行陣開発は、リモートワークや副業などによる物理的な分断に適応するためだけのものではない。「背骨」（後ほど説明）を先行開発し、他のメンバーの開発にとって拠り所となる制約をつくることで全体の動きを良くする開発といえる。プロダクトファーストと相性が良い。

図6.4｜雁行陣とは？

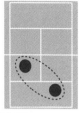

「雁行」とは、空を並んで飛ぶ雁の行列のこと。

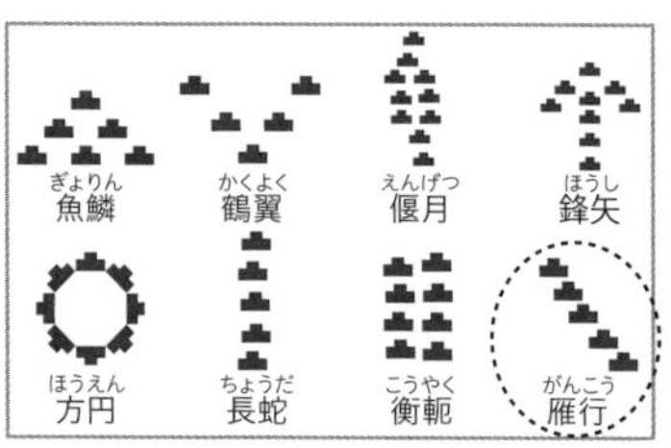

「雁行陣」とは、いにしえの戦場での陣形のこと。または、テニスにおける陣形。

雁行陣開発

具体的には、プロダクトリード、チームリードという役割を置く（**図6.5**）。プロダクトリードは、プロダクトのつくり方、方針、そしてその実装について先導する役割である。一方、チームリードは、チームの運営を担うことになる。その他のメンバーは適宜プロダクトバックログを実装する。それぞれの役割で、それぞれのミッションをつとめる。

このフォーメーションで、前衛にあたるのはプロダクトリード、後衛にあたるのがチームメンバーだ。プロダクトリードが先行してかつプロダクトの中核となるプロダクトバックログを開発する役回りになる。その他のチームメンバーは、その他の必要な機能の開発を受け持つ。

図6.5｜雁行陣開発

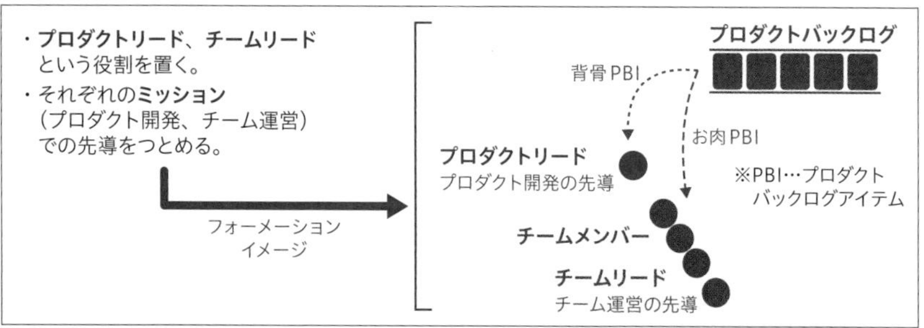

雁行陣開発でのプロダクトバックログの管理については、まずその性質からプロダクトの「**背骨**」**にあたるプロダクトバックログ**と「**お肉**」**にあたるプロ**

ダクトバックログとに分けることから始める。**背骨バックログとはプロダクトを利用するユーザーの体験上必ず必要となる機能群**になる。

背骨バックログはどのようにして特定すれば良いだろうか。まず、これから開発するプロダクトが何なのか、あえて解像度を粗く捉える。どういうカテゴリに分類されるプロダクトなのか見立てる。プロダクトの本質が「インターネット上でモノを買う」ためのものであったり、あるいは「友人同士がメッセージングでコミュニケーションをする」ものといったことがわかると、そこに必要な機能性は自ずと見えてくるところがある。

インターネット上でモノを買う以上は、探す機能が必要だし、検索の結果一覧を出し、商品の詳細情報をユーザーに提示する機能も必要になる。モノを買うならばカートの機能と何らかの決済手段が盛り込まれることになるだろう。購入した後は自分が何を買ったのか振り返れるように、購入履歴機能が備わっていてほしい。ただし、購入履歴はそれがなければ「モノを買う」という体験が成り立たないわけではないので、「お肉」扱いにする。**お肉バックログは、背骨があることを前提としてそこにまさに肉付けするようにつくることができる機能群**のことである。

こうした機能の仕分けを行うためには、ユーザーの行動の流れを可視化し、把握しておく必要がある。ユーザーストーリーマッピング[9]（**図6.6**）などを行い、チームの理解を共通にしておきたい。

図6.6 | 背骨バックログとお肉バックログ

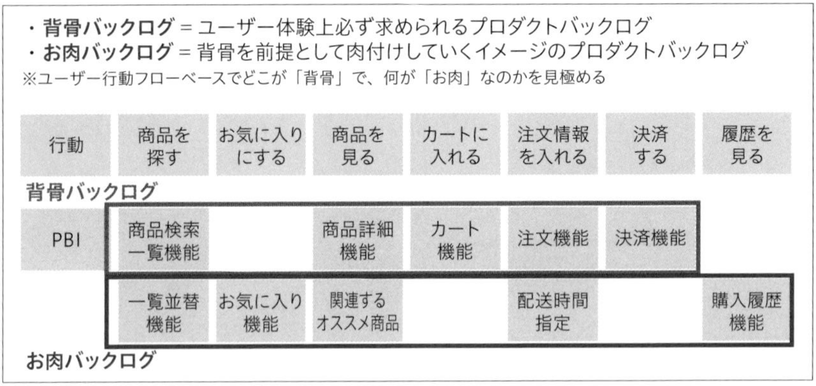

・**背骨バックログ** = ユーザー体験上必ず求められるプロダクトバックログ
・**お肉バックログ** = 背骨を前提として肉付けしていくイメージのプロダクトバックログ
※ユーザー行動フローベースでどこが「背骨」で、何が「お肉」なのかを見極める

行動	商品を探す	お気に入りにする	商品を見る	カートに入れる	注文情報を入れる	決済する	履歴を見る
背骨バックログ PBI	商品検索一覧機能		商品詳細機能	カート機能	注文機能	決済機能	
お肉バックログ	一覧並替機能	お気に入り機能	関連するオススメ商品		配送時間指定		購入履歴機能

9 時間の流れに沿ってプロダクトを利用するユーザーの行動を洗い出し、左から右へとその変遷を表現、可視化するワークのこと。ユーザー行動フローのつくり方については第13話で扱う。

プロダクトリード、チームメンバー、チームリードの果たす役割

プロダクトの「背骨」にあたる機能をプロダクトリードが先行してつくることで、プロダクトづくりに前提となる制約を与えることになる。背骨開発で利用しているフレームワークとまったく異なるものをお肉開発で使うわけにはいかない。背骨開発は、プロダクトづくりにレールを敷くようなものなのだ。チームメンバーはそのレールの上でお肉をつくっていくことになる。こうした制約が、チームメンバーのつくるにあたっての迷い、必要のない試行錯誤を抑えることになる。背骨駆動の開発は分断された現場に一つの秩序を与えることになるのだ。

稼働時間が限られるメンバーは、コードベースについてのすべての情報を受け止めるには時間が絶対的に足りなくなる恐れがある。全員が同じ理解を得られることを理想に置きながら、現実的には限られた情報の中でもつくっていける状況をつくり出すようにしたい。

それだけに、開発の方針決めをリードするプロダクトリードにかかる責任は重い。プロダクトリードには、チームの中でも経験豊かなメンバーにサインアップしてもらいたいし、方針に関して決めきる前にチームメンバーからのフィードバックを得るようにしたい。方針決めのセッションは、その内容をチーム内での共通理解にするための時間でもある。「そう決まっているとは知りませんでした」によるムダな開発のブレをなくすよう、しっかりとチームで向き合うようにしたい。

一方、プロダクトリードは方針設計にその力を注ぐため、他のメンバーへの働きかけが不十分になってしまう場合がある。ある観点ではチームメンバーを置き去りにして突き進むのがプロダクトリードだ。その捉え方に基づくと、プロダクトリードは場所的な分断が起きているメンバーが担う作戦も考えられる。

さて、プロダクトリードの代わりにチーム内で立ち回る存在が求められることになる。そのために設置するのがチームリードだ。チームリードは、チーム内の情報共有、相互作用が十分にいきわたるよう働きかける役割である。チームリードはチームメンバーの間に立つ、**媒介者**にあたる。

分断に沿って役割（プロダクトリード、チームメンバー）を定義する一方で、その相互作用の番人となる役割（チームリード）を置く。それぞれの役割が持ち味を発揮することで、チーム全体としてのバランスをつくり出すのが、雁行

陣開発のコンセプトである。

各役割についてまとめておこう（表6.1）。

表6.1｜役割の定義

	プロダクトリード	チームメンバー	チームリード
フォーメーションでのポジショニング	前衛	後衛	媒介者
役割	開発に必要な制約をつくり出す	プロダクトづくりの具体的な進捗をつくり出す	分断されたチーム活動の統合を担う
具体的な活動	アーキテクチャや設計の方針決めと、それに基づいた背骨となる機能の先行開発	背骨に沿ってお肉となる機能の開発	チームメンバーそれぞれが自律的に動けるよう必要な情報を補完する。 また、各メンバーのアウトプットの整合性を保ちながら統合する
役割に求められること	経験に裏付けられた確かな設計力	制約の理解と、先行して形になっている機能との整合性を保ちながらつくれること	チームメンバーの置かれている状態を推し量りつつ、お互いの相互作用が円滑に行われるよう働きかけるファシリテート力
分断への適応	細やかなコミュニケーションを不要とする状況づくり。 場所的に分断されたメンバー（リモートワーカー）向き	お肉の独立性が高いため、並行して開発を行える。 時間的に分断されたメンバー（変則勤務、副業）向き	分断を越境し、つながりをつくる。 働く時間に偏りが少ないメンバー向き

雁行陣開発の具体的な運用例を挙げておこう（図6.7）。

図6.7｜雁行陣開発のイメージ

SPRINT1
プロダクトリード（PL）
商品検索一覧機能
商品詳細機能
チームメンバー
管理側機能
チームリード（TL）
・PLが背骨づくりにひた走る。
・他のメンバーは最初は開発のリズムをつかむべくあえて差し障りのない機能をつくるところから始める。
SPRINT2
プロダクトリード（PL）
カート機能
チームメンバー
一覧並替機能
お気に入り機能
チームリード（TL）
・PLは引き続き背骨づくり。
・他のメンバーは仕上がった背骨につなげられる機能から開発していく。
・TLがスプリント終了時にまとめて受け入れテスト。
SPRINT3
プロダクトリード（PL）
注文機能
決済機能
チームメンバー
カート付帯機能
デザイナー
チームリード（TL）
・PLはひたすら背骨づくり。
・他のメンバーは前スプリントの背骨に機能をつなげる。
・TLは（以下略）
・デザイナーは2スプリント分のデザインコーディングを行う。
背骨バックログ
お肉バックログ

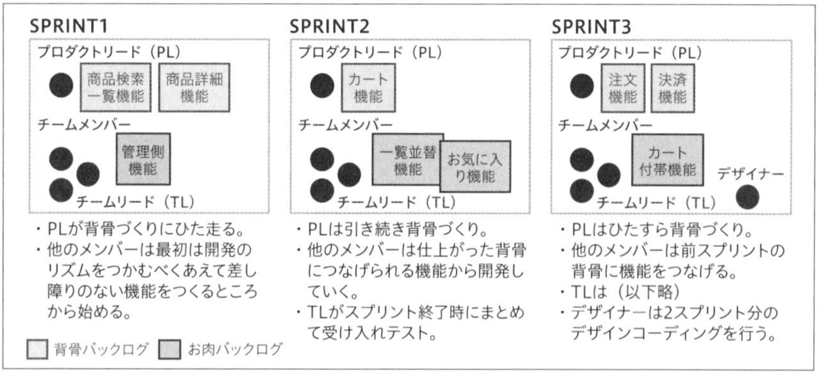

雁行陣開発によって、分断による6つの問題は図6.8のように適応できる。

図6.8｜雁行陣開発による適応

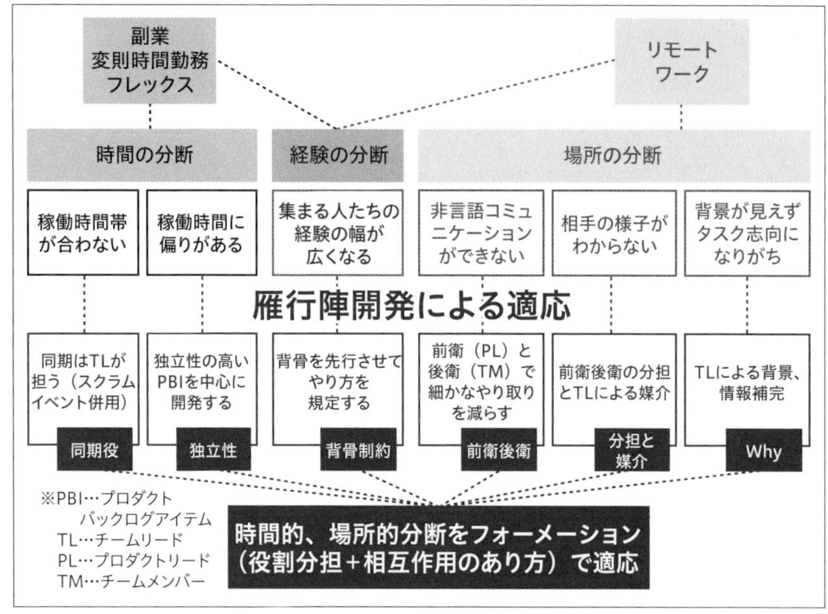

チームのフォーメーション・パターン

チーム内の役割とその相互作用のあり方のパターンを、**フォーメーション・パターン**と名前付けしたい。雁行陣開発はその一つのパターンといえる[10]。プロダクトづくりにおける状況とは変化していくものだし、読み切れるものではない。直面した状況に対して、適宜最適なフォーメーションを組み、適応する必要がある。この意味で、チームのフォーメーションとは本来、機動性に富む形で運用されなければならない。

だが、こうしたフォーメーション・パターンの考え方は、ソフトウェア開発の文脈ではあまり発展してこなかった現状がある。最初に決めた役割定義を全

10　フォーメーションが変わりやすい、変えやすいきっかけに「障害対応」がある。プロダクトの運用上何らかの障害が発生した場合、いつもとは異なる役割定義と動きを自然に行っていないだろうか。これも一つのフォーメーション・パターンといえる。

うしようとすることが多いだろう。だが、今回のような働き方による分断など、最初に想定した一辺倒のチーム運営ではまったく適応できないような事態が発生するのは、今後のチーム開発で珍しくなくなるだろう。プロダクト開発は、様々な不確実性を呼び込んでいく。

ゆえに、チームでフォーメーション変更への適応度合いを高めていくようにしたい。フォーメーション変更の機動性を上げるためには、そのフォーメーションへの理解と、どの役割のときにはどう振る舞わなければならないのかといった観点で従前どおりの練度が必要になる。そうした準備が行われない限り、チームでぶっつけ本番で臨むことはリスクが高いと感じられ、フォーメーション変更という手段は取られにくい。確かな結果が求められるプロジェクトのその外側で、フォーメーションの研究や小さなパイロットプロジェクト[11]を用意し練習を積むようにしよう。

こうしたチームのフォーメーション・パターンは、そもそもミッションと対応して取られるはずなので、ジャーニーごとにどのようなフォーメーションで臨むのかをチームで確認し合いたい。

一つの役割を務めていくにはメンバーの負荷が高くなる可能性がある。特にチームリードは、チームを媒介し続けることへの負担、異なる役割もやりたいという不満につながることもありえる。ジャーニーを終えるたびに、フォーメーションを見直す機会を設けるようにしよう。

これまでの役割の考え方だと固定的になるところだが、属人性に基づかない「リード」という役割は適宜張り替えることができる。意識的にチームメンバーの能力開発、経験蓄積を狙うことができ、人材の育成という観点からもフォーメーション・パターンとの相性は良い。

11　短期集中で試してみるということで、合宿での練習も考えられる。さしずめチームの強化合宿といえる。

第6話 まとめ チームの変遷と学んだこと

	チームのファースト	フォーメーション	太秦やチームが学んだこと
第1話 グループでしかないチーム	**タスクファースト** ("皇帝"による統治)	リーダー：太秦 メンバー：皇帝、天神川、三条、鹿王院、有栖 PO：砂子 コーチ：蔵屋敷	•チームになるための4つの条件
第2話 一人ひとりに向き合う	**タスクファースト** (グループからチームへ)	リーダー：太秦 メンバー：皇帝、天神川、三条、鹿王院、有栖 PO：砂子 コーチ：蔵屋敷	•リーダーシップ・パターン(チームのファースト) •出発のための3つの問い
第3話 少しずつチームになる	**チームファースト** (いきなりスクラム)	リーダー：太秦 メンバー：皇帝、三条、鹿王院、有栖 スクラムマスター：天神川 PO：砂子 コーチ：蔵屋敷	•段階の設計 •チームの成長戦略「チーム・ジャーニー」 •ドラッカー風エクササイズB面
第4話 チームのファーストを変える	**プロダクトファースト** (誤った民主主義からの移行)	リーダー、チームリード：太秦 フロントエンドリード：鹿王院 バックエンドリード：天神川 メンバー：三条、有栖 PO：砂子 コーチ：蔵屋敷	•チームの構造設計 •ゴールデンサークル＋When •ミッション・ジャーニー
第5話 チームをアップデートする	**チーム成長ファースト** (スクラムを始める)	リーダー、チームリード：太秦 フロントエンドリード：鹿王院 バックエンドリード：天神川 メンバー：三条、有栖 PO：砂子 コーチ：蔵屋敷	•DIFFを取る(過去、未来、他のチーム)
第6話 分散チームへの適応	**プロダクトファースト** (雁行陣開発を始める)	リーダー：太秦 プロダクトリード：鹿王院 チームリード：三条 メンバー：天神川、壬生、嵯峨 PO代行：有栖 PO：砂子 コーチ：蔵屋敷	•雁行陣開発 •チームのフォーメーション・パターン

第07話 チームの共通理解を深める

単一チーム 応用編

方向性がなかったり、揃っていないチームは何でもありになってしまう。つくり出されるプロダクトは本来の目的や期待する成果を果たせないものになってしまう。チームのプロダクトに対する共通理解をつくっていこう。

現在のチーム構成

リーダー	：太秦（うずまさ）
プロダクトリード	：鹿王院（ろくおういん）
チームリード	：三条（さんじょう）
メンバー	：天神川（てんじんがわ）、壬生（みぶ）、嵯峨（さが）
PO代行	：有栖（ありす）
PO	：砂子（すなこ）
コーチ	：蔵屋敷（くらやしき）

ストーリー 問題編 方向性を見失っているチーム

「この機能がないと話にならないね。」

砂子さんの強めの言葉に僕は思わず彼のほうを見た。どんな表情をして言っているのだろうと砂子さんを凝視する。普段より何か焦っている感じがあった。せわしなく視線を動かし、広いディスプレイに映し出されたプロダクトバックログの状態をチェックしている。同時に、せわしなく膝も動かしている。

「その機能、本当に要りますか？」

僕が押し黙っているのを見かねた有栖さんが砂子さんに切り込む。感情の入っていない冷たい声だ。砂子さんは有栖さんの疑問を完全に黙殺して、次々と来月のリリースに向けて必要な機能をピックアップしていく。僕も意を決して砂子さんに立ち向かう。

「砂子さん、機能だけがやたら増えているだけで、ユーザーの離脱は止まっていません。これ以上、新しい機能を追加しても使うほうが混乱していきそうです。一度、開発の手を緩めたほうが良いのではないですか？」

「緩めて、それからどうする？」

僕に目もくれず、砂子さんは即答した。僕は言葉が継げない。有栖さんによればここ1か月くらいこの調子だという。蔵屋敷さんが僕にフォローに回れと言ったのは慧眼（けいがん）でしかない。だが、実際のところ僕もどう向き合っていけば良いかわからずにいた。今回の計画づくりミーティングもまったく調整できる余地はなく、開発対象の機能を数多く押し込まれて開発チームの元にすごすごと戻ってくるしかなかった。

見渡すとみんな思い思いの仕方で仕事をしていた。鹿王院くんはこちらを見向きすることなくディスプレイをにらみつけている。天神川さんは、リモートワーク先の嵯峨くんとオンライン通話しているようで、楽しそうに会話をしている。三条さんは、オフィスに出てきていた壬生さんとホワイトボードを使って何やら熱心に打ち合わせをしている。僕が戻ってきたのに気づいて三条さんは会話を中断し、近寄ってきた。僕の表情でどんな塩梅だったか察したらしい。

「また、押し込まれましたか。」

僕は押し黙った。代わりに有栖さんが隣でうなずいている。三条さんは事態を受け入れて、自分の表情が見えないようにメガネのブリッジを手で覆うように押し上げた。

「……どうやら、砂子さんだいぶ焦っているようですね。フィフスやシックスがかなりユーザーを伸ばしているようなのですよ。」

「シックス？」

「シックスはドキュメント作成ツールですね。砂子さんには、直接経営側からのプレッシャーもかかっているようです。」

三条さんは他のチームの状況を普段から取って回っている。御室（おむろ）、仁和（にんな）くんを中心にしたチャットツールを担当するフィフスチームはよどみなくプロダクトを成長させている。蔵屋敷さんも今ではほぼフィフスチームの専任になっているような状態だ。一方、ドキュメントの作成、管理ツールを担うシックスチームはサブリーダーの宇多野（うたの）がけん引しているらしい。後発ながら僕たちのタスク管理ツールを追い上げるように、開発が進められている。僕たちがせいぜい2か月に1回程度のリリースなのに対して、宇多野は2週1リリースのサイクルを打ち出している。

「リリースの早さだけではなく、機能面でもうちのフォースだけが迷走している感じはありますね。」

三条さんの言うとおりだった。砂子さんの思いつきのような判断で開発対象の機能が決まっていく。砂子さんは実験だと言い張っているが、やたらめったら機能をリリースしてすべてそれっきりになっている。どの機能でどんな結果が出たか正直なところ砂子さんが分析している様子はない。

一方、三条さんや有栖さんが僕に不満を感じているのも何となくわかっている。そんな砂子さんをどうにもすることができないまま、僕はただ打ち合わせに行って、すべてを受け入れて帰ってくるだけなのだ。多少意見を述べても砂子さんの「これは経営サイドの優先度が高いものだ」という殺し文句が出るとそれ以上何も言えない。砂子さんや関係者の意向に最大限配慮して、決まったことを開発チームに持って帰ってくるだけ。チームは淡々とそれを打ち返している。

チームとしての形にする力はここまでやってきて相当ついてきている。段階的に積み上げてきた経験が効いてきている。引き続き鹿王院くんがプロダクトリードとして先頭に立ってつくり続ける一方、嵯峨くんや壬生さんもプロダクトに慣れてきて以前より複雑な機能に取りかかり始めている。その両者のコミュニケーションが不十分にならないようメンテナンスするのがチームリードの三条さん。僕は、実はやることがあまりなくなっていた。チームの中で転がっている雑用みたいなタスクを片づけるくらい。

そんな僕の様子をチームの誰も気がついていないようだった。蔵屋敷さんを除いては。ある日、蔵屋敷さんが僕に声をかけてきた。

「御室のフィフスチームに正式に移ることになった。」

普段と変わらない蔵屋敷さんの表情に際立って冷たさを感じるのは、僕が役に立っていないことに僕自身が後ろめたい気持ちでいっぱいだからだろう。僕はこの悩みを一人で抱えていかなければならない……。

蔵屋敷さんがいなくなる、その事実がだんだんと僕の胸の中央に穴を開け始めている。思ったよりガラガラに空いてしまいそうで、怖くなって必死に埋めようとした。

「そうなんですね……週1とはいわないまでも、2週間に1回とか相談する時間を設けるわけにはいかないでしょうか……」

僕は自分の語尾を自分で殺した。蔵屋敷さんにまったく受け入れる気がないのが見て取れてしまったからだ。その代わりに、蔵屋敷さんは持っていた1枚の紙を僕に差し出して言った。

「一緒に仕事をしていても、思いのほか見えていないことが互いにある。見えていないことを見えるようにしなければ、それ以上先にはいけない。」
「えっと……。」
「見えたものを、その場にいる人たちで理解しようとしなければ、ともにつくることなんてできない。」
この独特の言い回しも、気軽には聞けなくなる。僕は自分の中に空いた穴が余計に広がるのを感じた。

プロダクトオーナーからの新たなプレッシャー

蔵屋敷さんが僕たちのチームを完全に去ってから数スプリントが経った頃、そろそろ次のリリース準備をしなければとチームでミーティングしているところに、砂子さんがやってきた。
「昨日、経営との会合があったのだけど、経営サイドからタスク管理にボット[1]を組み込んでみたいというオーダーが上がった。」
さすがに突拍子もないと砂子さん自身も感じているのだろう。僕たちに目を合わせようとしない。それだけ言って去っていこうとしたので、あわてて三条さんが引き止める。
「え、ちょっと待ってください。なんですって？　ボット？」
どうも、ツールとしてタスクを登録し管理できるだけではなくタスクの抜け漏れが起きていないか示唆するような機能が備わっていたほうが良いのではないか、という意見が挙がったらしい。社長もフォースをどうしていくか迷っているのだろうか。最近は視察で海外に赴任していた幹部を呼び戻して、プロダクト群全般に意見を求めて見直しているということだった。
「このツール、一体どこに向かっているんでしょうねー。」
壬生さんが皮肉たっぷりににんまりしながら言った。砂子さんは「仕方ないだろう、経営サイドのオーダーなんだから」とみんなが聞き取れないように早口で言い返した。
「なんかもう何でもありだよね。」
頬づえをつきながら、どこか人ごとなのは天神川さん。いつの間にか、我関せずという態度が多くなっている。三条さんは言葉が継げなくなっている。僕は助けを求めるように有栖さんのほうを見てしまった。有栖さんは、目を伏せて誰と

1　ある一定のタスクを自動化するためのプログラムのこと。

も視線が合わないようにしていた。意を決して、砂子さんに立ち向かう。

……と思っていたら、砂子さんに先に封じられてしまった。

「これ以上の議論の余地はないよ。どんなボットサービスを使うといいか、調査から始めてください。」

明らかにチームの面々の温度感が一気に下がっていくのを感じる。僕は何も言えずにチームが冷却されていくのをただ見守るしかなかった。

こんな状況では、当然だけど開発チームのパフォーマンスは上がらない。タスクにアサインはされているものの具体的なアウトプットが出てこない。砂子さんからは「やってないのではないか？」という声が当然寄せられるし、開発チームからは「やっているっての！」という反発が起こる。数スプリント経ってもろくなアウトプットが出ない開発チームにとうとう業を煮やした砂子さんは、突如宣言をしたのだった。

「スプリントを中止します。」

プロダクトオーナーの方針とチームの考えが合っていない。その結果、中途半端に進んでいくくらいなら、いったん止めてでもこのズレに向き合わなければならない。砂子さんの強いメッセージなんだと思った。

スプリントを中止する、その異常な状態に開発チームのみんなはさすがに騒然となった。意図的に仕事を遅らせていたわけではない。それだけにプロダクトオーナーの強い打ち出しに気をくじかれ、返す言葉も出てこなかった。まるで自分たちの行いのすべてを否定されたかのような気分だった。これまでのような反発よりも、仕事をしたくてもできないという状況に、強いショックを受けていた。

何とかしないといけない。意気消沈したチームに、僕は一体何を、どう声掛けすれば良いのだろうか。以前、蔵屋敷さんがよく座っていた場所をちら見する。あの冷淡だけど人一倍気にかけてくれていた人はもうそこにはいない。僕は、蔵屋敷さんが最後に残してくれた紙を強く握りしめた。

ストーリー 解決編 チームでプロダクトについての理解を合わせよう

まず僕は、プロダクトオーナーと開発チームが一緒になってスプリントごとの成果をながめる場をつくるところから始めた。これまでは有栖さんが砂子さんの要望を受け止める役割を担っていたが、スプリント開発がどのように行われ、その結果アウトプットとして何が出ているのかという観点での説明は十分に行えていなかった。オンラインチャット上で進捗を上げる程度だった。

この運用はチームのアウトプットづくりにできる限り時間を優先的にあてていこうという砂子さんと僕たちの間での、これまでの合意によるものだ。皇帝の時代から今に変遷する間に、チームのアウトプット量がかなり落ちてしまった時期があった。その回復に全力をつくすべくチームのアウトプットに直結しないタスクを極力抑えてきたのは良かったが、状態が良くなった後もその習慣を変えずに来てしまっていた。結果、砂子さんからするとチームが何についてどう活動しているのかがまったく見えず、かなり透明性が低い。その見えなさ加減が信頼感の醸成を阻んでいるところがある。

チームの中のメンバー同士でお互いが何をしているかわからなければ、チームの活動は上手く進まない。だからチームの透明性を上げようと見える化のための活動を行うのだ。タスクボードの運用や、スタンドアップミーティング、ふりかえりの開催。一方で、チームの外側に対する透明性もまた確保できなければ、チームはその外側との関係性を上手く構築できず、壁にぶち当たってしまう。チームの中でも、外に対しても、透明性を高める活動が必要なのだ。

砂子さんとの会話の場では、僕が用意した線表を使って説明することにした。A4用紙1枚程度で、1週間スプリントごとに何をやる予定で、実績としてどうだったかを図示したものだ。紙のサイズに収まるように記載するため自ずと、情報の粒度はやや大きめになる。1スプリントあたり3から4くらいの機能が並ぶ感じだ。開発チームの扱うプロダクトバックログより一回り大きなサイズだ。このくらいの粒度でなければ、話が細かくなりすぎてしまう。いきなり詳細な情報を突きつけられても、砂子さんも受け止められない。開発チームのほうは自分たちの活動に合わせてできる限り粒度を小さくしたスプリントバックログの管理にクラウドサービスを使っている[2]。こちらのサービスは引き続きチームの中で利用していく。

基礎となる情報を共有できるようになったら、次はプロダクトオーナーと開発チームの間で、何をつくっていくべきなのかという理解を揃えるようにする。い

2　バックログの管理はGithub Issueをはじめとして、Pivotal Tracker、Clickupなどが候補にある。
・Pivotal Tracker　https://pivotal.io/jp/tracker
・Clickup　https://clickup.com/

きなり「ボットが必要になったからつくっていってくれ」ではなくて、もっとその前段のところから、ユーザーのために何が必要なのかについてお互いの理解を深めていくようにしたい。プロダクトについての理解の共通化が進めば進むほど、僕たちのプロダクトづくりは加速し、そしてチーム全体の納得感を高められるはずだ。

その共通理解を得るための手段が**仮説キャンバス**[3]だ。

図7.1｜仮説キャンバス

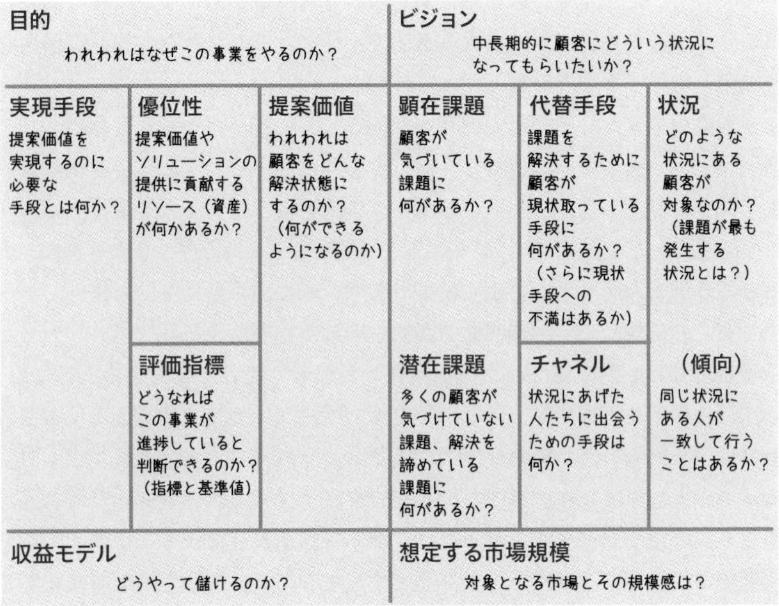

目的
われわれはなぜこの事業をやるのか？

ビジョン
中長期的に顧客にどういう状況になってもらいたいか？

実現手段
提案価値を実現するのに必要な手段とは何か？

優位性
提案価値やソリューションの提供に貢献するリソース（資産）が何かあるか？

提案価値
われわれは顧客をどんな解決状態にするのか？（何ができるようになるのか）

顕在課題
顧客が気づいている課題に何があるか？

代替手段
課題を解決するために顧客が現状取っている手段に何があるか？（さらに現状手段への不満はあるか）

状況
どのような状況にある顧客が対象なのか？（課題が最も発生する状況とは？）

評価指標
どうなればこの事業が進捗していると判断できるのか？（指標と基準値）

潜在課題
多くの顧客が気づけていない課題、解決を諦めている課題に何があるか？

チャネル
状況にあげた人たちに出会うための手段は何か？

（傾向）
同じ状況にある人が一致して行うことはあるか？

収益モデル
どうやって儲けるのか？

想定する市場規模
対象となる市場とその規模感は？

蔵屋敷さんが最後に手渡してくれた紙にはキャンバスのフォーマットが書かれていた（**図7.1**）。走り書きで、蔵屋敷さんのほうですでに考えた痕跡が残っている。僕たちが取り組んできたタスク管理ツールがどのようなユーザーを想定し、どんな問題をどう解決するのか。それは誰もが向き合っておくべき、プロダクトのコンセプトをかたどるための問いかけといえた。このキャンバスを使ってプロ

3　この内容については本話末尾を参照。

ダクトオーナーと開発チームが現状の理解を共同で棚卸しする場をつくろうと僕は考えた。

仮説キャンバスづくりに、砂子さんも開発チームも乗ってきてくれた。双方とも、「何をつくっているのだっけ？」というもやもやとした感じを解消したい思いなのだ。このキャンバスをいきなり上手く埋められるかは正直わからない。それでも僕たちが会話の一歩を踏み出すことが次につながるはずだと僕は信じている。そうしてみんなを集めて開いたキャンバスづくりのミーティングで、思いがけないことが起きた。

「うーん、ぶっちゃけよくわからないんだよね。」

砂子さんの何の邪気もない第一声に僕は持っていたホワイトボードのペンを止めた。砂子さんのほうを振り返ると、キャンバスのフォーマットを見ながら攻めあぐねているような様子だった。

「タスク管理が必要なユーザーって、いくらでもいるでしょ。だから、そのユーザーの片づけたい課題の幅も広い。」

砂子さんの言葉に、嵯峨くん、壬生さんが素直にうなずいている。三条さんも同意見のようで、僕のほうを申し訳なさそうに見ながら言った。

「これは……あまり実のある内容にならないかもしれませんね。僕たちはどんなユーザーがこのツールを使っているのか、見たことがないですし。」

天神川さんは相変わらずチームの活動に興味がないのか、自分のPCを開いて内職している。異なる意見を挙げたのは意外にも鹿王院くんだった。

「わからない、見たことがない、こんなんでプロダクトづくりが本当にできるんですかね。」

全員揃って、鹿王院くんに視線を送った。砂子さんには鹿王院くんの言葉が挑発的に感じられたのだろう、声を荒らげた。

「じゃあ、今なけなしの使ってくれているユーザー一人ひとりのところに行って、意見を聞くのかい？　冗談じゃない。そんなことやっている暇があったら機能をつくってくれ！」

天神川さんが後に続く。

「まあ、現実的ではないですよね。今はつくってみて、出して、試すを繰り返す他ないのでは。」

「あてもなくですか？」

鹿王院くんが即座に反応する。だんだん、場の雰囲気が不機嫌なものになっていくのがはっきりとわかる。キャンバスづくりはまったく進んでいない。僕は、思いがけない展開に言葉を出せないでいた。チームの会話は言い合いのようになってきている。有栖さんがそっと僕に近づいてきて言った。

「いったん、止めたほうが良いのではないですか？」

「あ……そうだね。」

我に返った僕がお開きにしようとしたそのとき、砂子さんの「なんのかんのいってまた進まないだけじゃないか」という言葉に反応して、鹿王院くんが席を立った。離れていく鹿王院くんの背中をにらみつけながら、砂子さんが吐き捨てるように言った

「もう、このミーティングやめよう。ユーザーとの会話は俺がやっておく。みんなは開発を進めてくれ。」

砂子さんも乱暴に席を立ってしまった。僕は助けを求めるように三条さんのほうを見た。三条さんは不安げに顔を曇らせながらも、特に何も言葉を継ぐことはなかった。チームがバラバラになっていく。あぜんとしていたのだろう、立ち尽くす僕のところへ壬生さんがやって来た。

「頑張ってやっていきましょうー。」

心のこもらない言葉だけ残し、壬生さんは去っていった。

蔵屋敷の解説　チームの共通理解を深める

プロダクトチームには無数の分断が生まれる

プロダクトづくりは人と人が適切に情報を得て、十分に同期し合い、判断を揃え進めていくという高度なチーム活動になる。情報や意思の伝達が滞ったり、前提条件や状態の把握、状況に対する判断の共有が行われなかったりするとたちまち活動はぎこちないものになってしまう。やる必要のないタスクが増えたり、間違ったモノをつくり込んだりと、チームは成果から遠ざかってしまう。

こうした意思疎通の問題は、チームメンバー各自の立ち位置に沿って発生する「分断」によるところが大きい（図7.2）。

図7.2｜いたるところで生まれる分断

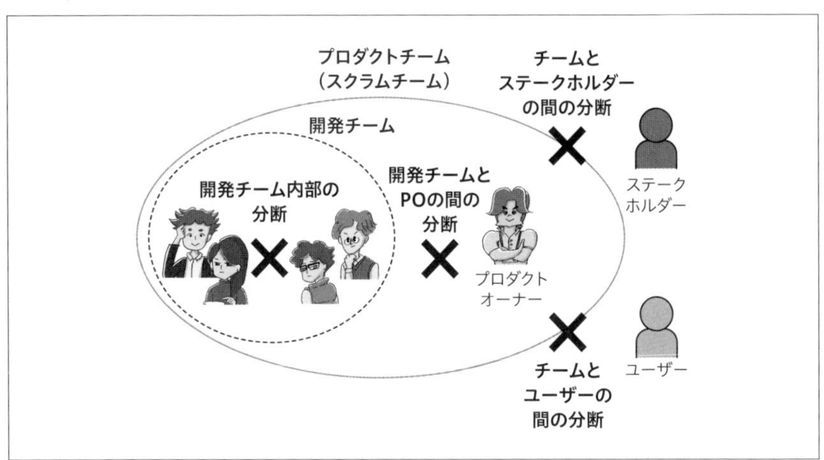

分断は大きく3箇所で発生する。**1つ目は、開発チーム内部の分断**だ。開発チームの中にもいくつかの役割がある。フロントエンドとバックエンドの開発者の間での分断。デザイナーと開発者の間の分断も起きやすい。いずれも、それぞれが背負っている最もマイクロなミッション（役割として自分が果たすべきこと）が異なるために起きてしまう。フロントエンドの開発者は、当然フロントエンドの開発の最適化を考えるし、バックエンドの開発者も同じである。デザイナーと開発者はさらに直接的に関わる成果物が異なるため（UIのマー

クアップと機能のプログラミング)、お互いの状況を把握しづらい。

2つ目は、開発チームとプロダクトオーナーの間での分断だ。開発チームとプロダクトオーナー（PO）では、たいていの場合開発や技術に関するリテラシーに大きな差がある。両者の間は、情報の伝達、状況の把握、判断を行うにあたって、認識齟齬が発生しやすく、かつその誤りがプロダクトづくりに大きな影響を与えてしまう。また、開発チーム内のコミュニケーションに比べて、開発チームとPOの接点は限られる場合が多い。認識齟齬の検知を遅らせ、その是正にかかる時間を増やしてしまう要因にもなる。毎日、短くともスタンドアップミーティングしている開発チーム内と、週に1回しか顔を合わせないPOとでは、コミュニケーションの充実具合に圧倒的な差がある。

最後の**3つ目は、開発チームとPOを合わせたプロダクトチーム（あるいはスクラムチーム）と、その外側との分断**だ。プロダクトマネージャーや経営層といった社内のステークホルダーや、プロダクトに関する社外のステークホルダー、そして、プロダクトのユーザーもプロダクトチームと接点を持つ存在である。プロダクトづくりを進めていくにあたってはチームの中だけではなく、こうした外部との間でもプロダクトや状況についての理解の一致を進める必要がある。チームの外部に対しても透明性を高めなければ、外側からの見え方によってプロダクトづくりの方向性は大きく変わる可能性がある。プロダクトマネージャーが状況を誤認してプロジェクトを中止してしまったり、逆に積極策に出てむやみにチームメンバーを増やしたりと、状況にそぐわない介入が起きてしまうだろう。

こうした分断が厄介なのは、プロダクトづくりの進行によって突如発生してしまう[4]ことがあるということだ。プロジェクトやチームビルディングの最初の段階で、理解や期待を丁寧に合わせたとしても、それっきりで済むことはない。当然、プロダクトが形になっていく過程でお互いの理解や期待は変わっていくものだ。むしろそうした変化は、プロダクトづくりを通じて新たに発見があったということ、学びを得たということでもあり、望むところのはずだ。分断が起きていないか、常に捉え続ける必要がある。

ここでは、特に開発チーム内部と、POとの間の分断についてどう乗り越えていくのか説明する。

4　実際には、そう思うだけでたいてい兆候は見えているものである。

チームの共通理解を深める3つの原則

分断は、情報の伝達が滞り始めたときに明確になっていく。逆にいうと、そもそも必要なコミュニケーションが維持できていれば、分断自体発生しないといえる。分断の発生を抑える、あるいは分断が起きたとしても即座にその解消に動ける、そうした状態をつくるためにはまずチームの透明性を高める必要がある。透明性を高めることがチーム内外での状況に対する共通理解を深めることにつながる。

「**透明性が高い**」とは、チームの活動の中で何が起きているのか、プロダクトはどのような状態になっているのかという把握が容易になっている状態のことだ。

逆に「**透明性が低い**」とは、知りたいと思ったことを把握するのに何かと調べたり、情報にたどり着くのに手順が多かったり、人に聞いて回ったりする必要があったりと、時間を要してしまう状態のことである。後者の状態では、だんだんと分断を招いてしまうのは想像に難くないだろう。

では、透明性を高めるとは、具体的にはどのような取り組みになるのだろうか。対象となるのはチーム活動における、インプット、プロセス、アウトプットのすべてにおいてである。インプットとアウトプットには、開発に必要な情報や、開発した機能やプロダクトがあたる。こうした具体的な対象と、それを客観的に評価できるモノサシ[5]とをセットで整理する。後者のモノサシが存在することで、対象の状態を把握することができる。一方、プロセスには仕事の流れや状態があたる。

透明性を高め、さらにチームの共通理解を深めるために、3つの原則を用いる。具体的には、「**見える化**」「**場づくり**」「**一緒にやる**」の3つだ（**図7.3**）。

---

5 インプットやアウトプットの状態として問題がないか、望ましいかなどを判断できる基準のこと。

図7.3 | 透明性を高め、チームの共通理解を深める3つの原則

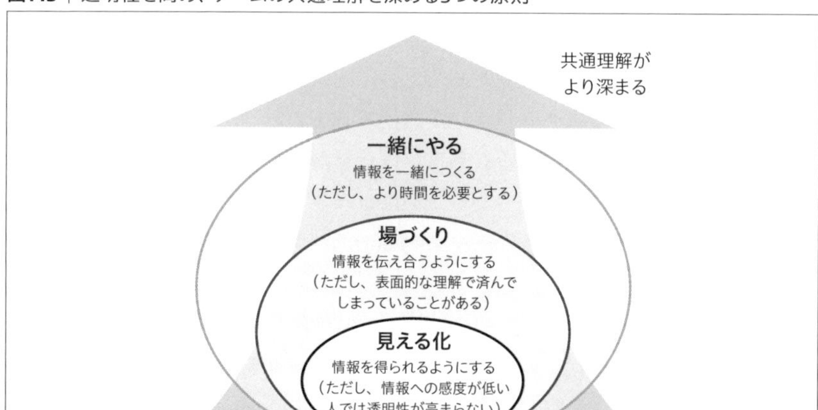
共通理解が
より深まる
一緒にやる
情報を一緒につくる
(ただし、より時間を必要とする)
場づくり
情報を伝え合うようにする
(ただし、表面的な理解で済んで
しまっていることがある)
見える化
情報を得られるようにする
(ただし、情報への感度が低い
人では透明性が高まらない)

「**見える化**」は、チーム開発に必要な情報を誰でも得られるようにするための活動だ。チーム開発の状況が整理されていなかったり、進捗に関するデータが個人の手元にしかなかったり、あるいは情報にたどり着くまで数多くのステップを踏まなければならないなど、見える化が進んでいないチームでは分断が容易に起こってしまう。ただし、あくまで見えるようになった情報を活用するのは人だ。そもそも情報への感度が低いメンバーの場合は、情報が目に入ったとしても次の具体的な行動につながらない可能性が高い。

ゆえに、次の原則「**場づくり**」が必要になる。これは、お互いに働きかけを行う場をつくることである。必要な情報を伝え合うには、思いついたときや余裕があるときにではなく、必ず定期的に情報に直面できるようにする。情報を見えるようにしただけでは動けない人が出てくるように、人の意思にのみ委ねると情報流通がはかどらない可能性が出てきてしまう。そこでタイムボックス[6]を利用する。タイムボックスという概念は、人の意思を超えたところで活動するようになる仕組みといえる。チーム開発に必要な場を設計し、タイムボックスにのせて運用するようにしよう。ただし、場を用意したとしても、情報が多すぎて受け止められなかったり、理解に専門性が求められたりする場合、そこで得られる理解は浅いものになってしまう。

6 時間を意図的に区切り、設けられた期間のこと。

そこで、3つ目の原則として「**一緒にやる**」を挙げる。一緒にやるとは、文字通り一つのタスクに必要なメンバーであるいはチーム全員で取りかかることだ。何かのタスクの結果だけを渡されても、表面的な理解にとどまってしまうことがある。結果に至る背景、過程が見えないためだ。一緒にやる意義とは、結果に至るまでの時間を共有することによって、そこで得られる学び、解釈に用いる基準、結論付ける理由など情報の生成自体に参画できることだ。後からわかるように説明してもらうより、そもそも一緒につくり出すほうが、理解が深い。この3つの原則を用いて、共通理解を深める工夫をチーム活動に取り入れていく（**図7.4**）[7]。

図7.4｜3つの原則をチーム活動に取り入れる

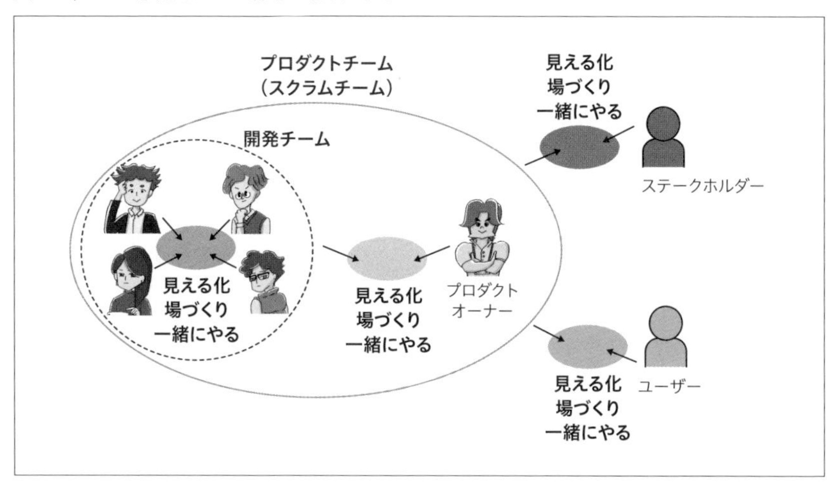

共通理解を深める具体的な作戦<開発チーム編>

開発チームとプロダクトチームで、チーム活動のスコープが異なるため（POを含めたプロダクトチームのほうが広い）、共通理解を深めるための具体的な作戦も異なってくる（**表7.1**）。先ほどの原則を踏まえて、どのような工夫が考えられるか挙げていこう。

7　本話では、開発チーム内部と、POとの間との分断について解説している。では、プロダクトチームとさらにその外部との間の分断にはどう向き合えばいいだろうか？　この点については第2部で扱っていく。

表7.1 | 共通理解を深めるための具体的な作戦

	開発チームの透明性向上	プロダクトチームの透明性向上
INPUT	プロダクトバックログ （INVESTを満たしていること／受け入れ条件を定義していること）	仮説キャンバス （プロダクトバックログが取り出せている）
プロセス（見える化）	状態の見える化： カンバンやタスクボード 結果の見える化： バーンダウン（アップ）チャート	価値の流れの見える化： バリューストリームマッピング（仮説と検証を組み込む）
プロセス（場づくり）	頻繁な状況同期： スタンドアップミーティング（デイリースクラム）、チャット朝会 方針や決めごとの共有： 適宜開催される短いセッション	認識と理解の同期： POと開発チームによるスプリントプランニングやスプリントレビュー
プロセス（一緒にやる）	ペアプロ、モブプロ、モブワーク	POのモブプロ参加 仮説キャンバスを全員でつくる
OUTPUT	プロダクトコード、動作環境（繰り返し実行可能なテスト）	市場に出せる最低限のフィーチャー「MMF： Minimum Marketable Feature」（ユーザー利用による検証）

開発チームにとってのインプットは、プロダクトバックログになる。プロダクトバックログが開発レディになっているかどうかを判断するモノサシとして、「INVEST」[8]を満たしているか、あるいは受け入れ条件[9]が定義されているかが挙げられる。受け入れ条件が定まらないプロダクトバックログは、何をつくるべきかという理解への幅を残すことになる。

インプットに対してチームのアウトプットは実装されたプロダクトコードであり、それを動かすことができる環境ということになる。これに対するモノサシは、繰り返し実行可能なテスト[10]といえる。テストがないとプロダクトコー

---

8 以下の頭文字を取ってINVESTと呼ぶ。

Independent	お互いが独立している。
Negotiable	実現内容について交渉可能である。
Valuable	中身に価値がある。
Estimable	見積もり可能である。
Sized Right（Small）	適切な大きさである（小さい）。
Testable	テスト可能である。

9 充足していれば要求を確かに実現していると判断できる条件リストのこと。

10 どこまでテストの自動化を行うかは、そこにかけるコストと得られる効果から判断したい。

ドの質が確保されているのかわからなくなってしまう。

インプットからアウトプットを生み出すプロセスについては、先に述べた3つの原則それぞれの観点で工夫を取り入れる。見える化は、状態と結果の2つの観点があり、状態についてはカンバンやタスクボードが代表的だ。結果については、開発がどれだけ終わっていて、あとどのくらい残っていてそれがいつ終わりそうなのかを見立てるためのバーンダウンチャートが考えられる[11]。

開発チームのための場づくりとしては、スタンドアップミーティング（スクラムでいえばデイリースクラム）を挙げておく。チーム内の透明性を着実に上げるためには、チーム内の単純接触回数を増やすことだ。頻繁な状況同期が最も状況の理解を助け、認識齟齬を減らしてくれる。また、開発チーム内の一緒にやる工夫は、2人1組で行うペアプログラミング、チーム全員で取り組むモブプログラミング、あるいはプログラミングに限らないモブワークなどが考えられる。

共通理解を深める具体的な作戦<プロダクトチーム編>

一方、プロダクトチームの工夫についても挙げておく。プロダクトチームとしてはプロダクトバックログをつくり出すところから活動が始まる。最初の段階はプロダクトに関する何らかのアイデア程度の情報かもしれない。アイデアを仮説として整理し、根拠を得られるよう検証活動を行う。こうした情報、ひいては学びの整理のために「仮説キャンバス」を用いる。自分たちのプロダクトがどのような利用者を想定していて、どんな問題や要望を扱い、どう解決していくのかというコンセプトを整理するために使う。この仮説キャンバスから出発して、開発に進むためにはプロダクトバックログを取り出せている必要がある。仮説キャンバスが開発プロジェクトレディになっているかは、検証を経て整理されたプロダクトバックログが存在するかどうかで判断できる。

では、プロダクトチームにとってのアウトプットは何だろうか。一つ一つの開発した機能の粒度よりは、もう少し大きな単位になるだろう。プロダクトチームがアウトプットを通じて対話する相手は、ユーザーである。ユーザーが受け止めて役に立つあるいは意味があると感じられる単位である必要がある。これを市場に出せる最低限のフィーチャー（機能性）として、**MMF（Minimum**

---

11 バーンダウンチャートもまた開発の状態を表すものである。途中経過の延長線上に、開発が着地する見立て（結果）が存在する。

Marketable Feature）と呼ぶことがある。このMMFというアウトプットが妥当かどうかを測るモノサシは、ユーザー利用による検証である。実際にユーザーに使ってもらって、立てていた仮説が妥当であったかを評価する。この検証活動は具体的には、ユーザーの行動や結果のログからの定量評価や、ユーザーインタビューによる定性評価、あるいはその両方で構成される。検証がなければ、チームはただひたすらアウトプットを重ねているだけで、成果（アウトカム）につながる活動が行えているかの判断ができない。

最後に、プロダクトチームのプロセスについて。プロセスの見える化は、仮説から機能開発、開発したMMFの検証までの一連のフローが対象となる。バリューストリームマッピングを実施して、フローの可視化を行いたい。自チームがどのような活動を行い、価値を生み出しているのかを自分たちの言葉で表現しよう。

プロダクトチームの場づくりはスクラムを取り入れているならばスクラムイベントそのものになる。これから始めるタイムボックス（スプリント）で何を実施するべきかを決める計画づくりのミーティング（スプリントプランニング）、またタイムボックスを終えるときのアウトプットを検査する機会（スプリントレビュー）。これらはスクラムを取り入れていなくても、場として設けるべきだ。

そして、プロダクトチームとしての「一緒にやる」だが、POを巻き込んだモブプロや仮説キャンバスづくりにチーム全員で臨むなどが考えられる。モブプロの中で、開発機能の振る舞いとしてどうあるべきかを即座に判断できれば、もちろん効率が良いし、チーム全員の理解も揃いやすい。仮実装しておいて後でチャットでPOに聞くなどすると、次に進めるまでに時間がかかったり、勘違いによる誤りが入り込む可能性も高い上に、チャットでやりとりしている当人同士しか関心がないため、チームの理解には至らなかったりする。

情報の解像度の上げ下げをマネジメントする

もう一つ、プロダクトチームでは特に留意することがある。プロダクトチーム内で、情報をやりとりする際には、その**解像度**[12]が問題になることが多い。

---

12 解像度という言葉は本来は画像における画素の密度を表すもの。解像度が高いとは密度が高く、細部まで詳細に可視化できる。逆に低い場合は、ぼんやりとした画像になる。転じて、ここでいう情報の解像度とは、情報の密度のイメージである。どの程度、詳細かを示す言葉。

つまり、プロダクトオーナーには、開発について作り手ほどの知識や経験がない場合が多く、開発チームには、仮説立案やユーザー体験の設計について、プロダクトオーナーほど知見がなかったりするわけだ（**図7.5**）。両者の専門性が異なっているため、プロトコルがかみ合わないのだ。

図7.5｜お互いの共通理解を得るために、情報粒度の調整が必要なケース

こうした状況で、それぞれが「自分はわかりきっている」という粒度で情報を投げ合うと、相手が受け止められず意味をなさない。情報の解像度を適切に揃える工夫や、「一緒につくる」の原則で情報をつくる過程をともにすることで、乗り越える（**図7.6**）。

図7.6｜お互いの共通理解を得るために、同一の情報粒度で共有、共同制作する必要があるケース

ユーザーの行動フロー
（ユーザーストーリー
マッピング）
プロダクトの仮説
（仮説キャンバス）
プロダクトの
ビジュアルイメージ
（デザインプロト）
プロダクトづくりのために必要な情報解像度を保ちながら、お互いが理解できるよう、コミュニケーションをはかる必要がある。一方的にアウトプットしたものを伝達しただけでは伝わらない可能性が高く、共有や共同制作に十分な時間を割く必要がある。

開発チーム

プロダクトオーナー

こうして見てきたように「一緒にやる」原則は、共通理解を得るための強力な手段といえる[13]。本話で太秦が仮説キャンバスづくりを通じて、POと開発チームの間を橋渡しし、プロダクトについての理解を揃えようとしたのは作戦としては間違っていない。ただ、仮説キャンバスは目的によってどうつくり進めるかで変わる。POが知っていることを開発チームが聞き出すためにつくるのか、POと開発チームでフラットにお互いの理解を棚卸しするためにつくるのか。

共通するのは、**自分たちが何を知っていて、何を知らないかを知る**ということだ。この前提を置かずにつくろうとしても、POは何をどこまで伝えれば良いか判断がつかないし、開発チームも「すべてただの想像になってしまうだけ」として、上手く進められないだろう。プロダクトとして何をつくるべきか？という問いに「これが絶対的に正しい答えだ」と答えられることはまずない。だから、何一つわからないで終えるのではなく、何がわかればプロダクトづくりを進められるのかを見立てるために、仮説キャンバスをつくろう。

13　もちろん、お互いの時間をそれだけ拘束することにはなる。

補足 プラクティス＆フレームワーク

仮説キャンバス

仮説キャンバスは、14のエリアで構成される、仮説を立てるための一枚絵である（**図7.A**）。開発しているプロダクトで、どのような「状況」にある想定ユーザーのどんな「課題」を捉え解決し、「提案価値」をもたらすのか。「状況」「課題」「提案価値」を軸として、仮説の構造を可視化する。各エリア間で整合性が取れていることを概観できるようにするため、リスト形式ではなくこのような1枚のフォーマットになっている。

図7.A｜仮説キャンバス（再掲）

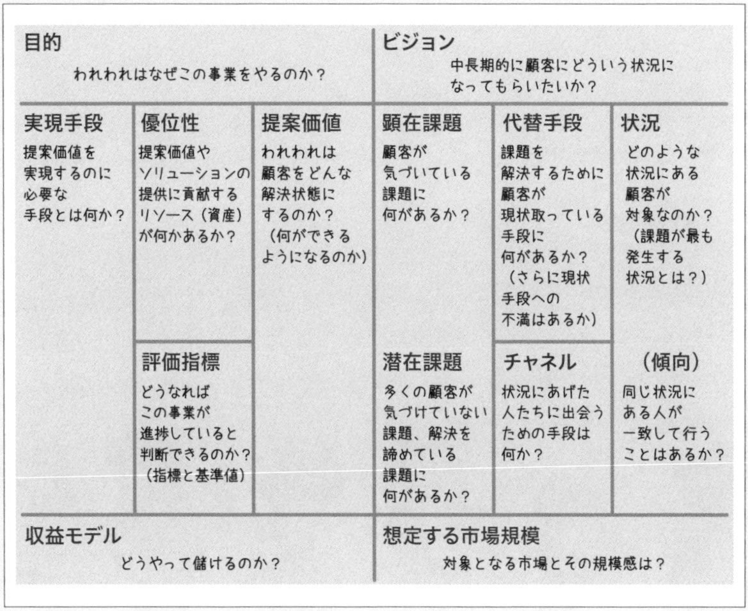

目的
われわれはなぜこの事業をやるのか？

ビジョン
中長期的に顧客にどういう状況になってもらいたいか？

実現手段
提案価値を実現するのに必要な手段とは何か？

優位性
提案価値やソリューションの提供に貢献するリソース（資産）が何かあるか？

評価指標
どうなればこの事業が進捗していると判断できるのか？（指標と基準値）

提案価値
われわれは顧客をどんな解決状態にするのか？（何ができるようになるのか）

顕在課題
顧客が気づいている課題に何があるか？

潜在課題
多くの顧客が気づけていない課題、解決を諦めている課題に何があるか？

代替手段
課題を解決するために顧客が現状取っている手段に何があるか？（さらに現状手段への不満はあるか）

チャネル
状況にあげた人たちに出会うための手段は何か？

状況
どのような状況にある顧客が対象なのか？（課題が最も発生する状況とは？）

（傾向）
同じ状況にある人が一致して行うことはあるか？

収益モデル
どうやって儲けるのか？

想定する市場規模
対象となる市場とその規模感は？

仮説が立てられたら検証へと出よう。キャンバスを書いただけで終えてしまったら、何が必要なのか想像しかしていないことになる。想像だけでプロダクトをつくり進めるわけにはいかない。チームの見立てが確からしいものなのかどうか、想定ユーザーの元へと行き、インタビュー

NEXT ▶▶

などを通じて仮説に対する反応を得よう。

　仮説検証については多くの語るべきことがある。本書を読んで検証について関心を持ち、より知識を得たいと感じたら、『正しいものを正しくつくる』[14]にあたってもらいたい。

14 『正しいものを正しくつくる　プロダクトをつくるとはどういうことなのか、あるいはアジャイルのその先について』市谷聡啓　著（ビー・エヌ・エヌ新社／ISBN 9784802511193）

第7話 まとめ　チームの変遷と学んだこと

	チームのファースト	フォーメーション	太秦やチームが学んだこと
第1話 グループでしかないチーム	**タスクファースト** ("皇帝"による統治)	リーダー：太秦 メンバー：皇帝、天神川、三条、鹿王院、有栖 PO　：砂子 コーチ　：蔵屋敷	•チームになるための4つの条件
第2話 一人ひとりに向き合う	**タスクファースト** (グループからチームへ)	リーダー：太秦 メンバー：皇帝、天神川、三条、鹿王院、有栖 PO　：砂子 コーチ　：蔵屋敷	•リーダーシップ・パターン(チームのファースト) •出発のための3つの問い
第3話 少しずつチームになる	**チームファースト** (いきなりスクラム)	リーダー　：太秦 メンバー　：皇帝、三条、鹿王院、有栖 スクラムマスター：天神川 PO　：砂子 コーチ　：蔵屋敷	•段階の設計 •チームの成長戦略「チーム・ジャーニー」 •ドラッカー風エクササイズB面
第4話 チームのファーストを変える	**プロダクトファースト** (誤った民主主義からの移行)	リーダー、チームリード：太秦 フロントエンドリード　：鹿王院 バックエンドリード　：天神川 メンバー　：三条、有栖 PO　：砂子 コーチ　：蔵屋敷	•チームの構造設計 •ゴールデンサークル＋When •ミッション・ジャーニー
第5話 チームをアップデートする	**チーム成長ファースト** (スクラムを始める)	リーダー、チームリード：太秦 フロントエンドリード　：鹿王院 バックエンドリード　：天神川 メンバー　：三条、有栖 PO　：砂子 コーチ　：蔵屋敷	•DIFFを取る(過去、未来、他のチーム)
第6話 分散チームへの適応	**プロダクトファースト** (雁行陣開発を始める)	リーダー　：太秦 プロダクトリード：鹿王院 チームリード　：三条 メンバー　：天神川、壬生、嵯峨 PO代行　：有栖 PO　：砂子 コーチ　：蔵屋敷	•雁行陣開発 •チームのフォーメーション・パターン
第7話 チームの共通理解を深める	**プロダクトファースト** (POと開発チームの分断に向き合う)	リーダー　：太秦 プロダクトリード：鹿王院 チームリード　：三条 メンバー　：天神川、壬生、嵯峨 PO代行　：有栖 PO　：砂子 コーチ　：蔵屋敷	•チームの共通理解を深める3つの原則

第08話 一人の人間のようなチーム

単一チーム 応用編

自分たちでつくっているプロダクトを自分たち自身で自信を持って使うことはできるだろうか。自分たちでも不満や不足を感じるプロダクトではユーザーの期待に応えることは難しい。プロダクトに対する圧倒的な当事者意識を手にしよう。

現在のチーム構成

リーダー	：太秦（うずまさ）
プロダクトリード	：鹿王院（ろくおういん）
チームリード	：三条（さんじょう）
メンバー	：天神川（てんじんがわ）、壬生（みぶ）、嵯峨（さが）
PO代行	：有栖（ありす）
PO	：砂子（すなこ）
コーチ	：蔵屋敷（くらやしき）

ストーリー 問題編 自分たちが何者か答えられないチーム

「次の機能の準備か、今あるプロダクトバックログの開発か。両方進めようとしたってできるわけないでしょ！」

天神川さんの大きな声が耳をついた。見ると有栖さんの席付近に何人かが集まっている。有栖さんを天神川さん、壬生さんが取り囲んでいる。どうやら、砂子さんの無茶ぶりがまたあったらしい。

「そんなことはわかっています。砂子さんとしては、両方をバランスよく進めてもらいたいということです。」

有栖さんが返すと、今度は壬生さんがそれに応じる。

「でも、こちらの人の数は変わってないですからね。この進め方には無理がありますよー。」

有栖さんは引き続き砂子さんとのコミュニケーションを引き受けていた。チームと砂子さんが定期的に会話する場はできたものの、ぎこちなさが多分にあって有栖さんが介在しないと進まない状況だ。一方の僕は、チームをまとめられなかった一件から、砂子さんともチームともまともに向き合えなくなっていた。上手くやれるイメージがまったく湧いて来ない。

様子を見かねて三条さんが3人の間に割って入った。

「ちょっと！　言い合いしてても仕方ないでしょ。」

「三条さん、今日のプランニング見たでしょ。砂子さんにとって、チームの状況なんておかまいなしだ。“やれったら、やれ。それが君たちの仕事だろう”じゃないですか！」

天神川さんは心底うんざりした様子で吐き捨てるように言った。やれったら、やれ。まるで皇帝が言いそうな言い回しだ。壬生さんも大きくうなずいている。

「でも、私たちも自分たちの状況を伝えきれているかというとそうではないですよね。」

有栖さんはまったくひるんでいなかった。そう言われて、三条さんも含めて3人とも返す言葉に詰まった。砂子さんに向けて、このスプリントで何をやったかを示す線表は最初につくりきったままで誰もアップデートしていない。結局口頭で話すだけで、チームがスプリントあたりでどのくらいのことができるか、砂子さんはもちろんチーム自身もわかっていない。

「……まあ、プロダクトバックログの管理ツール自体がもう腐っていますからね。」

三条さんはそう言いながら、視線を宙に泳がせて思い出しているようだった。僕らが使っているのは、よく開発現場で使われるツールなのだけど、POから寄せられる思いつきと要望と、実際につくる機運が高まった機能とが混然一体となっていて、ほぼ整理がついていない。そんなものがすでに300個くらいあって、スプリントごとにそこから時間をかけてスプリントバックログを取り出すことをしている。スプリントを終えても終わりきらないスプリントバックログがあって、そうしたものの積み残しもかなりある。どれがいつ終わるのか、サインアップしている本人もわからないものもある。三条さんが表現した「腐る」とはまさにこんな状態のことだ。

「そういえば、私たちがつくっているツールでもプロダクトバックログを管理できていい気がするのですが、使っていませんねー。」

後から参画したものとして感じる不思議を壬生さんがナチュラルに口にした。

「え？　私たちがつくっているやつ？　それは無理でしょう。」

鼻で笑う天神川さんに、三条さんが同意した。

「スプリントを回すには僕たちのツールでは機能が足りないですよ。」

「その発想はなかったです。さすが壬生さん。」

明らかに天神川さんに揶揄されているのがわかるが、壬生さんは顔色一つ変えず、話を進めようとした。このあたり壬生さんも変わった人で、何にも物おじしない一方でチームにどこか踏み込もうとしないところがある。「このチームが一緒に仕事するに能わないチームなのであれば、俺はすぐにでも辞めていく」、そんな感じを壬生さんは漂わせている。

「とにかく、今週のスプリントで誰が何をやるか早く決めないと、私も嵯峨さんも何となくやることは山ほどあるけど、手元にやることはないという状態になってしまいますよー。」

壬生さんの関心は結局自分のタスクが何かなのだ。壬生さんと嵯峨くんの2人はチームから分断された側として存在が浮き始めていて、ひたすらチームからはみ出たタスクを倒す役回りに戻ろうとしていた。

砂子さんからの要請も、チームが何からつくるべきかの意見を持てないのも、メンバーがタスク志向になってしまうのも、「何のために何をつくっているのか」という軸が定まっていないからだ。プロダクトで果たす目的を、砂子さんも含めて誰も見いだせていない。だからこそ、仮説キャンバスをつくろうとしたのだけども、何もないところには何も生まれてこない。

こんなありさまで僕たちはチームといえるだろうか。そもそも、僕たちは自分たちがつくっているものが何のためのものかもはっきりわからないまま、ここに集まって一体何がしたいのだろう。そう、**私たちは何をする者たちなのか？**

僕は、壁に貼られた模造紙を見た。僕が思い出した問いがそこにはあって、チームみんなで見いだした答えが書かれている。「フォースをつくりあげること」だ。最初に決めたときから「本当にこれでいいのか？」と、もやっとした感情を持ったまま、今まで置いてきてしまった。しかも、そのタスク管理ツールを僕たち自身は仕事の管理に使っていない。これだけ機能をつくっているのに、機能が足りないという。その一方で、何があれば良いかも本当のところはわかっていない。

僕たちのチームは技術的な練度も、コミュニケーションのあり方も、成果も、いまだ足りていないものが山のようにある。だけど、自分たちが何をする者たちなのか、少なくとも自分たち自身で言葉にできないようなチームではありたくはない。**自分たちのハンドルは、自分たちで握ろう**。僕は、勢いよく席から立ち上がった。

ストーリー解決編　自分たちで自分たちの声を聞こう

僕はチームのみんなに声をかけて集まってもらった。嵯峨くんにもリモートで参加してもらう。僕を中心に半円状で並ぶチームのみんなは、全員どことなく元気がない。この雰囲気、チームリーダーを砂子さんから無茶ぶりされて、初めてみんなの前に立ったときと同じ感じだ。

「どう考えても自分たちでつくっているツールを自分たちの開発で使えていないのはおかしい。今からでも使い始めましょう。」

僕の宣言に、天神川さんがやれやれという感じで反論しようとした。それより先に僕は言葉をつないだ。

「なぜ、使っていないのか？　僕たちの開発で使うには機能が足りない、使いにくいから。」

なんだ、わかっているじゃないかと天神川さんは表情で返事する。

「では、使えるようにしましょうよ。このツールがないと自分たちの開発が成り立たないくらいに。」

それができたら苦労しないよ、と言葉は出てこないが、みんなの多くが何を考えているかわかる。みんな、このツールをどうつくっていけば良いかわからないのだ。

「砂子さんを含めて僕たちは、仮説キャンバスを書くことができなかった。それは、このプロダクトがどうあるべきなのかというコンセプトはもちろん、仮説すら持っていないからです。でも、仮説はすでに僕たちの目の前にあります。」

そうか、と三条さんがつぶやき、応じてくれた。

「このツールを自分たちで使って感じる違和感こそ、チーム開発に必要な足りていない何か。自分たちにとって理想とする機能性を見定めることで、このプロダクトの軸をつくるということ、ですね。」

僕は三条さんに自信を持ってうなずき返し、答えた。

「僕たち自身がユーザーなのだから。**まず、自分たちの声を自分たちで聞きましょうよ。**」

僕たちはどこか、作り手と使う人をはっきりと分けていた。そこが一致するなんて、なぜかみじんも考えていなかった。それは「自分たちはツールをつくる役割だ」という見方しか持ち合わせていなかったからだ。今、その視座を変えるときが来た。僕は、壁に貼られた模造紙を指さした。それにつられて、みんなその方角に顔を向ける。

「このチームを始めるときに答えた3つの問い。あれにむきなおり、答え直しましょう。」

僕の呼びかけに、みんなが動き始めた。三条さんが真っ先に「やろう、やろう」と声を上げて、方向付けに一役買ってくれた。鹿王院くんが率先して、模造紙をはがし、有栖さんがそれを置けるようにテーブルを片づける。壬生さんも「そういえば、それ何なのかずっと気になってましたー」とわざとらしく乗ってきてくれた。

3つの問いは、「自分はなぜここにいるのか？」「私たちは何をする者たちなのか？」「そのために何を大事にするのか？」という順で模造紙に書かれている。さっそく1つ目に取りかかろうとする壬生さんを制した。

「チームがスタートするときはこの問いの並びで良いですが、チームとしてアップデートするときは、順番を変えましょう。」

そういって、僕は「私たちは何をする者たちなのか？」「そのために何を大事にするのか？」「自分はなぜここにいるのか？」の順番で番号を1から振った。チームの跡形もない段階では、個人のWhyから始まるしかない。でも、曲がりなりにもチームとして走っているならば、チームのWhyから始められるはずだ。

このツールの開発を通じて、私たちは何を実現したいのか。それはつまり自分たち自身の開発をどうしたいかということにつながる。付箋に各自の意見を書き出しながら、まとめていくと1つ目の問いの答えは「チーム開発の面倒くさいをなくす」になった。このツールが対象ユーザーとするチームはアウトプットを出していくことにフォーカスできるべきで、それ以外の一切に煩わされることがないようにしよう。僕たちはそのためのツールをつくっている。

チームのWhyが定まれば後は、進めやすくなる。2つ目の問い、チームのHowには「面倒くささに敏感になる」と「自分たちのつくっているツールを自分たちで使い倒す」が掲げられた。「面倒くささに敏感になる」を挙げたのは、チームのWhyを実現するために「面倒くさい」を見逃さないようにするためだ。ちょっとしたことなので手間だけどやってしまおうでは、「面倒くさい」への感度が落ちてしまう。そういう状態では、チームのWhyに直交するようなものだ。

チームのWhyとHowを踏まえて、3つ目の問い、個人のWhyにむきなおる。書き出される内容をながめると、チームの立ち上げの頃に比べて内容がアップデートされたのがわかる。

三条さんは「プログラミングでチームに貢献すること」から「チームが機能不全にならないようにみんなに働きかける」。鹿王院くんは「コードを書く」から「ユーザー（自分たち）にとって必要な機能をできる限り早く届ける」。有栖さんは、「UIデザイン」から「ユーザー（自分たち）にとっての使いにくさを撲滅する」。天神川さんは「チームプレーを高めること」から「チームの活動の効率性を上げる」。そして、壬生さんは「自分たちが欲しいと思うものをつくる」、嵯峨くんは「面倒くさいを見逃さない」をそれぞれ掲げた。そして、僕は「チームをもっと機能するチームに」を。答えが出揃って、さっそく壬生さんがみんなを茶化した。

「こうしてみると、みなさん最初のWhyの目線がだいぶ低かったですよねー。」

三条さんが即座に反撃した。

「そういう壬生さんも、さっきまで自分のタスクを早くアサインしてくれって、目線の低いこと言ってましたよね。」

言葉に詰まる壬生さん。みんな、思い思いに笑い声を上げた。こうして、3つの問いに答え終わる頃には僕たちは明るさを取り戻していた。

新たなる希望作戦

誰の何のためにつくるかわからない状態から、自分たちのためにつくるへ。指針が明確になり、がぜん僕たちは動きやすくなった。最も動きが変わったのは有栖さんだった。自分を含め、チームで上げた機能のアイデアをとりまとめ、砂子さんとの会話に持ち込む。そのアイデアも、その必要性に根拠があるため、砂子さんも適当に受け流すことはできない。自分たちで使って出しているアイデアだけに、想像してつくっている砂子さんのプロダクトバックログより、具体性がある。砂子さんとのプロダクトバックログのリファインメントには、チームも参加していて、以前よりもはるかに意見が出るようになった。それだけに砂子さんとチームの間でもちろん意見の衝突も起こる。すると、有栖さんがそれぞれの目先の観点を越えて「チーム開発の面倒くさいをなくす」に立ち返るよう促す。より視座の高いところから見れば、何を優先するべきか自ずと見えてくる。

やがて、プロダクトバックログの方向性を決めるのは、砂子さんから開発チームのほうになっていた。自分たちで決められている感覚が得られると、チームがより勢いづく。僕は、アイデアが生まれてから、プロダクトバックログに採択され、機能として開発されて、利用できるようになるまでの時間、リードタイムを計測するようにした。この時間を追っていけば、自分たちの開発の流れの中でどこにボトルネックが生じているか気づけるようになる。

ボトルネックは移動していく。砂子さんとの間での決めごとに時間がかかっていた状態から、開発のほうで滞る状態が散見されるようになった。原因は、皇帝の時代からある機能に手を入れようとしたときで、つくった本人にしかわからないあの頃のコードがまだ残っていたからだった。僕たちはいよいよ、皇帝の時代のコードを一掃しようと決めた。そのための新たなジャーニー、新たなミッションを定める。みんなで決めた作戦名は「新たなる希望」作戦だった。

僕は、プロダクトオーナーと開発チームの間にあった分断、つまり何をつくるべきか考えることと、それをつくることの間にあった境界をチームが乗り越えられたのではないかと感じた。それは有栖さんも同様だったらしい。プロダクトオーナーとの橋渡し役を降りても良いのではないかと僕が有栖さんに持ちかけたとき、彼女はその言葉を待ちかねていたようだった。

「はい、そうしましょう。私が代行していることはもうあまりありません。」

彼女の言葉にうなずく僕の顔を見て、有栖さんは唐突に何かに気がつくしぐさをした。僕が何のことかわからないそぶりをすると、彼女はタネ明かしをした。

「気がついていましたか？　太秦さんがこのチームに来てもうすぐ1年ですよ。」

そう言われて僕もはっと気がついた。ここに来るまでは、1年経たないうちに次々と職場を変えてきた。どうやら今度は1年の壁を乗り越えられそうだ。僕はほっとしたように言った。

「最初、このチームに入って思ったのは、まず1年も持たないだろうなってことだったよ。」

有栖さんの顔にこれまで見たこともない表情が浮かんだ。そして、車のハンドルを握るようなしぐさをした。蔵屋敷さんが、かつて僕に発破をかけるように言った「自分のハンドルは、自分で握れ」を思い出したのだろう。満面の笑みで、ハンドルを大きく動かしてみせる。この1年のチームの右往左往を表現しているらしい。

僕は自分がここへ来て1年になることはすっかり忘れていたが、彼女の笑顔を見るのはこれが初めてなのにはすぐに気がついた。その笑顔から、僕は本当に新たなる希望を感じるのだった。

蔵屋敷の解説　一人の人間のようなチームを目指す

第1部の最後では、チームのむきなおり方と、太秦たちが開発チームとプロダクトオーナーとの間にあった分断を乗り越えるために取ってきた作戦、プロダクトオーナー代行について解説しよう。この役割が機能するためには、チームとしての基準が必要となる。また、最後にこの代行という役割をも越えるための考え方を示して、締めくくりたい。

出発のための3つの問いに再度向き合う

チームを立ち上げる際に向き合った出発のための3つの問い。立ち上げる際は個人のWhyから答えていくようにしたが、チームビルドが進んだ段階では、答える順番を入れ替える（**図8.1**）。

図8.1｜出発のための3つの問い（左）と再出発のための3つの問い（右）

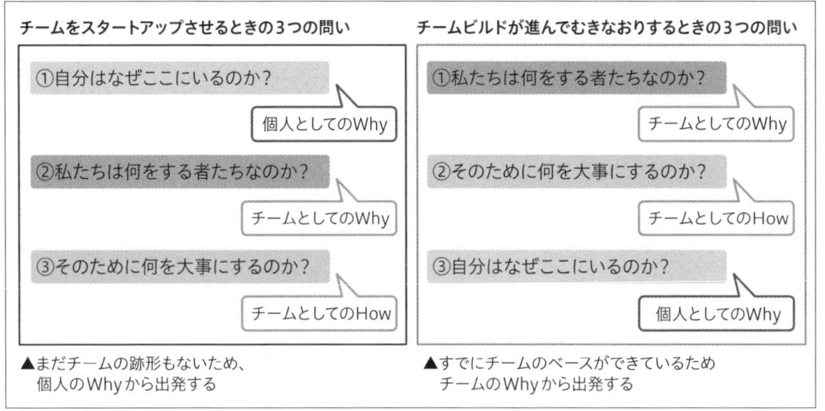

もちろんチームをスタートアップさせる際もチームとしてのWhyについて十分向き合った後であれば、チームのWhyから出発してもかまわない。ただし、チームのWhyには同調圧力[1]を生んでしまいやすい力がある。「チームで

1　ある集団内における意思決定において、多数意見側に少数意見側を強引に合わせさせようとする、暗黙的な圧力のこと。

決めたことだから」が大義名分として力を持ちすぎて、その他の判断や行動を取れなくしてしまう可能性がある。特にチーム結成した直後やプロダクトづくりを始めたばかりの段階では、いきなり大上段に振りかざしたミッションで押し込めてしまうのではなく、個々人の思いがプロダクトづくりにのせられるようにしたい。なので、問いに答える順番に配慮したいわけだ。

チームビルドが進んだ段階、スプリントをいくつかこなした後は、チームとしての動き方ができ始めているだろう。チームのミッションに向き合い、個々人にチームのWhyが宿るよう「私たちは何をする者たちなのか？」から答えるようにしよう。チームのWhyはもちろんチーム活動の根幹にあたる内容なので、その他の問いに答える際に方向性を与える役割になる。逆に、チームのWhyとまったく合っていないHowや個人のWhyは、チームの成果への集中を妨げるものになりかねない。3つの問い対する答えの間で整合性が取れているかを確認するようにしよう（**図8.2**）。

図8.2 | チームの目的地を定め直すために3つの問いに向き直る

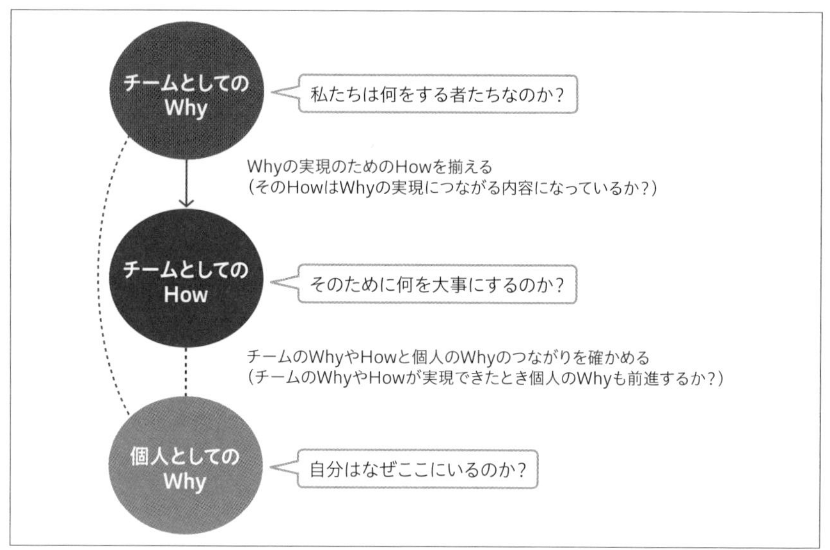

このように捉えると、チーム活動がさらに進みミッションをいくつも達成して、チームとしての練度が高まった段階では、逆に個人のWhyから向き合うのも一つの考え方だ。これはチームの活動に過度に最適化してしまわないよう

にするためだ。チームとしては順調に進んでいるように思えるが、個々人はどこか達成感を得られていない、こなし仕事になってしまっているなどと感じられるときは、個人のWhyを出発点に振り直して、向き合ってみると良い。

開発チームとPOの境界にプロダクトオーナー代行を置く

プロダクトオーナーと開発チームの間は分断が起きやすいところだ。これは、**両者のリテラシーの差**によるところが大きい。プロダクトづくりに必要な開発技術について、プロダクトオーナーは十分な知識も経験も持ち合わせていないことが多い。事業やプロダクト企画を担ってきた人物がその企画、計画づくりの延長線で、プロダクトオーナーを任せられる。本人の意思の場合もあれば、組織からの要請の場合もあるだろう。こうした流れでプロダクトオーナーになった人物は、場合によってはソフトウェア開発自体を今まで一度も経験したことがないということもありえる。ここが、まずもって開発チームとの大きな隔たりとなる。

第二に、**両者の関心の差**が分断をもたらしてしまう。開発チームは、モノづくりという緻密なロジックの積み上げ仕事を一手に引き受けている。当然関心事は、どうやってつくるか？が中心になる。一方、プロダクトオーナーはその役割上、何をつくるべきか？が最大の関心事だ。想定するユーザーに価値を感じてもらえなければ、プロダクトづくりを続けられない。この根本的な関心の差が両者の「**わかりあえなさ**」を醸成し、コミュニケーションの分断、ひいては信頼感の低下をもたらす。

この両者の間に立ち、リテラシーと関心の差を吸収し、両者をつなぎ合わせる役割が**プロダクトオーナー代行**だ（**図8.3**）。太秦のチームでは有栖が一人で最後までこの役割を引き受けていた。

図8.3 | プロダクトオーナー（PO）代行

PO代行は開発チームに対してはPOの代理、POに対しては、開発チームの代理を引き受ける。代理には2つの意味がある。一つは、**翻訳の代理**。もう一つは、**コミュニケーションの代理**である。

PO代行はPOと開発チームの間に立って、伝言役となって分断を維持する役割ではない。POも開発チームもワンチームとして、コミュニケーションをともにしなければならない。スクラムを実施しているならば当然スクラムイベントをともにする。間違っても、PO代行が開発チームの代わりにスクラムイベントで状況を代弁するというフォーメーションを取ってはならない。「一緒にやる」時間をともにできなければ、ますます分断を助長することになる。PO代行が担うのは、こうしたスクラムイベントでの両者の翻訳である。

翻訳の代理…開発チームとPOそれぞれの説明する状況が相互に理解できるよう知識補完をする

- PO向け ➡ プロダクトづくりに必要なリテラシーの補完
- 開発チーム向け ➡ ビジネスとプロダクトづくりでの関心事の接続。たとえば、ビジネス的な目標がプロダクトバックログの何に落とし込まれるのか、つくった機能をユーザーに利用してもらいその結果をどう解釈できるのかなどこうした翻訳をするためには、PO代行にはおおよそ両者の知識、経験が備わっていることが求められる。また、プロダクトが前提とするドメイン知識もPOに偏る場合があり、こうした知識もPOに匹敵するレベルで要求されるだろう。PO代行が代理する観点はもう一つある。

コミュニケーションの代理…物理的な時間や場所のズレを吸収するためのもの

・POの課題 ➡ ビジネス企画や仮説検証のために開発場所にいつもいるとは限らない。むしろ、スクラムイベント以外は捕まえにくいことのほうが多い

・開発チームの課題 ➡ 働く場所の分散（リモートワーク）

こうした時間や場所のズレから生じるコミュニケーション不足を補うのがPO代行の重要な機能だ。POの代わりに、プロダクトバックログの受け入れ条件に関する質問に受け答えしたり、文書の行間からはわからないプロダクトの背景やニーズについて時に説明を補完したりする。

ここまでの説明で明らかなとおり、PO代行には相応の経験が求められる。だが、PO代行が必ず有していなければいけないのは開発技術やドメインの知識以上に、**プロダクトとしてどうあるべきかという「基準」**である。この基準を特にPOと常時合わせておく必要がある。この基準を表現する手段こそ第7話で扱った仮説キャンバスが該当する。つまり、基準とはプロダクトに関して立てている仮説であり、その検証結果であり、獲得した学びのことである。PO代行という役割が機能するためには、仮説検証という活動が必要不可欠といえる。

この点から、分断をつなぎ合わせる役割をスクラムマスターに求めず、PO代行というあえてスクラムにはない役割を置くわけだ。分断をつなぎ合わせる役割は、プロダクトの基準がどうあるべきなのかという領域に積極的に関与していかなければならない。もちろん、PO同様にPO代行も仮説検証を担うことになる。

今回のストーリーではまだ仮説検証には触れず、自分たちで利用してプロダクトのアイデアを出すという**ドッグフーディング**という手法を取っている。仮説検証の具体的な内容については第2部で解説していくが、このドッグフーディングもまた想定ユーザーを自分たち自身に置いた検証といえる。自分たち

を使った検証で得た学びを、プロダクトの基準とするわけである。これは、想定ユーザーと自チームが一致している場合には有効だが、大きく状況が異なる場合はミスリードになる可能性もあるので、注意したい。

当初PO代行として機能していなかった（まさに伝言役でしかなかった）有栖がPOと渡り合い、分断を解消に導けたのは、基準を有したからだ。チームにプロダクトについての基準がないようであれば、まず基準づくりにフォーカスすると良いだろう。

“一人の人間” のようなチーム

さて、ストーリーで有栖がPO代行という役割を降りたように、POと開発チームの間の分断が解消されたようであれば、その役割をなくす判断をしても良い。十分に理解が共有され、コミュニケーションが滞りなく行われるようであれば、むしろ間に役割を挟まないほうが通りが良くなる。

こうした方向性の行き着くところは「考える」と「つくる」の一体感が高まり、チーム全体の動きがなめらかになる状態である。それは、五感を駆使して活動をする人間に近づくようなものといえる（**図8.4**・**図8.5**）。

POと開発チームが分断されたままでプロダクトづくりがはかどるはずもない。人間でいえば頭と体がそれぞれ違う動きをするようなものだ。逆に一体感を持って動けるということは、両者がその役割を越えてお互いの領域に踏み込んでいくということだ。POが開発チームのどうつくるべきかの意思決定にPOの観点から関与していくことで、難易度の低い実現手段でより効果的な選択ができるようになるかもしれない。逆に、開発チームがユーザーテストや仮説検証に関与することで何をつくるべきかのイメージが自分たち自身に宿り、効果的な機能を効率的につくれるようになるかもしれない。

自分たちが**一人の人間のようなチーム**に近づけているかは、リードタイムの計測で判断しよう。計測対象は仮説立案からプロダクトバックログ化、プロダ

図8.4 | 人間とチームの関連

人間	チーム
五感（見る、聴く）で検知した情報に基づき頭で「考える」と手を「動かす」を遅延なく連動させて、何かをする。	五感（見る、聴く）で検知した情報に基づき何をつくるべきか「考える」と「つくる」を遅延なく連動させて、プロダクトを生み出す。

クトバックログから実装されるまで、さらにそれがデプロイされユーザーの手元に届き検証結果が出るところまでを追跡したい。仮説立案から検証結果までどれほど時間がかかっているか。これがチームが考えて、体を動かす速度[2]だ。もちろん、仮説はどれが筋が良いのか最初はわからないので、速度を上げるためにやみくもに実装していけば良いという話ではない。そうではなく、仮説の確からしさをより早く判断できるためには何が可能かを工夫したい。おそらく一つ一つ、つくって確かめるようでは時間がかかって仕方ないだろう。つくる前に、つくらずに検証する手段もチームとして備えるようにしていきたい。ここは第2部で解説しよう。

図8.5 | “一人の人間”としてのプロダクトチーム

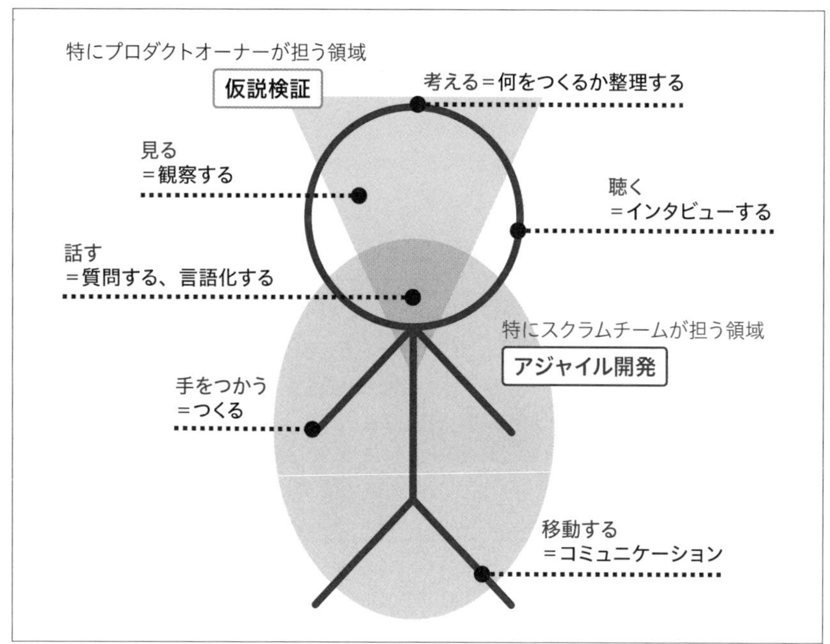

2　チームの体を動かす速度を上げるために、様々な工夫をすることになるだろう。その工夫の範囲は、チーム活動のカイゼンにとどまらず、メンバー構成にも及ぶはずだ。いわゆる「バスから降ろす（チームから離れてもらう）」という判断も必要となる。チームの目指すことやり方に合わないところが大きいとその分、体を動かす速度は落ちることになる。バスから降りてもらうのはメンバー自身を否定するものではなく、このチームには合わなかったということなのだ。それはメンバーにとってそのチームとは違う別の活躍場所を得る機会になるともいえる。

そう、俺の解説はそろそろここまでだ。太秦は、ともにつくるチームの入り口にはたどり着けた。チームのあり方について、これで完璧、これ以上やることはない、ということはありえない。チームの練度が高まってきたと感じるならばミッションの再定義を行おう。ジャーニーを経たからこそ、次のミッションやあるいはその先の目的地さえ変えることがある。経験を積んだチームが次に見いだすミッションは手ごわいものになるだろう。

こうしてジャーニーを重ねたチームはやがて最初に思い描いていた目的地へとたどり着く。そこでこれまで続けてきたジャーニーをふりかえり、その上でむきなおりをする。ここで太秦たちが問い直したように、チームで3つの問いに向き合う。そうして、次にチームが向かう新たな目的地を思い描くのだ（**図8.6**）。

図8.6 | 次にチームが向かう新たな目的地を思い描く

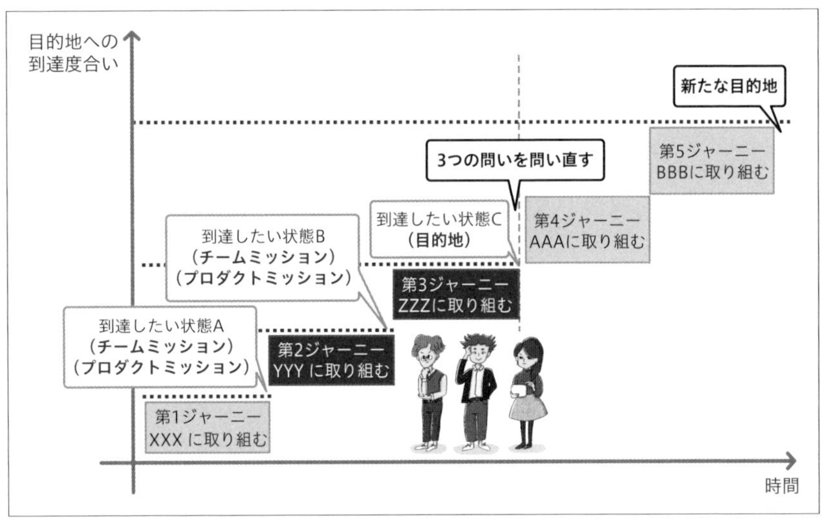

さあ、次のジャーニーへと臨もう。段階設計によるチーム・ジャーニーの意義はここにある（**図8.7**）。今まで到底できなかったことができるようになり、そして次の高みを目指す。何よりも、ともに目指せるチームがいることが頼もしく、行く先の楽しみへとつながるだろう。チームとともに。乗り越えて行け。

図8.7｜新たな目的地に向かうジャーニー

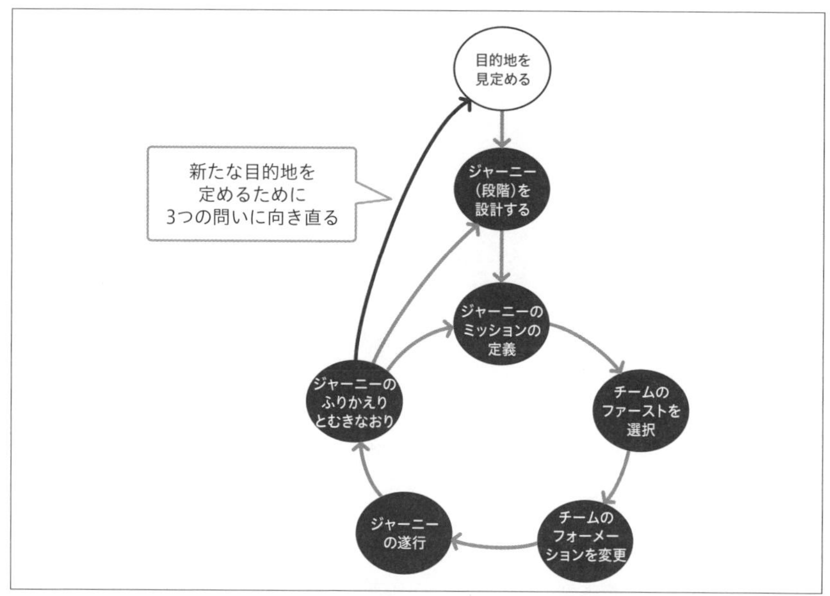

第8話｜まとめ　チームの変遷と学んだこと

	チームのファースト	フォーメーション	太秦やチームが学んだこと
第1話 グループでしかないチーム	**タスクファースト** ("皇帝"による統治)	リーダー：太秦 メンバー：皇帝、天神川、三条、鹿王院、有栖 PO　：砂子 コーチ　：蔵屋敷	•チームになるための4つの条件
第2話 一人ひとりに向き合う	**タスクファースト** (グループからチームへ)	リーダー：太秦 メンバー：皇帝、天神川、三条、鹿王院、有栖 PO　：砂子 コーチ　：蔵屋敷	•リーダーシップ・パターン(チームのファースト) •出発のための3つの問い
第3話 少しずつチームになる	**チームファースト** (いきなりスクラム)	リーダー　：太秦 メンバー　：皇帝、三条、鹿王院、有栖 スクラムマスター：天神川 PO　：砂子 コーチ　：蔵屋敷	•段階の設計 •チームの成長戦略「チーム・ジャーニー」 •ドラッカー風エクササイズB面
第4話 チームのファーストを変える	**プロダクトファースト** (誤った民主主義からの移行)	リーダー、チームリード：太秦 フロントエンドリード　：鹿王院 バックエンドリード　：天神川 メンバー　：三条、有栖 PO　：砂子 コーチ　：蔵屋敷	•チームの構造設計 •ゴールデンサークル＋When •ミッション・ジャーニー

NEXT ▶▶

	チームのファースト	フォーメーション	太秦やチームが学んだこと
第5話 チームをアップデートする	**チーム成長ファースト** （スクラムを始める）	リーダー、チームリード：太秦 フロントエンドリード　：鹿王院 バックエンドリード　：天神川 メンバー　：三条、有栖 PO　：砂子 コーチ　：蔵屋敷	•DIFFを取る（過去、未来、他のチーム）
第6話 分散チームへの適応	**プロダクトファースト** （雁行陣開発を始める）	リーダー　：太秦 プロダクトリード：鹿王院 チームリード　：三条 メンバー　：天神川、壬生、嵯峨 PO代行　：有栖 PO　：砂子 コーチ　：蔵屋敷	•雁行陣開発 •チームのフォーメーション・パターン
第7話 チームの共通理解を深める	**プロダクトファースト** （POと開発チームの分断に向き合う）	リーダー　：太秦 プロダクトリード：鹿王院 チームリード　：三条 メンバー　：天神川、壬生、嵯峨 PO代行　：有栖 PO　：砂子 コーチ　：蔵屋敷	•チームの共通理解を深める3つの原則
第8話 一人の人間のようなチーム	**状況突破ファースト** （POへの越境～新たなる希望作戦）	リーダー　：太秦 プロダクトリード：鹿王院 チームリード　：三条 メンバー　：天神川、壬生、嵯峨 PO代行　：有栖（→代行廃止） PO　：砂子 コーチ　：蔵屋敷	•再出発のための3つの問い •プロダクトオーナー代行 •“一人の人間”のようなチーム

第1部のジャーニーログ

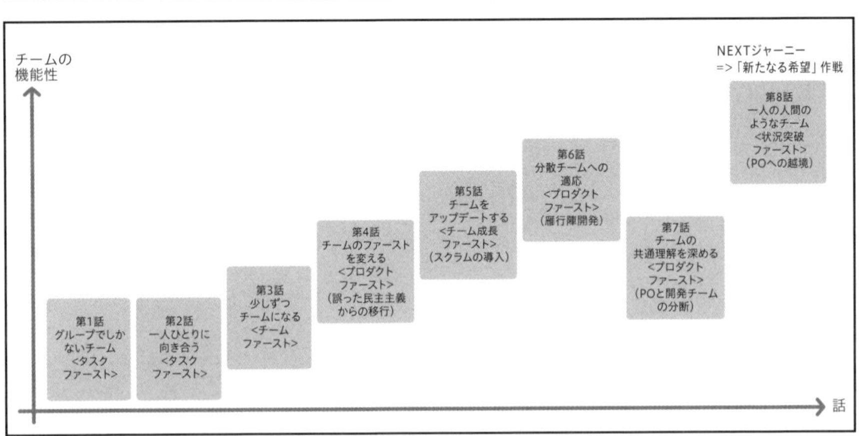

TEAM JOURNEY

第2部 僕らがプロダクトチームになるまで
――複数チームによるジャーニー

「自分から越えていくしかないですね。
同じものを見るために。」

太秦（うずまさ）

主人公。フォースチームのリーダーから、プロダクトチーム全体の開発リーダーになる。

チャット機能（フィフス）チーム

「おい、宇多野！　お前のところは
本当にこんな運用をやっているのか！」

御室（おむろ）

太秦の同期。チャット機能（フィフス）チームのリーダー。

「設定機能は、フォースで扱うべきですよね。プロダクトはプロジェクト管理ツールに仕立てていくということですから。」

仁和（にんな）

チャット機能（フィフス）チームのサブリーダー。

「いや、あの……忙しそうだったので、当面は無理なのかなって。」

音無（おとなし）

チャット機能（フィフス）チームのプロダクトオーナー。

ドキュメント作成機能（シックス）チーム

「リモートワークなんかやっているから、状況の認識がずれるのではないですか？」

宇多野（うたの）

太秦の同期。ドキュメント作成機能（シックス）チームのリーダー。

「あ、すいませーん。音上げすぎてました。
今日ミーティングとかありましたっけ？」

鳴滝（なるたき）

ドキュメント作成機能（シックス）チームのプロダクトオーナー。

タスク管理機能（フォース）チーム

「この風向きを変えるには結果で示すしかない。」

三条（さんじょう）

タスク管理機能（フォース）チームのチームリード。

「それは、やめたほうがいいと思います。」

鹿王院（ろくおういん）

タスク管理機能（フォース）チームのプロダクトリード。

「私たちはやりきったと思います。」

有栖（ありす）

タスク管理機能（フォース）チームのプロダクトオーナー。

「え!?　そんなことして、大丈夫ですか?　フォースチームのベロシティがボロボロになりますよ。」

常磐（ときわ）

タスク管理機能（フォース）チームのメンバー。太秦とは昔のよしみがある。

「なに、まだやるんですかー。もうムリじゃないですかねー。」

壬生（みぶ）

タスク管理機能（フォース）チームのメンバー。フリーランス。

「いきなり何の話ですか。そんなの急に手伝えるわけないじゃないですか。」

嵯峨（さが）

タスク管理機能（フォース）チームのメンバー。リモートワークで働いていた。

ステアリングコミッティ

「各チームの動きは改善されてきてますかね?」

社（やしろ）

プロダクトチームのプロダクトマネージャー。

「なんで、フォースチームで、ファイル管理機能なんてつくっているの?」

貴船（きふね）

プロダクトチームのシニアプロダクトオーナー。

第09話 塹壕の中のプロダクトチーム

複数チーム 基本編

複数のチームで一つのプロダクトを作り上げていく。一つのチームでの取り組みとはまた違う問題に直面することになる。まずチームが増える分、どのような情報をどのように扱うのか設計することから始めよう。

現在のチーム構成

リーダー	：太秦（うずまさ）
プロダクトリード	：鹿王院（ろくおういん）
チームリード	：三条（さんじょう）
メンバー	：壬生（みぶ）、嵯峨（さが）
PO代行	：有栖（ありす）

ストーリー 導入編 いきなり一緒になるチーム

「来月からここに集まってもらったチームを一つにしようと思う。」

開口一番の宣言に、僕はもちろん他のみんなも言葉を一瞬失った。そしてすぐにうめき声にも似た「え？」とか「どういうこと？」「マジか」という言葉がそこかしこで漏れ出てきた。僕たちの目の前にいるのは、まだ僕らとそれほど年齢が変わらないように見える、この会社のボスだ。そう、社長の号令がかかり、会社のひときわ広いミーティングルームに主要なメンバーが集まってきていた。

僕たちフォースチームからは、僕の他に三条さん、鹿王院くん、有栖さん。砂子（すなこ）さんと天神川（てんじんがわ）さんの姿はない。砂子さんは、もう3か月前にチームを離れている。「新たなる希望」作戦を終えた後しばらくして、社長直轄の新規事業に引き抜かれてしまった。引き抜きとは、砂子さんが離れるときに自分で表現した言葉だったが、すでにフォースチームでの役割は薄くなっていたため、お役御免というのが実際のところと言えた。今は、魚市場で使う何かのアプリ開発を立ち上げていると耳にした（プロダクトのナンバリングはセブンということになるのだろう）。漁港に行くことが多いのだろう、会社で見かけることはなくなってしまった。

一方、天神川さんも砂子さんより早い時期に退職という形でチームを離れてしまっている。何よりも型通りで平穏無事を良しとする天神川さんの志向性と、ジャーニー単位でチームのミッションやフォーメーションをせわしなく変えていくチームのあり方とがそもそも合っておらず、結果的に袂(たもと)を分かつことになってしまったのだ。天神川さんはファシリテートやコーチングの仕事をしていくということだった。

さて、あたりを見渡すと、御室(おむろ)と仁和(にんな)くん、音無(おとなし)さんのフィフスチーム、それから半年前にシックスチームのリーダーになったばかりの宇多野(うたの)と、そのチームメンバーがいて、あとは数名の関係者の中に蔵屋敷(くらやしき)さんの顔もあった。見慣れない人たちも結構いる。社長がさっき言ったのは、このフォース、フィフス、シックスの3つのチームを一つのチームに統合するということだ。それはつまり、プロダクトを統合することを意味している。3つのプロダクトを統合するなんてことができるのか？という不安がまず湧き上がった。だがすぐに、御室や宇多野たちと一緒に肩を並べてやっていくということで、不安はワクワク感へと変わっていった。その僕のすぐそばから悲鳴に似た声が上がった。

「社長、なんで、わざわざ統合なんて……。」

御室だった。隣にいる仁和くんと2人、表情は暗い。御室は僕らのチームにレッテルを貼っている。そんなチームと一緒にやるなんて何の合理性も感じないのだろう。

社長が口を開く。

「もともと、この3つのプロダクトは一つのコンセプトのもとにそれぞれ始めたものだから。統合して本来の狙いである、プロジェクト管理ツールに仕立てて展開していきたい。」

そんなことは御室もわかっている。それでも口を開かずにいられなかったのだろう。社長は、3つのプロダクトを個別に進めていって、残ったものに賭けようと考えていたようなのだ。そういう意味で、僕たちのフォースが最もユーザー獲得に伸び悩み、消えてしまいかねなかったのだけど、新たなる希望作戦以降、巻き返している。的を射た機能が揃っていったこともあるが、タスク管理ツールというジャンルがちょうど世の中の時短とか生産性を上げようというトレンドに上手く乗った感はある。とはいえ、その成果を見届けての判断だったのだろう。

「この3つのプロダクトをまず統合し、その上でテスト管理ツールも一緒に寄せたいと思っている。統合後のプロダクトのコードネームはナインだ。」

また、さらっと口にしたがテスト管理ツールのゼロはそもそもこの会社の根幹、唯一の稼ぎ頭と言って良い。そんな屋台骨のようなプロダクトも寄せて、社長は一気に勝負に出ようとでもしているのだろうか。集まってきた人たちの中で見慣れない顔があったのは、おそらくテスト管理ツール側のメンバーなのだろう。このチームには会社として古株のメンバーが集まっている。社長と肩を並べてやってきた背景がある。そんな彼らからも冗談ともつかない怒声のような声が上がった。

「シャチョー、本気で言ってる⁉」

「……そんなのムチャクチャだ。やれる気がしません……。」

甲高い声の女性と、青白い顔をした人が口々に言い寄ったが社長は涼しい顔のまま、何も応えなかった。こんな異色のチーム、メンバーを一つにしていく……。そのマネージャーなのか、リーダーなのか、まとめる役割はさぞかし大変だろう。一体誰がつとめるのだろう、まさか社長だろうか。もともと現場の人だから、ありえる話だ。

ふと、社長が僕のほうを見ているのに気づいた。昔から童顔なのだろう、本当に若く見える。

「このプロダクトチームの開発リーダーは、太秦にやってもらう。」

僕は頭が真っ白になった。

全員不安、僕も不安

「大変なことになりましたね、リーダー。」

会議を終えて、騒然となっているミーティングルームの中で、真っ先に声をかけてきたのは宇多野だった。僕を励ますつもりなのだろう、ささやかな笑みを浮かべている。その宇多野のさらに背後からも声をかけられる。

「おい、太秦。余計なことをするのはやめてくれよ。」

低く落ち込んだ声の主は、御室だ。僕のほうもさっき感じていたワクワク感が吹っ飛んでいる。御室と僕とで肩を落とし合っていると、僕たちに近づいてくる2人がいた。一人はおかっぱ頭に近い髪型に桃色の縁のメガネをかけている男性。僕らより一回り年齢が高そうだ。その隣には、ぶすっとしているようにも無表情にも見える、やや小太りの男性。こちらは黒縁のメガネをかけている。どちらも、さっきまで知らなかった顔の2人だ。

「太秦さん、御室さん、それに宇多野さん、よろしくお願いします。先ほど社長が紹介したとおり、プロダクトマネージャーをつとめます、社（やしろ）です。」

　桃色縁メガネの男性が社さんだ。社長は、3つのプロダクトとチームを統括する役割としてプロダクトマネージャーを設けて、そこに社さんという先月採用したばかりの人を置いたのだ。どういう人かまったくわからないが、前職でも開発現場向けのデジタルプロダクトのマネジメントをしていたらしい。このえたいの知れない人物がいきなり自分たちの頭の上に来たことも、御室は気に入らないらしい。社さんにろくに返事もしない。もう一人、黒縁メガネの男性も挨拶をしてきた。

「各チームのPOをまとめる、シニアPOの貴船（きふね）です。」

　あ、この人は愛想がない人なんだなと一声聞いただけではっきりとわかる。短く自己紹介するとさっさと離れてしまった。貴船さんは、以前からこの会社に在籍していたのだけど、視察を兼ねて海外に2年近く赴任していたようだ。日本に戻ってきてからは社長のそばでアップストン社全体のプロダクトについて意見出しを行っているそうだ。以前、フォースにボットを組み込んではという案を上げたのはこの貴船さんらしい。

　今回の統合に向けては、3つのチームそれぞれにPOがいるからPOだけでも3人になる。そのPOをまとめる役割として、シニアPOという役割を設置し、貴船さんがつとめるということだった。

　さっき僕が言い渡されたプロダクトリーダーは、エンジニアリング面で3つのチームを見ていく役割だということだ。プロダクトの統合にあたって、技術面、プロセス面でのリードが求められるだろう。社さん、貴船さん、そして僕とで、プロダクトチームのステアリングコミッティ[1]を運営していくことになるという。

「太秦さん。」

　また声をかけられて、僕は振り向いた。そこには、僕のチームのメンバーが並んでいた。鹿王院くん、三条さん、有栖さん、みんなどこか心配そうだ。本当にあれもこれもできるのかと表情で訴えている。そう、僕は引き続きこのチームのリーダーも兼任でつとめるのだ。

「僕らがやってきたことを、3つのチームに広げるだけだよ。大丈夫。元気出していこう。」

1　プロジェクトやプロダクト開発の運営を行う運営委員会のこと。

完全に僕自身に言い聞かせている言葉だった。みんな黙ったまま、思わず顔を見合わせていた。

僕は3つのチームの体制図をホワイトボードに書き出して、一人ながめてみた（**図9.1**）。

図9.1｜3つのチームの体制図

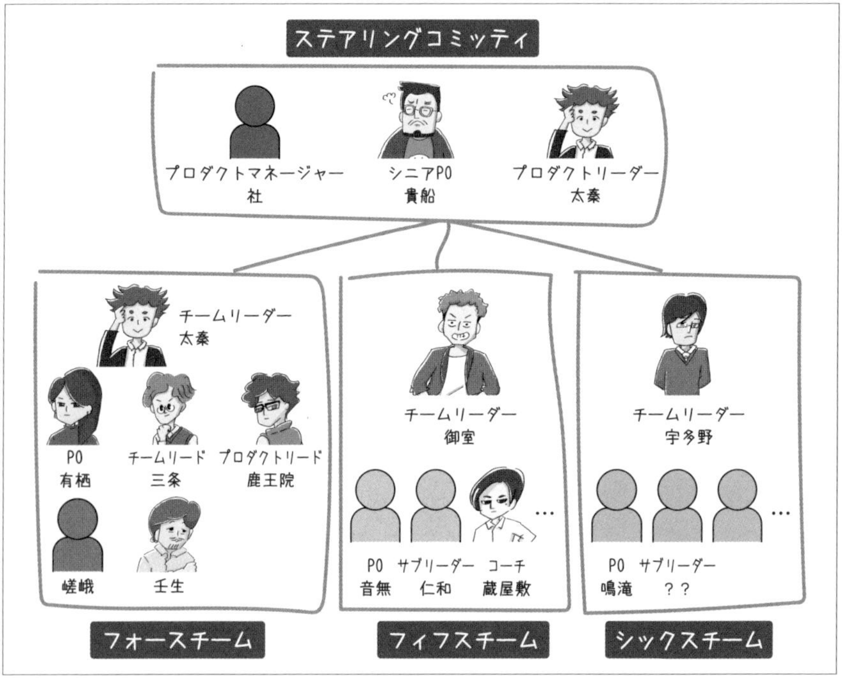

ステアリングコミッティ
プロダクトマネージャー 社
シニアPO 貴船
プロダクトリーダー 太秦

チームリーダー 太秦
PO 有栖
チームリード 三条
プロダクトリード 鹿王院
嵯峨
壬生
フォースチーム

チームリーダー 御室
PO 音無
サブリーダー 仁和
コーチ 蔵屋敷
…
フィフスチーム

チームリーダー 宇多野
PO 鳴滝
サブリーダー ？？
…
シックスチーム

プロダクトマネージャーの社さん、シニアPOの貴船さん、そしてプロダクトリーダーの僕。そこから3つのチームがあって、チャットツールを担うフィフスチームの御室、サブリーダーの仁和くん、そしてPOの音無さん。ここには引き続きコーチとして蔵屋敷さんがついている。

次に、ドキュメントツールを担うシックスチームの宇多野。POは鹿王院くんと同い年くらいのまだ若い女性、鳴滝（なるたき）さん。さっそく紹介してもらったが物静かな宇多野とうって変わって、やけに派手目な印象だけが残っている。サブリーダーはいなかったが、この統合のタイミングで他のところから入ってくるらしい。

最後に、タスク管理ツールの僕らフォースチーム。リーダーは引き続き僕。ただ、これは職制上のことで、実態はリードによるフォーメーション運営をしている。リード役はジャーニーによって変わることがあるが、おおむねチームリードを三条さん、プロダクトリードを鹿王院くんがつとめている。POは砂子さんの後、有栖さんが継いでいる。POの代行をしていた有栖さんがPOになるというのは、すごく自然な流れだった。後は、壬生さんと、嵯峨くん。壬生さんは天神川さんが抜けてできたサーバーサイド側の穴を埋めてくれている。それから嵯峨くんは、子どもの出産から時間も経過しオフィスに出てくることが増えている。頼りになるチームになったと思う。

もちろんフォースチームだけではない、他の2つのチームもそれぞれ結果を出せるチームだ。だが……。

「バラバラなままなのが目に見えていますね。」

不意に声をかけてきたのは三条さんだった。体制図をながめたら、僕と同じ感想になったようだ。そう、この3つのチームで一体どうやって、連動していけば良いのだろうか。そもそも3つのチームそれぞれが、それぞれのやり方でチーム開発を行っている。御室のチームはスクラムだし、僕らのチームはジャーニーベースの開発、宇多野のチームはどうやらウォーターフォールに近いようだ。コミュニケーションの上では、宇多野は何の心配もいらないが、御室が和気あいあいとなんてやってくれるはずもない。間違いなく意思疎通は滞るだろう。それに、社さん、貴船さんともどんな方針で、どんなコミュニケーションになるか想像がついていない。僕らのチームが最初そうだったように、それぞれが目の前のことにフォーカスして（チームにとってみればチームの仕事を今までどおりしているだけだ）、お互いを牽制（けんせい）し合う、塹壕にでもいるような開発になるのが目に見えていた。

実際、この僕の予感は現実のものとなった。僕たちは、お互いの存在すら感じられない、個別のチーム開発をただ突き進めていくだけだった。それ以外、誰もやり方を知らないのだ。僕は、早々に道のりの険しさを味わうことになった。

太秦の解説　情報流通のための境界を設計する

第2部の主な解説は、僕、太秦がつとめます。蔵屋敷さんや他の人たちがきっと手助けをしてくれるはずですが、第1部での経験と学びを活かしてチームで状況を乗り越えることに取り組んでいきます。

第1部の状況と大きく異なる点は、圧倒的にチームの数が増えたことです。僕は、自分のチームのリーダーをつとめながら、他2つのチームについて関与していかなければならないポジションに立ちます。容易ならざる状況です。

複数チームならではの問題に直面しますが、その内容は単一のチームでも起きうるものです。解説の末尾で、第2部で取り扱う問題のパターンをまとめておきます。

チームに情報が行き渡らない要因――「経路設計の複雑性」と「解釈の多様性」

さて、複数チームの運営を難しくする要因とは一体何でしょうか。それは「**情報流通の不全**」です。チームが増えることで、情報が行き渡りにくい状態がより起きやすくなります。それぞれの役割やそれまでの個々の経験や認識によって生じる他者との境界が、情報の滞りと状況解釈のズレを生み出してしまいます。これは一つのチームでも問題になっていたことです。

こうした分断がチームとしての学習と的を射た行動を妨げ、結果として意思決定を誤らせてしまうことになります。このような情報流通の不全を複数チームの場合にさらに拡大させてしまう要因は2つあります。それは「**経路設計の複雑性**」と「**解釈の多様性**」です（図**9.2**）。

図9.2｜経路設計の複雑性と解釈の多様性

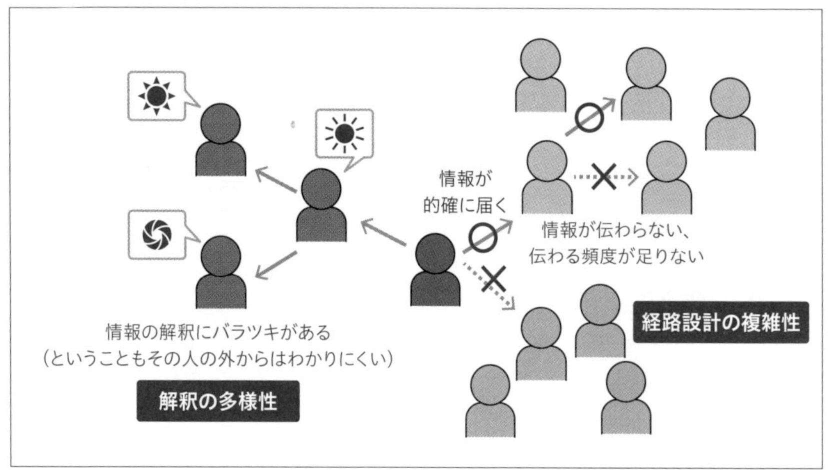

第8話で触れたように、チームは一人の人間のように、全体としてなめらかな動きになるのが理想と捉えると、チームの中で流れる情報とは**血液**のようなものです。まず必要な人に必要な情報を行き渡らせることが、チームという“一人の人間”の生命活動を維持するための前提といえます。人体にまんべんなく血液を通すための血管が、チームにおいてはどのように情報を流通させるかというコミュニケーションの経路にあたります。この経路の設計が複数チームになると、より複雑さを増すことになり、取り組みを難しくするわけです。

もう一つ、情報流通の不全につながる「解釈の多様性」も、チームのスケールならではの問題といえます。流通させる情報は、その受け取り手の解釈を通して、知識化されたり、具体的な行動につながったりするわけです。チームがスケールすることで、当然集まるメンバーの経験や知識のバラツキも広がることになります。同じ情報でも、受け取り手によって見当違いもあれば、エッジの利いた見方も出てくる、といった幅のある状況が考えられます。どのような解釈が起きているか外からながめているだけでは判断しにくく、問題が起きてからズレに気づくことが少なくありません。これが「経路設計の複雑性」「解釈の多様性」がもたらす問題です。

第2部で扱うのはこうした問題に対する、コミュニケーション経路の工夫であり、解釈の共通性を高めるための働きかけ方です。これら個別の取り組みに向き合う前に、ここまで単に「**情報**」として表現してきたものの中身について解像度を上げて捉え、チームでどのように扱うのかを解説します。

チームが価値を創出するために必要な情報

そもそもチーム内に情報を流通させるのは何のためでしょう。最終的な目的は情報を**価値の創出**につなげることです。プロダクトづくりにおける価値とは何でしょうか。3つあります（**図9.3**）。

図9.3 | プロダクトづくりにおける3つの価値

ユーザー（にとっての）価値	プロダクトをつくり出すのは「ある状況」を変えるためである。このある状況に置かれている人たち（=ユーザー）にとって、不都合な状況がそうでなくなり、快適な状況に変わることが価値。
ビジネス（にとっての）価値	ユーザーにとっての価値を生み出し続けるためには事業の持続可能性が問われる。プロダクトによって直接的または間接的にビジネス的な成果をつくり出すことが求められる。
プロダクト（にとっての）価値	ユーザー価値、ビジネス価値を現実にもたらす媒介がプロダクトと捉えると、プロダクト自体の持続可能性も担保する必要がある。これに最も影響を与えるのが、プロダクトの「変更可能性」であり、ユーザーやビジネスの価値に直接的にはつながらなくともプロダクトのためには必要な取り組みがある。

こうした価値に着地するために情報をチームの中で扱うわけです。情報自体は2つに分けて考えられます。いずれかの価値そのものになりうる**「原石」としての情報（What）**と、**「価値創出を促す」ための情報（Why、How）**です（**図9.4**）。それぞれについて詳しく捉えましょう。

図9.4 | 「原石」としての情報、「価値創出を促す」ための情報

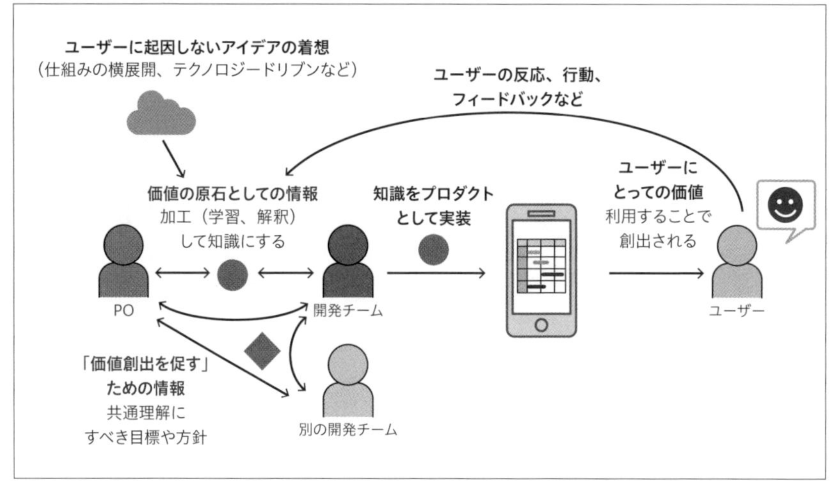

価値につながる「原石」としての情報（What）

原石としての情報は、そのままでは価値の体を成していないので、加工する必要があります。情報の持つ意味を捉えなければ、たくさんの情報を受け取ったところで価値にはつながりません。情報の背景、理由を突き止めることで、ユーザーやビジネスにとって必要なことは何かという「知識」を手に入れられるといえます（**図9.5**）。

図9.5 | 情報が価値を生み出すフロー

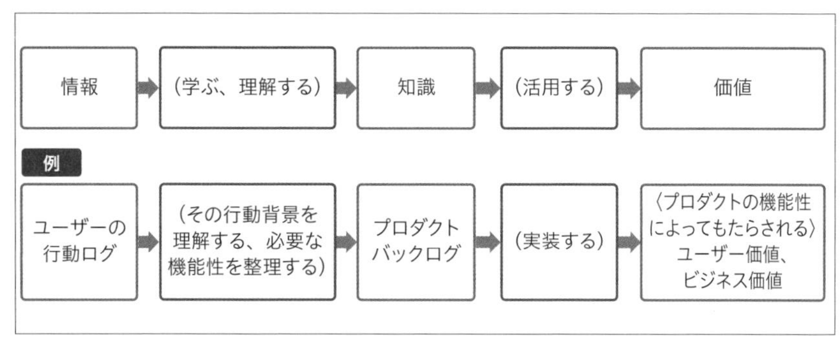

プロダクトづくりの実際においては、「こうすれば必ず価値につながる」という正解を知ることは不可能な場合が多いはずです。実際には知識（こうすれば良いはず）に至るための段階があります。それが「**仮説**」です（**図9.6**）。

図9.6｜仮説

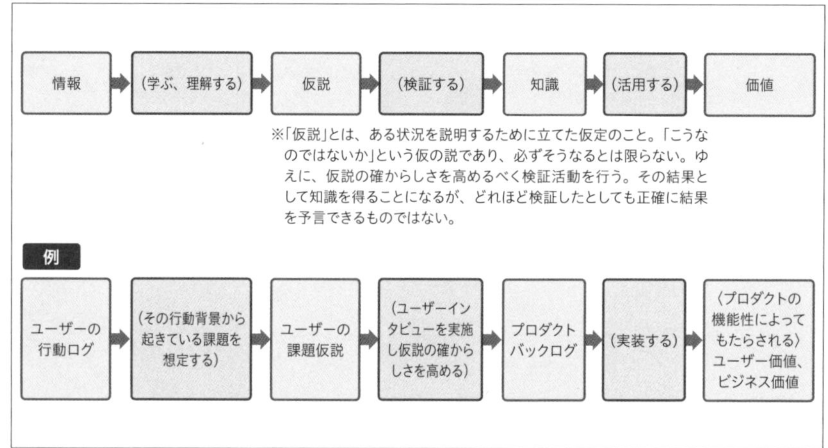

チームで扱っている情報がどの段階のものかを捉えなければ、ただの情報をそのままつくり込んでしまって、何の価値にもつながらないといったことがありえます。

「価値創出を促す」ための情報（Why、How）

情報のもう一つの側面が価値創出を促すための役割です。単一のあるいは複数のチームが共同して一つのプロダクトをつくっていくためには、何を目指し、どういう優先度で、どうやってつくっていくかについて理解を共通にしなければ、一人の人間のようななめらかな動きにはなりません。なめらかなプロダクトづくりを支援する情報にはいくつかの段階があります（**図9.7**）。

図9.7｜なめらかなプロダクトづくりを支援する情報

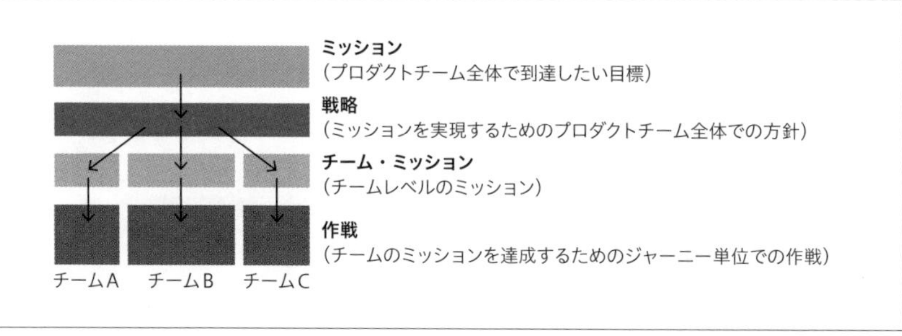

プロダクトチーム全体で到達したい時限性のある**ミッション**（事業としてのミッション、プロダクトとしてのミッション）があらゆる活動の前提として存在するはずです。このミッションをもとにプロジェクトが企画されることになります[2]。たとえば、僕らのプロダクトチームで言えば「タスク管理、チャット、ドキュメント作成各機能が横断的に利用できるようになること」などが最初のミッションになりそうです。

このミッションを実現するためにプロダクトチーム全体で捉えておくべき方針、つまり約束事を確認しておく必要があるでしょう。これがプロダクトチームの**戦略**にあたります。たとえば、「初期段階ではまずタスク管理とドキュメント作成を統合し、チャット機能は後から連携するようにする」といった内容です。どういう状態になればミッションが到達できたといえるのか、その指標と目標値も方針と併せて見定めておきましょう。

この方針に基づいて各チームレベルでのミッションへの落とし込み、第1部で解説してきたようにチームのミッションを実現するためのジャーニーの作戦を立てることになります。このように、プロダクトチームとしてのミッション、戦略、チーム個別のミッション、作戦と、チーム活動に取り組むに際して共通の理解にしておくべき情報があります（**図9.8**）。

2　ミッションの積み重ねのさらに先には、ビジョンが存在するはずだ。この解説では直接作用が可能な対象に絞っているためビジョンについては扱っていないが、ありたい風景として何を描くのか、イメージや言語化をチームで合わせよう。

図9.8 | ジャーニーやゴールデンサークルとのマッピング

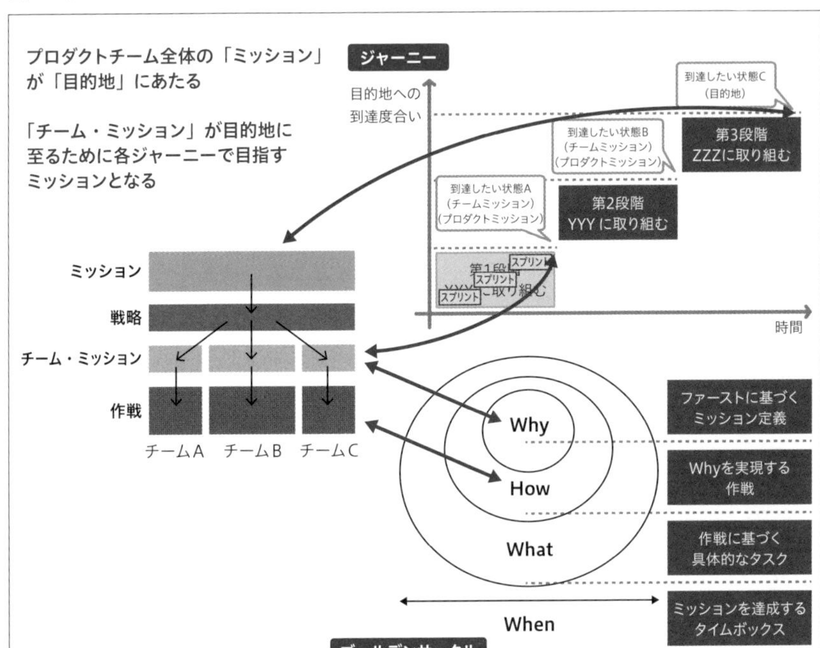

さて次にこれらの情報をどのようにしてチームに行き渡らせるのかを考えましょう。

情報流通のための境界設計と越境

プロダクトチームの全員がすべての情報を同じ粒度で受け止め、解釈し、手にしていくのはプロダクトやチームの規模がスケールするにつれて現実的には困難です。たとえば事業上のミッションをビジネスモデルに落とし込みながら、さらに必要な機能設計と開発を一人の頭の中で行うのは相当な負荷がかかります。プロダクト規模が小さい段階では一人二人で何でもこなすことはありますが、規模が大きくなるにつれて一人で受け止められる情報の量と質ではなくなります。むしろ、このことに気づかず情報を必ず自分（役割としてはマネージャーやリーダー）に流通させるようにと働きかけてしまうと、たいていの場合ボトルネックになってしまうでしょう。そのため、情報としてどのようなものがあるか捉えた上で、情報流通のための境界設計が必要となります。

境界設計上考慮すべき指針が**コンウェイの法則**です。コンウェイの法則とは「プロダクトの設計は、組織のコミュニケーション構造を反映したものになる」という考え方です。なぜ、このようなことが言えるのでしょうか。それは、人と人の協働には**取引コスト**[3]という考え方があるからです。

誰かと一緒に仕事をするとして、一言二言伝えて後は任せっきりにできるなんてことはないでしょう。ここまで見てきたように情報を伝え、解釈を揃える必要があるはずです。この際、一つの情報を理解するのに必要な文脈が大きければ大きいほど、取引コストが大きくなります。取引コストを大きくしないようにするために、文脈を広げすぎないようにする。文脈を広げすぎないようにするために、組織・チームの編成があるということです。

そもそも、人がなぜ組織を結成し、組織の内と外という境界をつくり運営しているかというと、境界を設定することで文脈の広がりを一定に封じ込めて取引コストを下げるためです。境界を越えて組織の外部とやりとりをするとなると、まず信頼できる相手を組織の外で見つける探索から行う必要がありますし、実際のコミュニケーションも組織内でやるより慎重になったり注意するところが増えたりするはずです[4]。

コンウェイの法則が物語っているのは、取引コストが大きくならないように人はチーム内で活動を最適化する行動を取り、結果としてプロダクトにその成果が表れてしまうということです。だから、この法則を逆手に取って、理想的なプロダクト構造をつくり込むために、チーム構造を設計するという考え方がありえるわけです（**図9.9**）。これが境界を設計する上での基本的な考え方です。

3　取引コストは経済学によって導き出された概念である。何らかの経済取引を行う際、商品そのものにかかるコストだけではなく、正当な取引相手を探し出すコストも、相手と合意形成するためのコストも、取引を維持し履行を促すためのコストも必要になる。そうした商品以外にかかる、取引を成り立たせるためのコストの合計のことをいう。

4　ただし、組織内外の境界による取引コストの差は以前に比べるとはっきりしなくなってきている。これは第6話で示したようなリモートワークによって働く場所が異なるケースが増えてきたためだ。たとえ同じ組織に所属していたとしても、場所や働く時間が異なっていると、認識や状況合わせに今までよりリソースが必要になってくる。こうした観点から取引コストが押し上げられるケースが出てきているのだ。

図9.9｜チーム構造がプロダクト構造を決める

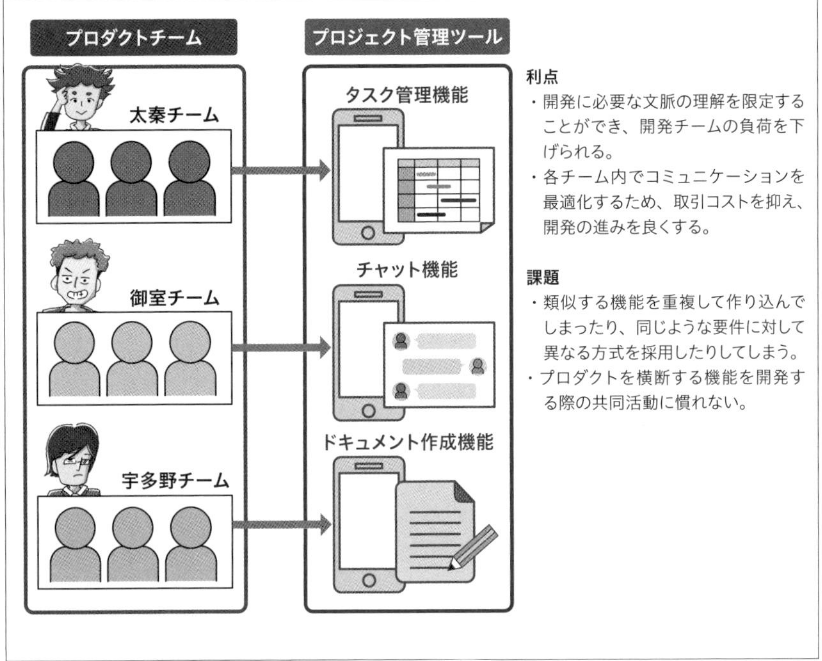

ただし、情報流通の観点では、もう少し考慮が必要になります。先ほど挙げた「価値創出を促す」ための情報については、横断的な情報流通をどこまで行うかの設計が求められます。

情報流通に関する方針を、

・全体としてのミッションは、プロダクトチーム一人ひとりが認識して欲しい
・戦略は、プロダクトチームのマネジメントレイヤーで策定、運用する
・チームミッションとその作戦は、各チームに委ねる

と置くと、情報流通の範囲は**図9.10**～**図9.12**のようなイメージとなります。

ミッション（図9.10）

図9.10｜ミッションの範囲

戦略（図9.11）

図9.11｜戦略の流通範囲

チーム・ミッションと作戦（図9.12）

図9.12｜チーム・ミッションと作戦の流通範囲

こうした流通範囲をどこからどこまでに置くかは、プロダクトの規模やチームの状況によるところが大きいと言えます。ただし、ケースによらず踏まえておきたい3つの指針があります。

一つは、「**すべての情報を全員で共同所有する**」という考え方から出発することです（**図9.13**）。境界を設計する動機とは真逆の考え方ですが、すべての情報を把握できるならばそうあるのは理想です。情報流通に境界を引いた時点で、取引コストが高まるからです。この理想から出発して、流通させるのに必要なコスト（手間）と現実との間で折衷しながら決めるようにしましょう。

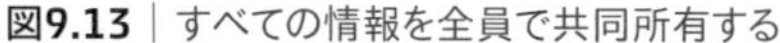

図9.13｜すべての情報を全員で共同所有する

もう一つは、「**Why寄りの情報は広めに、How寄りの情報は狭く**」です（図9.14）。目的や目標に関する情報は全体での最適化を志向すべく、できる限り広めに流通させたい内容です。一方、実現手段の検討や設計については専門性が問われるため、その役割やチーム内での流通を第一に考えるべきでしょう。

図9.14｜Why寄りの情報は広めに、How寄りの情報は狭く

最後に、「**最前線のチームからの情報を全体に流し直す**」（図9.15）。戦略が的外れではプロダクトチーム全体が機能不全に陥ってしまいます[5]。的を射る方針には、プロダクトづくりの最前線からの情報が欠かせません。現場からのフィードバックループがかかるよう、コミュニケーションの経路設計が必要です。この詳細については、第10話の「**越境のデザイン**」で解説します。

図9.15｜最前線のチームからの情報を全体に流し直す

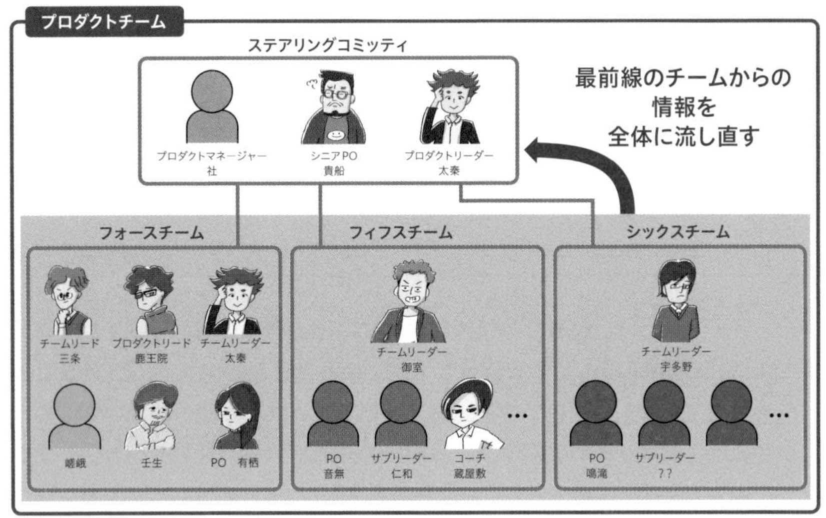

さて、こうした境界設計を過度に進めるつもりがなくとも、力のある現場ほど状況を最適化させようとする力学が働くため、図らずとも境界が深まっていくことになります。ゆえに、境界の設計と同時に、その境界を越えていく「**越境**」の働きかけの両方が求められます。一見矛盾した行為に見えますが、プロダクトづくりという高度な共同活動を行うためには、これらを両立させるバランス感覚が鍵となります。

もちろんいきなり、理想的な状態にたどり着くのは困難です。段階的な到達を追いかけていくようにしましょう。

5　現場から遠く離れたところで、状況を把握せずに想像だけでいくら作戦をひねり出しても、現場の問題解決に役立てるのは難しい。

複数チームの間で起きる問題パターン

この解説の冒頭でも触れたように、第2部の内容は複数チームでの協働を主に想定していますが、単一チームの取り組みとしても活用ができるものです(**表9.1**)。なぜなら、単一チームでも複数チームでもその活動を難しくする要因は人と人との間での「**共通理解の形成**」にあるからです。状況や目標、対象領域などについて理解にバラツキがあると、チームの活動は効果的にも効率的にもなりえません。どのようにして共通理解を形成していくかは、チーム共通の課題と言えます。

もちろんチームの規模が大きくなるほど、共通理解の形成を阻む障壁、問題はいっそう手ごわくなります。これらをどのようにして乗り越えていくのか。一人のスーパーな人の力によるあり方ではなく、チームで取り組み解決していく方策をこれから考えていきましょう。

表9.1 | 複数チームの問題パターン

問題のパターン	内容	登場話
個別最適による学び、意思共有の断絶	•チームでの個別最適が進みすぎ、チーム間でのノウハウ共有がされにくい •チームそれぞれが部分最適になりがちで、全体最適な判断が考えられない	第10話
誤った役割認識、責任の押し付け合い	•チーム間でそれぞれのチームの担当範囲の認識にズレがある •チームがサイロ化して、お互いに責任を押し付け合っている	第10話
チーム間の遠慮問題	•チーム間の見える化が不足しており、他チームに働きかけにくい	第10話
チーム間の状況非共有問題	•チーム間の情報伝達不足	第10話
割り込み問題	•チームへの割り込みをコントロールできておらず、いつも緊急作業に追われて、本来やるべき作業ができていない	第11話
こぼれ球	•どのチームも担当せずに、こぼれているタスクがある •こぼれたタスクを拾おうと横断チームをつくってみるが、今度は既存チームと横断チームのあいだで押し付け合いが発生する	第12話
目的理解不足	•チームの間で、Whyや背景の理解にムラが出る(ミッション・戦略の浸透の難しさ) •いつしか目的を忘れて迷走している。日々のふりかえりは回しているが、チームの発足時の目的からズレていることにも気づかず、日々を過ごしてしまう。ある日ステークホルダーから指摘が上がる	第13話

NEXT ▶▶

問題のパターン	内容	登場話
見ているものが違う問題	•開発以外の複数チーム、もしくは開発でも業務内容に差異がある場合、目標（KPI）が異なり、それが温度感や連動性の問題になる	第13話
銀の弾丸なすりつけ	•他チームでうまくいったことを正解としてそのまますべてのチームで適用しようとしてしまう	第14話
伝えたつもり、できてるつもり	•Aチームに伝えたらBにも伝わっている、Bチームができるなら A もできるという思い込み	第14話
単純接触回数、時間の低下	•マネージャーが各チームに対して時間を平準的に取れない	第14話
単一意思決定障害点	•意思決定のボトルネック化。なんでもマネージャーに確認しないと前に進まない	第14話
そして誰も基準を持っていなかった問題	•プロダクトに関する基準をステークホルダーも、チームも誰も見定められておらず、あてもなくプロダクトづくりを進めてしまう	第15話

第9話 まとめ　チームの変遷と学んだこと

	チームの相互作用	フォーメーション	太秦やチームが学んだこと
第9話 塹壕の中のプロダクトチーム	一つのチームになったものの"お互いに遭遇していない"状態	フォースチーム：リーダー太秦 フィフスチーム：リーダー御室 シックスチーム：リーダー宇多野 プロダクトチーム：リーダー太秦 シニアPO：貴船 プロダクトマネージャー：社	•情報流通のための境界設計 •コンウェイの法則 •「原石」としての情報（What） •「価値創出を促す」ための情報（Why、How）

第10話 チーム同士で向き合う

複数チーム 基本編

チーム同士の衝突が起きる前に、そもそもチーム間のコミュニケーションが途絶えがちで、協働が起きない状況にはなっていないだろうか。役割やチームの境界を越えられる工夫を講じる必要がある。

現在のチーム構成

フォースチーム	：リーダー太秦（うずまさ）
メンバー	：有栖（ありす）（PO）、三条（さんじょう）、鹿王院（ろくおういん）、嵯峨（さが）、壬生（みぶ）
フィフスチーム	：リーダー御室（おむろ）
メンバー	：音無（おとなし）（PO）、仁和（にんな）
シックスチーム	：リーダー宇多野（うたの）
メンバー	：鳴滝（なるたき）（PO）、七里（しちり）
プロダクトチーム	：リーダー太秦
シニアPO	：貴船（きふね）
プロダクトマネージャー	：社（やしろ）

ストーリー 問題編 まったく絡もうとしないチーム

「で、どうですか、太秦さん。」

僕の目の前には、桃色縁のメガネをかけた社さんと、相変わらず不機嫌そうな貴船さんが座っていた。プロダクトチームが発足して、もう早いもので3回目のステアリングコミッティになる。

「各チームの動きは改善されてきてますかね？」

社さんからは毎度この質問を受けている。3回目の今日は多少言葉の端々に焦りが感じられた。貴船さんは、この質問にまるで興味がなさそうで、ぶぜんと自分のスマホをながめている。

「いえ、まったくダメですね。」

何の遠慮もない僕の返事に、社さんは絶句した。貴船さんもスマホを触る指を止めて僕のほうをにらみつけるように見た。そう、まったくダメだ。実はチーム間で衝突すら起きていないのだ。ほとんどやりとりがない。各チームともとりあえず自分のチームのプロダクトバックログが倒せていたらそれで良いと考えているのは明らかだった。ある意味で、各チームとも単体のチームとしてはアウトプットを出せる活動になっている。自チームの活動の効率化には関心が高いが、チームの一歩外側に向けては意図的に踏み出さないようにしているかのようだ。これは、僕たちフォースチームも例外ではない。三条さん、鹿王院くん、有栖さん、3人とも他のチームと関わりを持とうとしていない。相変わらず御室や仁和くんが話せばマウントポジションを取りたがるので、そもそも近寄りたくないのがありありとわかる。

結果的に各チームはこれまでどおり開発を進めているが、肝心の統合化に向けた動きはとても鈍いものになっているし、一つのチームになったのは名ばかりでお互いの情報やノウハウの共有なんて程遠い状況だった。僕は、今の状況を社さんと貴船さんに理解してもらうよう、2つの出来事について話すことにした。

遠慮という名の牽制

3つのプロダクトを統合するにあたって、真っ先に問題となるのはアカウントの扱いだ。3つのプロダクトから認証の機能を切り離し、別途共通の認証基盤をつくる方向性をステアリングコミッティで確認している。これにはデータの移行も伴い、どうしても大掛かりにはなる。一刻も早く検討に着手したいところだ。その方針を御室と宇多野に伝えてはいるのだが、両者からの動きはまったくない。宇多野は新しいメンバー参画があって、チームビルドで手一杯というし、御室はぶっきらぼうに返事してそれきりだ。

このままではまったく進まないままなので、POに振ることにして、有栖さんにまず3チームのPOで集まって課題を出し合ってみることを依頼した。その依頼からすでに2週間が経過している。やはり動きがなさそうなので有栖さんに確認すると、御室チームのPO音無さんがミーティング開催を巻き取ったもののそれきりだという。みんな本当に物事を進める気はあるのだろうか？　僕はだんだんと腹が立ってきた。有栖さんと一緒に直接、音無さんのところへ行くことにした（御室のチームは相変わらず別のオフィスビルにいる）。

「いや、その……調整しようとしたのですが、鳴滝さんが当面無理だと……。」

音無さんは、僕たちがいきなり乗り込んできたことにただならぬ雰囲気を察したようだ。いつにも増して、言葉使いがたどたどしい。鳴滝さんは、宇多野チームのPOだ。僕は「じゃあ、鳴滝さんのところへ行きましょう」と、同じフロアにいるはずの宇多野チームのエリアに向かった。鳴滝さんは自席にいた。栗色の髪の女性だった。

「鳴滝さん、認証基盤のことで話がしたいのだけど。」

僕の問いかけに、鳴滝さんは振り向きもしない。どうやらイヤホンをしているらしい。有栖さんがそれを察して、そっと鳴滝さんの肩をつついた。鳴滝さんは驚いた様子で僕たちのほうをかえりみた。

「あ、すいませーん。音上げすぎてました。今日ミーティングとかありましたっけ？」

軽い調子でまくしたてるような早口だった。僕は、負けじと早口で返した。

「そのミーティングの調整もままならないので、ここにきたんですよ。」

「ぜんぜんオッケーです。なんならその辺りでやりますか。」

あれ？　できるんじゃないか。僕は肩透かしを食らった気分になった。音無さんのほうを見ると、さらにおどおどとした様子になっていた。

「いや、あの……忙しそうだったので、当面は無理なのかなって。」

お互いの状況がわからないので、何となく遠慮が先走って踏み込もうとしない。距離は一向に縮まることはなく、むしろわからないから関心も高まらず、広がる一方なのだ。それはその後のミーティングでも顕著になった。お互いの牽制にも似た遠慮が延々と繰り広げられたのだった。

暇なんでしょ?

もう一つは、御室チームとの絡みについてだ。プロダクト統合化に向けて、アカウントとともに必ず向き合わなければならない、ユーザーの設定機能の扱いがある。これも3プロダクトから機能を切り離して整理する必要がある。その検討を蹴り出すべく、僕のチームの嵯峨くんが動いてくれたのだけど、御室チームの仁和くんはずいぶんそっけなかったらしい。

「設定機能は、フォースで扱うべきですよね。プロダクトはプロジェクト管理ツールに仕立てていくということですから。」

仁和くんは相変わらず早口だったのだろう。嵯峨くんは一言も返せなかったようだ。ただ仁和くんの見解に合理性を感じなかった僕は、やはり嵯峨くんを伴って直接話し合うことにしたのだった。

「タスク管理はプロジェクト管理ツールのメインですよね。だから、フォース側で設定機能の設計を行うのが自然ではないですかね。」

やはり案の定早口の仁和くんを前にして、僕は言葉を継げなかった。仁和くんは悪意を持って言っているのではない。本当に自然なこととして考えているのだ。仁和くんはただ、チャット機能の充実化を念頭に置いていて、それ以外の事案を思考の外に置いてしまっているのだ。設定機能について微塵（みじん）も考える気はないようだ。

「そんなことより嵯峨さん。今度のチャット機能のリリースに向けて、テスト要員で入ってもらえません？　ちょっとリリースの影響範囲が大きくて、テストが足りてないんですよね。」

唐突な仁和くんの申し出に僕と嵯峨くんは返す言葉をしばらく失った。やがて嵯峨くんが絞り出すように言った。

「いきなり何の話ですか。そんなの急に手伝えるわけないじゃないですか。」

「そうなんですか。フォースチームはいつも夜になる前にチャットから消えちゃうんで、時間があるんだろうなと思ったんですが。それは残念、他をあたります。」

早口すぎて自分の言いたいことを言い終える前に、仁和くんはそっぽを向いて僕たちから離れてしまった。仁和くんからしたら状況のわからない僕らのチームの中のメンバーの事情に気を配る発想なんてないし、足りない人手の埋め合わせくらいの認識でしかないのだろう。同じチームのメンバーではなく、いちファンクションでしかない。それは仁和くんに限ったことではない。ここまであからさまではないにしても、僕らのチームだって、他のチームのメンバーのことなんて、体制図上に記載された記号ぐらいにしか見えていないだろう。僕は憤る嵯峨くんをなだめながら帰っていたのだった。

話を聞き終えた社さんは、「情けない」と一言つぶやいた。貴船さんは触っていたスマホをデスクに置いて、険しい眉間を僕に向けた。

「なんという低いレベル。」

貴船さん、でもこれが今のチームの状況なんだ。僕は、そのことを2人にわかってもらいたかった。貴船さんは、まっすぐ僕を見つめている。何も言わないが言いたいことはわかる。

「で？　どうするの？」

僕の想像どおりのタフクエスチョンだった。

ストーリー 解決編 まずお互いに出会い直そう

で、どうする？　僕は、このプロダクトチームのメンバーがお互いに「出会う」ところから始める必要があると感じていた[1]。具体的にはチーム内での情報の流通経路をつくる必要がある。ただ単に3チームの代表が集まれば良いわけではない。3チームの間で情報を共通にした上で、意思決定を行い、そしてその内容を各チームに定着させる流れをつくれなければさほど意義がない。

まず僕は、御室と宇多野に呼びかけた。各チームのリーダーが状況を確認し、意思決定できる場をつくらなければ話にならない。今、プロダクトチーム全体のミッションは3プロダクトを統合すること。このために必要なことを、まず粗い粒度で挙げるようにする。

ただ呼びかけただけでは、御室が反応しないのはわかっているので、この場に社さんや貴船さんも巻き込み、ステアリングコミッティとチームリーダーがコミュニケーションする場と位置づけた。そうなると御室も出てこざるをえない。

それぞれが把握しているやるべきことを挙げてみると、その数の膨大さに僕は気が遠くなった。御室も宇多野も同じ顔色だった。とりあえず挙がったテーマを認識できたので、今日はお開きにしようとする2人の動きを止める。

「御室、ここで確認したやるべきことのカンバンをつくって、追えるようにしよう。」

「カンバン？　やることはわかったのだから後は各チームに振って、それぞれで見ていけばいいだろう。」

「いや、おそらくこれからもチーム横断で取り組まないといけないテーマが出てくるはずだ。テーマが積み重なっていくとその優先度の判断も必要になる。それに、僕たちだけではなく、各チームのメンバーのみんなにも今何があって、どう動いているのかいつでもわかるようにしてもらいたい。」

今回始めたこの場、リーダー会で確認したテーマを各チームへ割り当て、僕や御室、宇多野がそれぞれ自分のチームに持ち帰る。チーム内でさらにテーマをもっと細かく分割して、プロダクトバックログに反映する。

1　チーム間での具体的な相互作用をつくる働きかけを行わずに、ただ取り決めや確認だけ重ねたとしても物事は進んでいかない。

逆に、各チームからリーダーが吸い上げた状況をリーダー会に持ち込んで、お互いの状況がわかるようにする。プロダクトづくりの前線は各チームにある。各チームで得られる気づきを他の現場に伝播させる経路にする。

そうしてリーダー会で集まった情報を解釈し、必要な支援や決め事について意思決定を行い、またそれをチームに持ち帰る。基本的にはこの繰り返し。その中で、チーム横断の依頼事項も当然出てくるので、この場で確認し合うようにする。

チームのタスクレベルの粒度でプロダクトチーム全体に情報を流通させようとすると、細かすぎて煩雑になる。だから、リーダー層とチーム層で、情報の構造をつくるわけだ。リーダーが情報の分解（詳細化）と統合を担う役割になる。

ただし、これだけでは、流通経路が長くなりすぎる。チームからリーダーへ、リーダーからリーダーへ、リーダーからチームへという伝達の中継構造をつくることになるからだ。だから、もう一つ経路を増やす。リード（職能）間での状況を同期する場だ。2つの切り口で場を設置することにした。

一つは、プロダクトオーナー。統合に際して機能に関する議論をしなければならないのはもちろんのこと、これから3つのプロダクトの間でユーザーの体験上違和感が出ないようにする必要がある。どうすれば利用体験がなめらかにつながるのか、突き詰めて設計していくのは、3人のプロダクトオーナーの特に重要なミッションだ。この場を有栖さん、音無さん、鳴滝さんで運営していくことになる。

もう一つリード別として、新たにテクニカルリードを各チームに設置して、このテクニカルリード同士で同期する場を設けた（**図10.1**）。僕たちが定義したテクニカルリードは、チームの技術方針を他チームに伝え、チーム相互に技術面での情報共有を補完する役割だ。テクニカルリードたちは、プロダクト間での技術的分断にこれから向き合っていかなければならない。3つのプロダクトはそもそも開発言語から差がある状況だが、CI/CD環境やテストの方針、フレームワークなど開発環境においてのレベル差をまずは埋めていく必要がある。環境の整備は思いのほかフォースチームが進んでいて、特に宇多野のシックスチームの整備が進んでいない。鹿王院くん、仁和くんの二人と宇多野チームからは新しく参画した七里（しちり）さんというメンバーで、この場の運営を行っていく。

図10.1｜プロダクトチームの運営図

相変わらず仁和くんは高圧的で、一方の鹿王院くんは黙々と事を進めるタイプだから、まったくかみ合っていない。そこに七里さんが入ったことで、ようやくつながりができた感じがする。

「宇多野のチームをサポートするように言われてきたんだ。」

七里さんは僕たちよりも少し年上らしく、年下のリーダーにつく形となるわけだけど、本人はまったく気にしている感じではなかった。仁和くんも七里さんには少し絡みづらいようだった。それが上手い具合にパワーバランスを形成しているように思う。

こうしたリード別の同期ミーティングで挙げられた課題や方針は、そのまますぐに各チームに持ち帰り運用を始められるものと、プロダクトチームとして合意したいものなど、重みの違いがあったりする。後者の意思決定のために、リード側からリーダー会に参加してもらうようにした。リード側からの参加はローテーションで回すものとし、コミュニケーションがかき混ざるようにつとめた。

リーダー会も、リード別の同期ミーティングも、それぞれ週1の開催で運用を始め、様子をみた。運用を始めてすぐに、どちらのミーティングでも課題が山ほど挙がるようになり、山積みする有様になった。その状態に、三条さんは心配げだった。

「こんなに課題が挙がるなんて……。大丈夫でしょうか。」

「大丈夫ではないですよね。」

内容とは裏腹に僕の声の調子が明るかったのに、三条さんはぎょっとした様子だった。

「ぜんぜん大丈夫ではないことがみんなで理解できるようになった。これまでに比べたらとっても大きな一歩ですよ。」

なにせ今まではろくに言葉も交わしていなかった。ようやくスタートラインに立ったのだ。僕は状況とは真逆になぜか自信が湧いてくるのを感じた。

太秦の解説　チームや役割から越境する

今回は、どのようにしてチームの間で情報を共有し、コミュニケーションづくりを行うのか解説します。まず、チームの構造によってどんな問題が起きるのか捉えていきましょう。情報の流通経路が複雑になったり、滞ってしまうのは、チーム内に**分断**が起きているからに他なりません。チームの構造が図らずも分断を招いてしまうのです。

チームモデル別の情報共有

1PO − 1開発チーム構造（図10.2）

図10.2 | 1開発チームに1PO

一つの開発チームに一人のPO、最小のチーム構成ですね。この構成でも情報流通が分断される箇所があります。それは第1部で目の当たりにしてきたとおりPOと開発チームの間です。そして、開発チームの中でも、それぞれが自分の役割を小さく狭く捉えてしまうと、分断が起きます。こうした開発チーム内での分断、さらにPOとの分断を乗り越えることが、チーム開発での最初の山場といえます。それぞれの分断を乗り越えるためにチームで問いに向き合いましょう。

役割を越境するためには、そもそも境界があることに気づく必要があります。誰しも、自分で境界を置いているなど考えもしないものです。向き合う問いは**「自分は何をする人なのか？」**です。

一人では気づけない境界も、他者からのフィードバックで気づける可能性が高まります。チームメンバーのそれぞれで問いに答え、お互いに受け止め合うことで、自分たちが置いている境界の存在に気づき、乗り越えることができるわけです。

チーム構造としてはシンプルなため、開発チームとPOの間の分断を乗り越えることができれば情報流通に関する課題感は低くなります。

1PO − 複数開発チーム構造（図10.3）

図10.3 | 複数開発チームに1PO

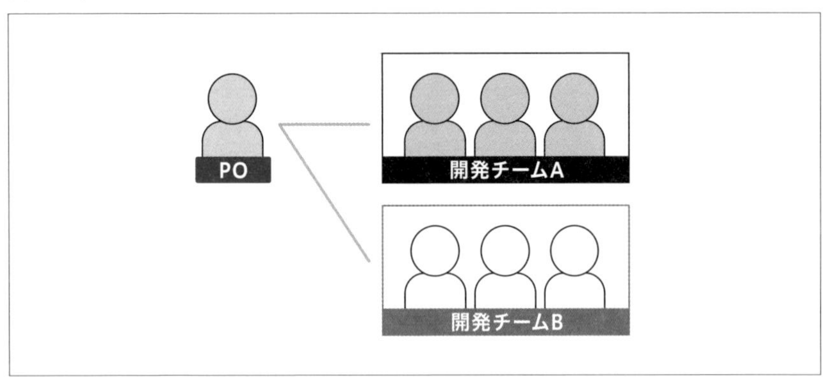

一人のPOが複数の開発チームとつながりを持つ構成です。開発チームが大きくなりすぎたため分割して複数になったケースと、POの数が足りないため一人のPOが異なる文脈の開発チームとそれぞれプロダクトづくりを行うケースが考えられます。前者は単純に人数だけで分割するというよりは、同一のプロダクトの中で役割の異なるシステム（いわゆるサブシステムが該当する）で開発チームを分けることが多いケースでしょう。

いずれにしてもこの構造の場合、POの経験と力量で収まるチーム規模なのかが問われるところです。開発チームごとにスクラムイベントや定例会を開催することを思うと、せいぜい2チームが限界かもしれません。PO側は、開発チームとのコミュニケーションの度に文脈の切り替えが必要であり、その負荷が高くなります。

体制が複数の開発チームとなるため、その間での情報の流通経路をつくる必要があります。文脈が大きく異なるのであれば、情報の流通はチーム共通の存在になるPOに委ねるのが効率的かもしれません。ただし、チームをつなげるという役割を加えて担うことになるため、POの負担は増すことになります。後ほどの「**越境のデザイン**」で触れるように、この構造の段階でも各チームの代表者を交えた複数のチームを横串にする場づくりを検討します。

複数PO – 複数開発チーム構造（図10.4）

図10.4｜複数開発チームに複数PO

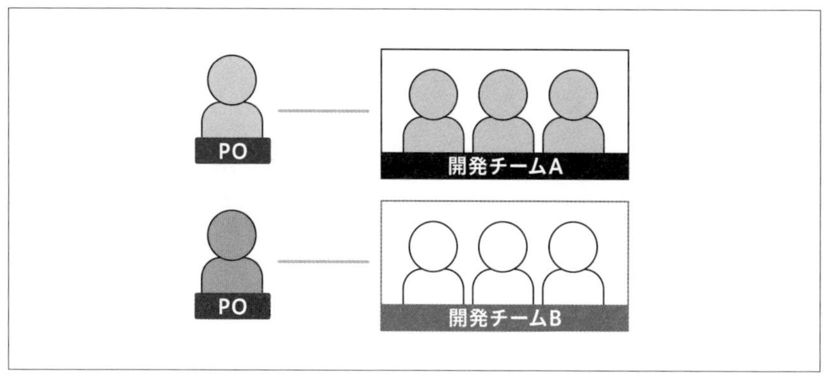

最後が、POも開発チームもそれぞれ複数で構成される体制です。僕たちのプロダクトチームのように、複数のチームで一つのプロダクトをつくり上げようとしている場合、この構成は様々な問題に直面します。

一つは、チーム全体でどのようにして情報共有を行うか。先ほどの構成と違いPO自体が複数人となるため、一人のPOがすべての情報流通を握ることはできません。また、POと開発チームのセットが異なるため、その間での分断が深まり、プロダクトとして部分の最適化が進んでしまうことでしょう（コンウェイの法則の負の側面です）。プロダクトのユーザーからすると利用体験のつながりに違和感を抱いてしまう要因になります。全体を俯瞰（ふかん）する視点がないと、プロダクトの統一的なユーザー体験が提供できない状態[2]が簡単に起きてしまいます。

そのため、POの役割を構造化し、いわば「POチーム」を統べる別の役割を設ける考え方もあります。いわゆるプロダクトマネージャーです。プロダクトマネージャーを設けることで、ユーザーのこともビジネスのこともすべてPOに背負わせなければならないという状況を軽減できます。POがユーザー体験の最適化を担うならば、プロダクトマネージャーはプロダクトのビジネス

2　今回のストーリーのように3つのチームで個別にプロダクトをつくっていると、プロダクト間でのページ遷移で前後の文脈が途絶えており、前のページで操作していたことや設定をもう一度ユーザーに繰り返させることになっている、ということが実際にありえる。バラバラではなく、あくまでも一人のユーザーの視点で体験を追う必要がある。このテーマは、第13話で改めて扱う。

面を、逆にPOがビジネス展開を担うならば、プロダクトマネージャーはユーザー体験を統括する役回りを、といった分担が考えられます。

第2部では、POが複数人になるためPOを代表する役割としてプロダクトマネージャーとは別にシニアPOを、またエンジニアリング面を引き受けるプロダクトリーダーという役割を置いています[3]。役割と情報流通はトレードオフの関係にあります。役割が増えるほどコミュニケーション経路が増えて、情報流通は複雑になります。逆に、役割を絞ると情報流通はシンプルになるものの一人が担う領域が広くなり、一人ひとりの負荷が高まることになります。このトレードオフの間で、バランスを狙う必要があります。

役割を分ける以外にどのようにして、チーム間の分断を乗り越え、情報の流通経路を確保するか。求められるのは越境のデザインです。

越境のデザイン

役割からの越境

越境のデザインには2つの観点があります。一つは、**役割からの越境**です。役割を人に固定してしまうから、「自分は何者なのか？」という問いに視界の狭い回答しかできなくなるのです。役割の定義をしながら、その役割の担い方を変えていくという運用が求められます。そのために人と役割の結びつきを弱めるべく、まず「**リード**」という概念をチームに持ち込むことにしましょう(**図10.5**)。

図10.5｜「リーダー」と「リード」の違い

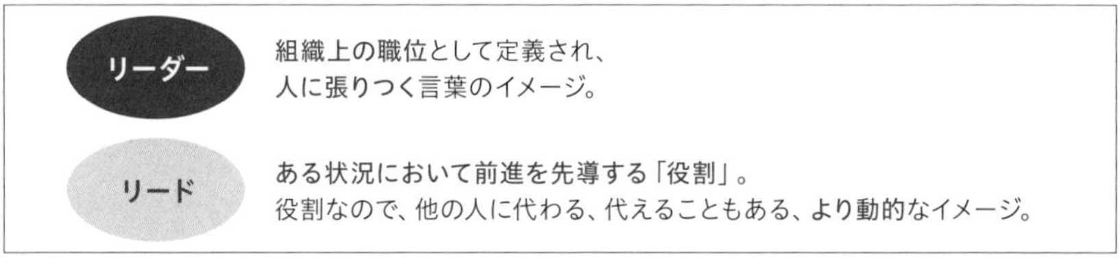

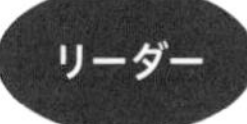

組織上の職位として定義され、
人に張りつく言葉のイメージ。

リード

ある状況において前進を先導する「役割」。
役割なので、他の人に代わる、代えることもある、より動的なイメージ。

組織上の職位としての「リーダー」と違って、「リード」は局面局面によって、担い手を代えていきます。第6話でプロダクトリード、チームリードとい

3　こうした構造を必ずしも推奨するわけではない。シニアPO、プロダクトリーダーという役割の設置がどう変遷するか、第2部を読み進めてもらいたい。

う役割の運用を確認しましたね。こうしたリード役は他にも考えつきます（**図10.6**）。

図10.6｜リード・パターン

リード	説明
テクニカルリード	チームの技術方針を決める役割。複数チームの体制の場合、各チームの技術的な窓口にあたる。チーム間での技術的方針のすり合わせや合意を行う。
仮説検証リード	仮説検証の活動を計画したり、その実行を先導したりする役割。仮説検証に必要な様々な道具立てについて実践するための知見を有し、その引き出しに広さが求められる。
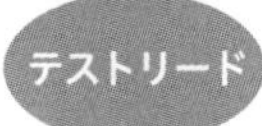 テストリード	プロダクトの状態、目的に応じたテストの計画やテスト設計を先導する役割。出荷前に実施するテストや、セキュリティやパフォーマンスなど非機能系のテストなど、必要に応じて企画する。
デベロッパーエクスペリエンスリード	開発環境を中心として、チームメンバーの開発体験を向上させる取り組みを先導する。他のチーム、現場での取り組みについて情報を収集し、自チームに適した形での取り入れ方を検討する。
 XXXリード	上記によらず、特に注力すべき課題に応じて設置するリード。たとえば決済機能の開発およびそれに必要な一連のタスクをぬけもれなく完遂するために「決済開発リード」を置くなど[4]。

　注力したい責務に応じて、リードを定義します。あるジャーニーでは、仮説検証リードを置いて、できあがったMVPを用いた検証に重点を置く。あるいは、プロダクトの最初のローンチに向けて質をより確保するためテストリードを置いて、テストの計画と設計、その実施を確実に進める、といった適用です。チームが注力したい責務、課題は状況によって可変ですし、いくらでも考えられます。つまり、対応するリードの種類も限りがないといえます。

　リードを運用していくために課題となるのは、リードに必要なスキルの確保です。当然、仮説検証リードということになればその経験が求められることになります。チームの中で、そのようなスキルを持ったメンバーが存在しないこともありますし、存在したとしてもそのメンバーに結局役割が繰り返し割り当てられてしまうことが考えられます。そこで、チームでどのようなリードスキ

4　現場によっては「XXX番長」という言い方をしているところもある。要は同じ概念だ。

ルを獲得していくのかの見立てを行い[5]、そのための準備をプロダクトづくりの中に織り込んでいく必要があります。ジャーニーのミッションとして、リードスキルの獲得を置いて、該当領域の実験に取り組んだり、外部から一時的に専門家を招いたり、失敗しても大きな影響がないように小さく始めてみるといった作戦を立てましょう。

チーム内で一つのリード役を複数人が担える状態をつくれるようになると、チームの動き方がより柔軟になり、チームで立てる作戦の選択肢が増えるでしょう。たとえば、仮説検証リードやテストリードが担えるメンバーが固定されていると何らかの事情でメンバーがチームから離れたり、チーム内で別のミッションを担ったりすると、仮説検証やテストの実行を先送りしなければならないなど、チーム活動に制限が出てくることになります。すべてのスキルをチーム内で平準化しようとするのには無理がありますが、リードをスペア化していくことは考えたいところです。個々のメンバーの関心事を踏まえたスキルアップデートのプランニングと合わせましょう。

チームからの越境

越境のデザインの2つ目は**チームからの越境**です。コミュニケーションの構造化と、それを支えるための情報の見える化が具体的な工夫です（**図10.7**）。

図10.7｜コミュニケーションの構造化

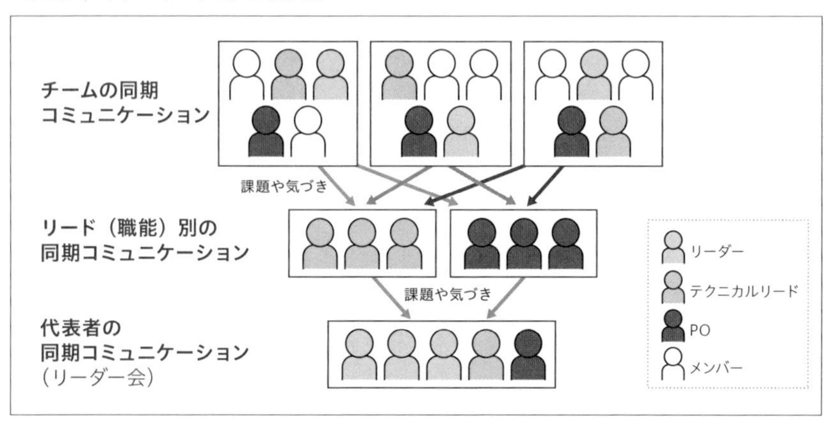

5　こうした見立てのために「星取表」をチームでつくり、どのスキルが空白地帯となっているか、弱いところになっているか、確かめると良いだろう。

コミュニケーションを構造化することで、チーム全体の情報流通の経路を確保します。具体的には、それぞれのチームで起きていること、課題や気づきなどを吸い上げ、必要に応じてチーム全体としての意思決定を行い、さらに各チームに戻していくという道筋をつくることです。

チーム活動の基盤は、各チーム内での同期コミュニケーションになります。プロダクトづくりの最前線でこそ、状況や情報の同期は生命線です。プラクティスレベルでいうと、たいていのチームでデイリースクラム（あるいはスタンドアップミーティング、朝会）など、チーム状況を把握するための会合を開催していますよね。ここで出てきた内容を、チームを越えてどうやって全体に伝播させるかです。まずリード別（職能別）の観点で情報を集約する同期ミーティングを設けます。ストーリーにあったように、テクニカルリード、プロダクトオーナーがそれぞれプロダクトの技術面、要求面に特化して情報共有と課題の確認、そして施策の方針などを決めます。リード別の同期ミーティングで決められることは、その場で決めて早々に各チームに戻していくことにします。それぞれのリードは個別のチームの一員でもあるので、チームに戻って決めたことをすぐに伝えられますよね。

一方、チーム全体に影響を与えるような大きな課題、方針決めは、各チームの代表者による同期ミーティング（たとえばリーダー会）に持ち込むようにします。コミュニケーションを構造化する上でやってはいけないのは伝言ゲームです。流通させる情報の正確性を保つためには、情報を人と人の間で伝え聞かせて伝播させるのではなく、直接同期ミ－ティングに参加するようにします（たとえばリーダー会に各リードが参加する）。

また、誤らないようにしたいのは、**リーダー会をすべてについての意思決定機関にしてしまわない**ことです。プロダクトづくりはどこで行われるか？　もちろん、チーム開発の現場です。つまり、プロダクトづくりに関する情報はチーム側にこそ厚く集まるわけです。ある現場で得られた気づきや工夫の発見、試行結果こそ、プロダクトチーム全体に伝播させたい内容です。リーダー会の決定を一方的に伝達する構造にならないよう気をつけましょう[6]。

6　やるべきことだけを伝えるのではなく、「背景、対象とする問題や事象、原因、施策、施策の採用理由、実施にあたっての前提」までセットとして捉えたい（決定事項のテンプレートにしてしまう）。こうした文脈の補完がなければ、ただ言われたことをやるという構図ができあがってしまう。

こうしたコミュニケーションの構造化を維持するためには、今何が起きているか、何を追わなければならないかといった情報や課題の管理をする仕組みが必要になります。お互いが状況に対する共通の認識を持てるために、またいつでも誰でも状況の確認ができるように[7]、**カンバン**を運用しましょう（**図10.8**）。

図10.8 | カンバン

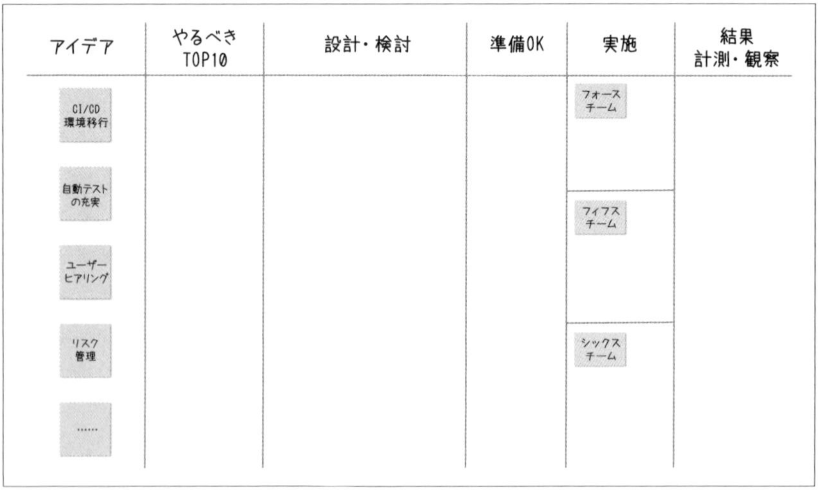

アイデア	やるべき TOP10	設計・検討	準備OK	実施	結果 計測・観察
CI/CD 環境移行				フォース チーム	
自動テスト の充実				フィフス チーム	
ユーザー ヒアリング					
リスク 管理				シックス チーム	
……					

カンバンを運用する際、扱う情報の粒度を代表者同期ミーティングやリード別同期ミーティング、それぞれのレイヤーに合わせるようにします。たとえば、代表者同期ミーティングで、あるチームから提案のあった「CI/CD環境の移行」という施策の実施を決めたとします。カンバンには、該当の施策がまず挙げられることになります。この施策を進めるにあたって、チームにいきなり展開する前に、その方針検討やサービスの選定などもう一段階ブレイクダウンしたやるべきタスクが出てくるでしょう。これらのタスクをテクニカルリードに委譲した場合、カンバン上でテクニカルリードのレーンに該当の施策を移動させます（**図10.9**）。そして、テクニカルリードの下で適宜タスクの分割分担を行い、それぞれのタスクの状態を管理するようにします。

7　カンバンを用いた状況の同期や確認のタイミングをチームのミーティングやイベントに織り交ぜるようにしよう。

図10.9 | テクニカルリードがタスクの分割分担を行う

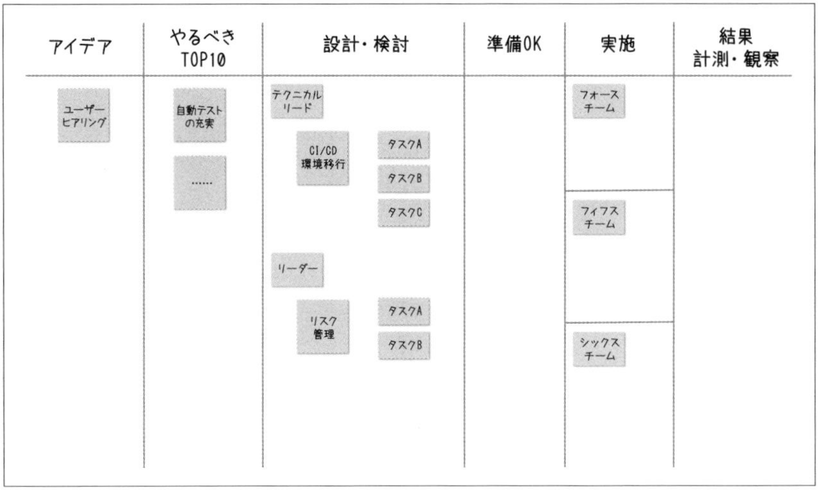

アイデア	やるべき TOP10	設計・検討		準備OK	実施	結果 計測・観察
ユーザーヒアリング	自動テストの充実	テクニカルリード			フォースチーム	
	……	CI/CD環境移行	タスクA			
			タスクB			
			タスクC		フィフスチーム	
		リーダー				
		リスク管理	タスクA			
			タスクB		シックスチーム	

テクニカルリードが各自のタスクを終えたところで、再び内容を統合し各チームにそのアウトプットを伝えるようにします。その後の実際は各チームでのタスク管理になります。チームのそれぞれのやり方によってプロダクトバックログに落とし込まれたり、チームのカンバン上でさらに分割管理されたりするでしょう（**図10.10**）。チーム個別のやり方が揃っているとコミュニケーションやトレースはやりやすくなりますが、チーム・カラー（チームのやり方や活動をよりやりやすくするためのチームで合意した考え方）は出しにくくなります。情報の流通経路はプロダクトチーム全体で設計する必要がありますが、個々のチーム活動はチーム個別に任せたいところです。チームで考えられる、チームで動けるという自走状態を目指すほうが、想定外の事案が起きても適応できる可能性を高められるからです。

図10.10｜チーム個別にタスク管理を任せる

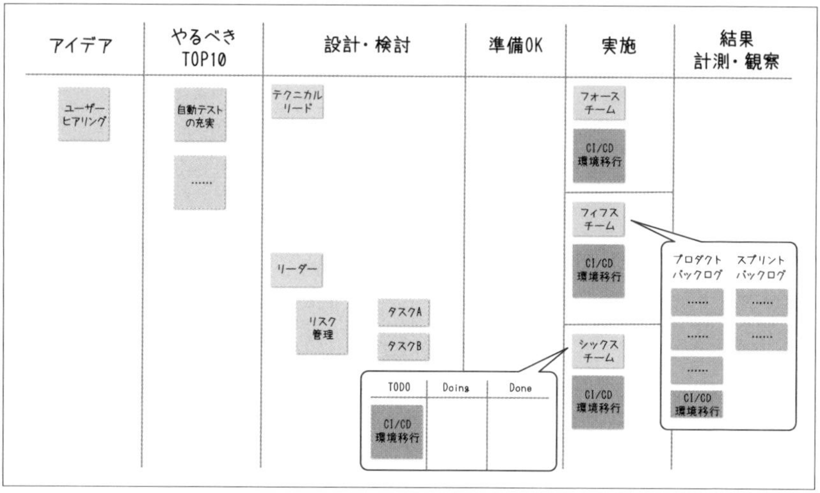

　チーム個別にタスクの管理を任せたとしても、プロダクトチーム全体のカンバンで、施策の動きはトレースしていくようにします（**図10.11**）。各チームで施策の状況を見える化し、代表者やリード別の同期ミーティングで完了まで確認します。すべてのチームが対応を終えたところで、カンバン上の施策をプロダクトチームとして完了と置きます。施策の経過を観察し、その効果を測り、次のアクションへとつなげる動きを取ることでしょう。

図10.11｜プロダクトチーム全体のカンバンで施策の動きをトレース

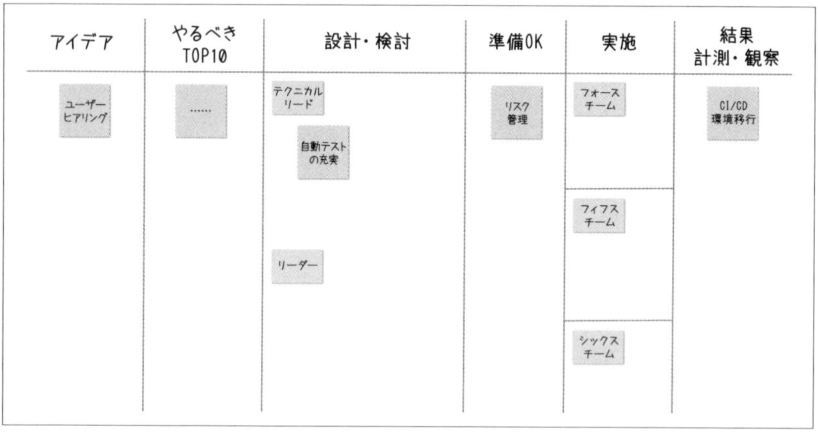

このように、情報を受け取るレイヤーによって、その粒度を変えていくようにします（**図10.12**）。いきなり細かい粒度の内容を代表者同期ミーティングで扱うのは現実的ではありません。また、リード別同期ミーティングであまりに細かい内容[8]を扱うと今度は決めすぎになる可能性があります。先ほど述べた個別チームの自走性を弱めてしまうことになりかねません。情報を扱う解像度をレイヤーによって上げ下げするようにしましょう。

図10.12｜情報を受け取るレイヤーによって、その粒度を変える

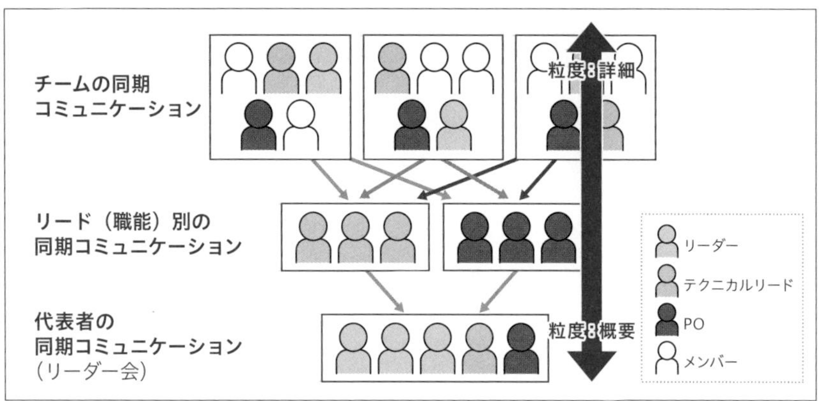

ここまでリードという役割の運用、そしてコミュニケーションの構造化によって越境を促す考え方を示してきました。そもそも、こうしたリード役をチーム個別に持つのではなく別のチームに切り出す、**コンポーネントチーム**という考え方があります。一方、一つのチームの中にプロダクトづくりに必要な役割を集めて、一つ一つのチームの独立性を高める考え方を**フィーチャーチーム**と呼びます。リードを動的にフォーメーションする作戦は、後者のフィーチャーチームを前提にしています。どちらのあり方を取るかは、発生する取引コストがどの程度高くつくかで判断したいところです。

コンポーネントチームの場合、たとえば仮説検証チームが検証した結果を開発チームが受け取って、機能に落とし込むといった具合に仕事の受け渡しが活

8　たとえば、タスクとして「あとはただ言われた内容を実行すれば良い」という内容は明らかに細かすぎるといえる。つまり、実行レベルの指示を代表者同期、リード別同期で決定しチームに出す、というのはよほどの緊急性と重要性を備えたものに限られるだろう。

動の基本となります。一方、フィーチャーチームにたとえば仮説検証リードを置けるならば、文脈の共有が日常化あるいは頻繁化し、結果に対する即応性も高まることになります。取引コストを相対的に下げられるため、この観点ではフィーチャーチームのほうが有利と考えられます。ただし、プロダクトチームでリードという専門性の高いリソースを専有できないケース、つまり組織全体で共有しなければならない場合などでは、コンポーネントチームを取るケースもあるでしょう。

補足 プラクティス&フレームワーク

アジャイル・ギルドモデル

チームの組み方の一つとしてアジャイル・ギルドモデル[9]を提示する。プロダクトごとのフィーチャーチームを基本として、職能別に横断的なつながり（組織）を構成する（**図10.A**）。いわゆるマトリックス型組織のパターンに入る。

図10.A | アジャイル・ギルドモデル（職能別にチーム横断的なつながりを構成）

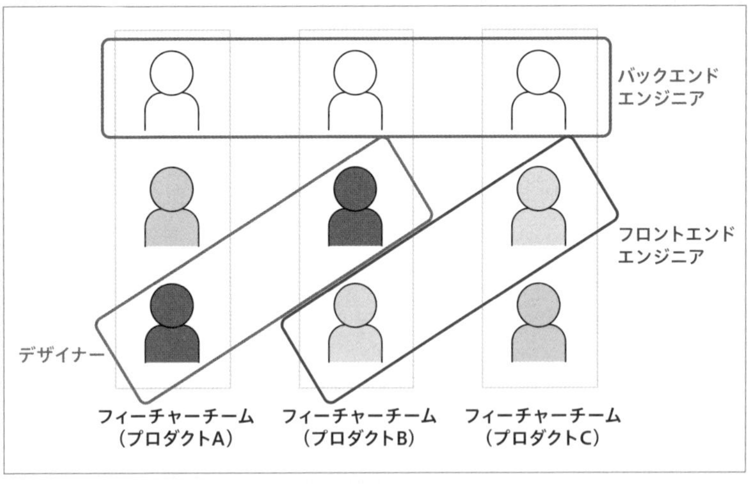

9 このモデルはSpotifyのスケーリングアジャイルから着想を得ている（原型とは異なる形態となっている）。

NEXT ▶▶

原文 https://blog.crisp.se/2012/11/14/henrikkniberg/scaling-agile-at-spotify
翻訳 https://lean-trenches.com/scaling-agile-at-spotify-ja/

この構造によって職能横断の横のつながりをつくり、それぞれの技能や課題の共有をはかる。フィーチャーチームに所属しているだけだと、専門的な知見の獲得が自分自身の経験によるものに偏ってしまう。こうしたマトリックスは専門性の維持向上のために設ける。

また、それぞれのフィーチャーチームで開発しているプロダクトが異なり、チーム間のコミュニケーションがあまりない場合、それぞれのチーム活動から得られた知見を交換する機会がつくりにくい。しかし、アーキテクチャや設計に関する意見交換やプロセスの工夫など、各チームの文脈を越えて共有できることは少なくない。ゆえに、フィーチャーチーム（プロダクト）をまたがった「コミュニティ」（ギルド）を構造として形成する。運用としては、日常の中でコミュニティの寄り合いを設けたり、非日常的な場づくりとして合宿を開催したりする。こうした場を通じて、チーム横断のコミュニケーションを意識的に生み出す（これは第14話で解説する「ハンガーフライト」の考え方につながっていく）。

このような組織パターンの狙いは、チームの独立性を維持しながら（フィーチャーチーム）、各メンバーの専門性向上が期待できて（職能別チーム）、なおかつ全体で実践知を分かち合う（コミュニティ）ことだ（**図10.B**）。一人のメンバーが最大3つの組織構造に所属することになるため、自分の立ち位置（チームとしての自分、職能別としての自分、コミュニティとしての自分）でどのような振る舞いをするべきかを見落としてしまう。各組織構造におけるリード役の設置が、立ち上げ時には必要になるだろう。

NEXT ▶▶

図10.B｜職能・チーム横断でつながるギルド（集団）を構成

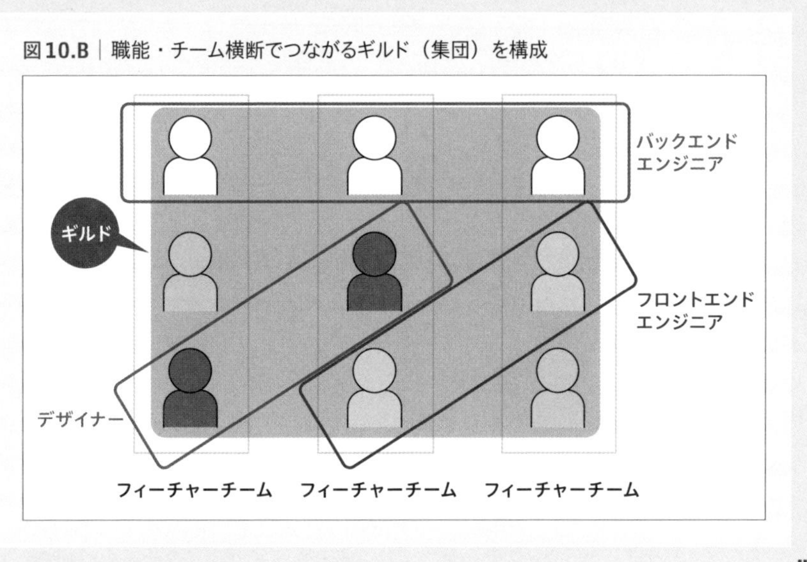

第10話｜まとめ　チームの変遷と学んだこと

	チームのファースト	フォーメーション	太秦やチームが学んだこと
第9話 塹壕の中のプロダクトチーム	一つのチームになったものの"お互いに遭遇していない"状態	フォースチーム　：リーダー太秦 フィフスチーム　：リーダー御室 シックスチーム　：リーダー宇多野 プロダクトチーム　：リーダー太秦 シニアPO　：貴船 プロダクトマネージャー：社	•情報流通のための境界設計 •コンウェイの法則 •「原石」としての情報（What） •「価値創出を促す」ための情報（Why、How）
第10話 チーム同士で向き合う	チームの境界を越える	フォースチーム　：リーダー太秦 フィフスチーム　：リーダー御室 シックスチーム　：リーダー宇多野 プロダクトチーム　：リーダー太秦 シニアPO　：貴船 プロダクトマネージャー：社	•越境のデザイン（役割からの越境、チームからの越境）

第11話 チームの間の境界を正す

複数チーム 基本編

他のチームからの割り込みのタスク依頼、調査依頼でチームの動きが鈍くなってしまうのはよくあることだ。チーム間を越境する工夫を取り入れながら、同時にチームの独立性が高められる適切な境界設計を行おう。

現在のチーム構成

フォースチーム　：リーダー太秦（うずまさ）
　メンバー　：有栖（ありす）（PO）、三条（さんじょう）、鹿王院（ろくおういん）（テクニカルリード）、嵯峨（さが）、壬生（みぶ）、常盤（ときわ）
フィフスチーム　：リーダー御室（おむろ）
　メンバー　：音無（おとなし）（PO）、仁和（にんな）（テクニカルリード）
シックスチーム　：リーダー宇多野（うたの）
　メンバー　：鳴滝（なるたき）（PO）、七里（しちり）（テクニカルリード）
プロダクトチーム　：リーダー太秦（うずまさ）
シニアPO　：貴船（きふね）
プロダクトマネージャー：社（やしろ）

ストーリー 問題編　割り込みで身動きとれないチーム

「最近、リリースする機能が減っていますよね。」

僕は、有栖さんの共有してくれたスプリントレビューのログを見て感じたままに言った。ベロシティ[1]もこの数スプリント落ちている。有栖さんは少し疲れた表情を見せて答えた。

「機能開発に回す時間が物理的に減っています。3プロダクトの統合化に向けたタスクが圧倒的に増えてきていて、タスク管理ツールの開発が押しやられている形です。」

音無さんや鳴滝さんとのコミュニケーションが増えたおかげで統合化に向けた

1　ある期間の中でチームが開発できる量のこと。

動きは加速している。その一方で、チームの外側とのやりとりが増えた分、有栖さんにかかる負担も以前に比べて大きくなっているようだ。
「常磐を入れてもですか？」
僕はフォースチームに新しく参加した人物の名前を挙げた。僕たちのチームは、そもそも天神川さんが抜けた穴もあり、チームの人数が不足している状態だった。3プロダクトを統合したプロダクトチームが発足して、宇多野のところに七里さんが入ったりと、急ピッチで体制の見直しを行ってきた、その一環として僕たちのチームにも新しいメンバー常磐がやってきたのだ。常磐は僕とだいたい同じ歳で、5年くらい前に勉強会で出会った間柄だ。つまり僕がアップストン社に入る前からの関係だ。といっても、出会ってからすぐに僕の仕事が忙しくなり勉強会への出入りが減ってしまったため、常磐とは何となく疎遠になっていた。
今回はプロダクトマネージャーの社さんが面接を担当したらしく、僕は採用には絡んでいなかったのだけど、新しいメンバーがあのときの常磐と聞いて再会を喜んだ。もともとフロントエンドの技術を得意としていたが、最近は前職でインフラの仕事をしこたまやってきたらしい。技術の守備範囲を広げている。そんな強力なメンバーが入ってきて、その上でこのチームの状況は解せなかった。有栖さんに代わって、いつの間にかそばにやってきていた三条さんが僕の疑問に答えた。
「常磐さんは、まだフォースの開発にまったくコミットが送れていない状況ですよ。入ってもらって早々、他のチームからのタスクや調査依頼を引き受けてくれています。」
三条さんの負荷も高まっているらしい。有栖さんと二人揃って疲れた表情だ。三条さんが言うには、チーム間のコミュニケーションが活発にはなったものの、その分相手のチームの状況がわからないままに依頼されるタスクや調査も圧倒的に増えたのだという。
「しかも、どのチームもメインの機能開発と運用が分かれているわけではないので、他のチームからの依頼で運用タスクが増えて、自ずと機能開発の時間が削られてしまう状況になっています。」
「僕たちのチームの中では、特に常磐が他のチームにあたってくれているというわけか。」
僕の想像に三条さんはうなずいた。もちろん、常磐だけでは対処できる量と内容ではないので（常磐はまだチームに入ったばかりだ）、三条さん、そして鹿王院くんたちも、時間を取られているのだろう。
「ちょっとみんなで集まって、この課題を話そう。」
　僕の提案に今度は有栖さんがうなずいて、さっそく他のメンバーを集めに動いてくれた。しばらくして、鹿王院くん、嵯峨くん、壬生さん、そして常磐も集まってきた。常磐は5年前初めて会ったときは痩せぎすの身だったが、今目の前にいるのは熊のようにがたいのいい男だ。
「他のチームからの依頼タスクで、いっぱいいっぱいになってきてるみたいですね。」
　僕の開口一番の見立てに、さっそく壬生さんが皮肉っぽい口調で応じた。
「チームへの割り込みをコントロールする機能がないからですねー。みんなろくに、メインの開発に取り組めていませんよ。」
「なので、新参者の自分がせめて引き受けようとしているのですが全然ダメですね……みなさんにご迷惑がかかるばかり。」
　常磐ががたいに見合わない、消え入るような声で補足した。この感じは昔から変わらない。腕は立つのに、恐ろしく自分への自信を持たない男なのだ。
「いや、むしろ常磐さんがいなかったら、このチームはほぼアウトプットゼロが続いていたでしょうね。」
　珍しく鹿王院くんが他人のフォローをした。他人とほぼ絡もうとしない彼を昔から知る三条さんと有栖さんは、驚いた表情で顔を見合わせた。それだけ、常磐のことを認めているのだろうし、実際、チームの余裕はないのだろう。僕は意見を求めるように嵯峨くんのほうを見た。それに気づいた嵯峨くんは、少し緊張した面持ちで答えた。
「いつもですね、依頼がどれも緊急なのですよね。だから、緊急作業に追われて、スプリントの開発に割く時間が減っています。」
　ダメ押しのように三条さんが嵯峨くんの言葉を継いだ。
「正直なところ、個人商店への巻き戻りが見えています。」
「個人商店への巻き戻り？」
「ええ、依頼される調査をこなすためには該当機能周辺をつくったメンバーが実作業を担うわけなのですが、依頼が1回で終わらない場合も多く、同じ箇所の調査依頼は常磐さんを通さず、直接メンバーそれぞれに来てしまっている状況です。」
「なるほど、それでどんな依頼が発生しているのかも、だんだんチームで把握できなくなっていっているというわけか。」

実際のところ、鹿王院くんや三条さん、壬生さんあたりまで、表面化していないタスクの対応を行っているのだろう。疲れた表情にもなるわけだ。そうした三条さんの分析を聞いて、声を上げたのは常磐だった。

「そんなことになっていたのですね。すいません、僕がコントロールできていないばっかりに。他のチームに改めてアナウンスするようにします。」

違うな。たぶん、それでは何も解決しない。とはいえ、他チームからの依頼や調整事は、統合化が進むにつれてもっと増えていくと予想される。この問題は今のうちに手を打たないとまずいことになる。僕は少し考えて、みんなに提案した。

「他チームからの依頼を中心に行う運用班と、メインの機能開発を担う開発班の2班体制にするのはどうだろう。」

イメージは、鹿王院くん、三条さん、壬生さんを開発班。嵯峨くん、常磐を運用班に当てる形だ。その説明が終わりきらないうちに、思わぬ反発が起きた。

「それは、やめたほうがいいと思います。」

鹿王院くんだった。

ストーリー 解決編 チームの境界を見直そう

鹿王院くんからきっぱりとした反対が出て、その場が少し硬い雰囲気になった。僕の案だと嵯峨くんや常磐には、機能開発に比べると雑多な作業に集中してもらう形になってしまう。まだ経験の浅い嵯峨くんや、入ってきて間もない常磐に、その役割を引き当てようとする僕の判断がフェアではないと感じたのだろう。鹿王院くんは、こうしたチーム内のフラット感を大事にしているようだった。

「わかった、やめておこう。」

僕もあっさりと提案を引き下げる。それを聞いて嵯峨くんがほっとした表情を見せた。雑多なタスクを引き受ける役回りを回避したかったのではなく、チームの雰囲気が壊れるのを恐れたのだろう。

別の案は三条さんから挙がった。

「他のチームとの境界を見直すのはどうでしょう。」

予想外の案だったのだろう、嵯峨くんが疑問を唱えた。

「せっかく、状況を同期するミーティングを回し始めたのに、またチーム間を離しちゃうんですか？」

チーム間に境界があった頃はコミュニケーションが不足しがちで問題となり、コミュニケーションが増えたら今度は境界が足りないから野放図になって問題だという。嵯峨くんが疑問に思うのは無理もない。

「あの取り組みは同期のためのものだから。チーム間で交わす依頼についてはまだ整っていないよね。それにチーム同士を引き離すための見直しではないよ。」

今度は話を進めるための問いかけを壬生さんがする。

「具体的にはどんな境界を引くのですかー。」

「チームとチームの間に境界を引き直そうというのではなく、チームの内側で境界との向き合い方を変える感じです。具体的には、**他のチームからの依頼に対して割り当てる時間をあらかじめ決めておく**というものです。」

他のチームからどんな依頼がいつ上がってくるか、ある程度はリーダー会やリード別の同期ミーティングで兆しをつかむことができる。ある程度予測してスプリントごとに依頼タスク用の時間枠を余白として設けておけば、実際に上がってきたときに受け入れができる。この時間設定をスプリントごとに可変にすることで、対応量をコントロールできる。依頼タスクが多めになってしまったら、次のスプリントでは枠自体を絞るという具合だ。

いつも引き受け役にまわり高負荷で身動きが取れなくなりがちだった三条さんならではのアイデアだった。

「ほとんど依頼タスクばかりしている、ということにならないよう、リーダー会やリード別のミーティングで、重要度の低いタスクを後に回したり、チーム間の負担平準化には努めたいところです。」

そう言って、三条さんは有栖さん、鹿王院くんに同意を求めた。この観点は、POとテクニカルリードで意識する必要がある。

「そういう作戦なら、もう一つ、チーム内で担当する**役割の輪番化**が良いかもしれません。」

常磐からさらにアイデアが提案された。

「私は前職でSRE[2]チームに入っていたので、この手の問題がよく起きていた[3]のですが……対処に特定のメンバーをあてる必要がないタスクの引受先、また依頼

2　SREとはSite Reliability Engineeringの略称。サイトやサービスの信頼性向上のための取り組みを行い、価値の向上につなげていく考え方。

3　組織やチームを横断するような役割には依頼タスクが集まりやすい。

の一次受けをさばく役回りをスプリント単位で可変にするやり方です。」

先ほどの運用と開発班のような分け方だとメンバーのモチベーションに影響が出る恐れがある。あるスプリントは嵯峨くんと三条さん、次のスプリントは常磐と鹿王院くん、といった具合に担当自体を輪番化するほうが望ましい。なおかつ輪番はペアで臨むと良さそうだ。一人だと、輪番にあたるスプリントで他に何もできなくなる可能性が出てくる。

そして、一次受け担当自体が可変なため、外に対してはこれまでのように人（常磐だった）をインターフェースとするのではなく、他のチームの全員が見ることができるチャットのスレッドを用意し、そこに依頼内容を投稿してもらうようにする。依頼はタスク管理ツール（僕たちがつくっているもちろんフォースだ）上でタスクを切ってもらって、そのURLを投げ入れてもらうと良さそうだ。

ただし、調査系は該当領域を担ってきたメンバーが引き受けることが多く、その結果どうしても特定メンバーに依頼が集中してしまうことがある。そもそも、特別な理由がないところについては僕たちの中で知識の共有化を進めて、特定の人に依存する部分を減らしていきたいところだ、というようなことを僕からは提案した。

「同意です。コードの共同所有を進める考え方ですね。」

常磐が何気なく言った一言で、僕はかつて皇帝と呼ばれる存在がいたことを思い出した。あの頃はコードの共同所有なんて妄想みたいなものだった。もうそんな時代の頃のことをあえて口にするメンバーはいない。

「あとは、そもそもの優先度ですかねー。数ある依頼をさばいていく順番。チーム内での基準がほしいところです。」

壬生さんの補足はもっともだった。今まではほぼ受け付けた順に対処しているだけだった。基準についてはプロダクトリーダーも務めている僕から一つ考え方を示したほうが良さそうだ。

「今は統合化が最重要のミッションなので、これが遅れてしまうとか、質を落としてしまうとかといった、事態を避けなければいけない。放置したら、そうなってしまいかねない依頼が優先度高いかな。」

「では、時間が優先か、品質が優先か、トレードオフスライダー決めをぜひステアリングコミッテイで……。」

常磐の逆提案に、僕はもちろんと答えた。統合化プロジェクトのインセプションデッキを今からでもつくる必要があるだろう。

再び三条さんが、口を開いた。

「実際にはこちらのチームの基準では決めきれず、相手チームからの優先度の打診は受け付ける必要がありますよね。最後は私たちが判断するにしても。」

僕はうなずいて、この議論をまとめた。

「そうですね。今決めてきた境界への向き合い方とチームの判断基準については他のチームともすり合わせる必要がありますね。そして、チーム間でコミュニケーションについてふりかえる場を設けましょう。」

方向性を決めて、進めていく一方、その中身をアップデートする機会もあわせて必要だ。チーム間のふりかえりは様々なチームの事情が飛び交いそうでなかなか大変そうだが、やらないわけにはいかないと考えていた。

僕の呼びかけに、チームのみんなは賛同してくれた。

太秦の解説 他チームとの境界を5つの作戦で見直す

チームの間にある分断を乗り越えるために、コミュニケーションの構造を工夫する。その一方で、コミュニケーションの量が増えすぎたり、チームのやりとりがあまりに密になったりすると、各チームの活動は身動きが取りづらいものになっていってしまうでしょう。結果として、チームとしての本来のアウトプットが出せなくなってしまう。こうした事態を解決するために、今度は**境界の設計**を行います。

チームの間の分断を越えながら、境界を設計する

人と人、チームとチームは、コミュニケーションを良くするためにただつながりを増やせば良いというわけではありません。情報の流通経路が増えれば増えるほど、チーム全体に流れる情報量が増えて、今まで気づいてこなかったこと、わかっていなかったことが明るみになり、チームの活動や人の行動を正していくことになります。

しかし、流れる情報量をただ増やし続けるだけでは、やがては受け取りきれなくなってしまいます。チーム間で受け渡す情報は、ただ共有されて終わりではなく、情報自体がタスクの依頼であったり、情報を受け取って何らかの次のアクションを取らなければならなかったりするものです。情報の流通経路を設けながら、そこを流れてくるタスクの流量を制御する工夫についてチームで講じる必要があります。

たくさんのタスクの依頼が一斉に押し寄せたとしても、チームでさばけるスロットには限りがあります。チームで同時に処理を進めていけるタスクの上限を**WIP（Woking In Progress）制限**と呼びます。WIPつまり仕掛かりタスクの数を制限するということです（**図11.1**）。

図11.1｜カンバンでWIP制限を管理する

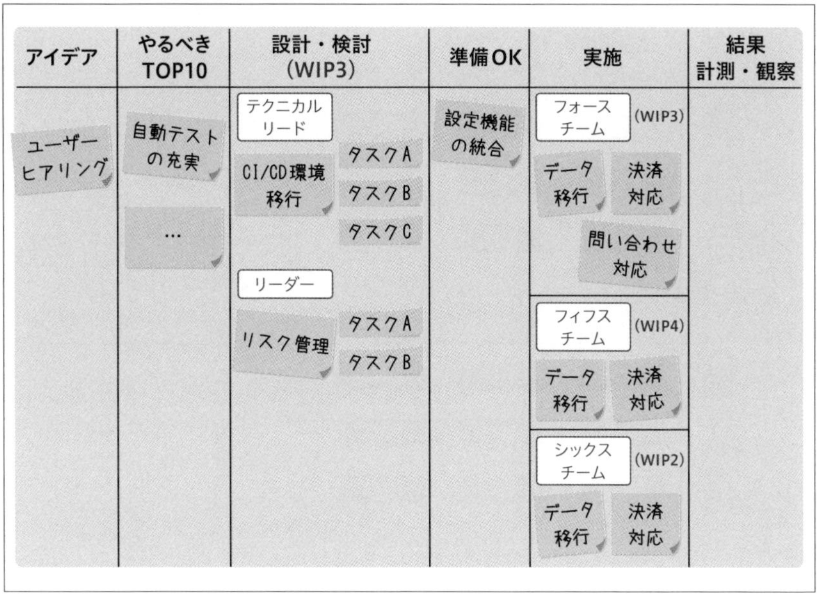

アイデア	やるべき TOP10	設計・検討 (WIP3)	準備OK	実施	結果 計測・観察
ユーザーヒアリング	自動テストの充実 …	テクニカルリード CI/CD環境移行：タスクA、タスクB、タスクC リーダー リスク管理：タスクA、タスクB	設定機能の統合	フォースチーム (WIP3) データ移行、決済対応、問い合わせ対応 フィフスチーム (WIP4) データ移行、決済対応 シックスチーム (WIP2) データ移行、決済対応	

このWIP制限を極限まで高めたのが「**1個流し**」という状態です。WIP制限＝1ということですね。チームとして同時に扱う仕事を一つに絞り、全員で取りかかる状態です。このWIP制限を増やす方向なのか、それとも絞る方向なのかは、チームのミッションによります。

たとえばやるべきことが明確で、あるタイミングにめがけてとにかくアウトプット量が求められるような状況では、チームのリソース効率性を高めるべく、WIP制限はゆるめることになるでしょう（**図11.2**上）。

一方、アウトプットしたもので効果を測ったり、検証する必要がある状況では、いかに早く形づくり、試せるようにするかが問われるため、フローの効率性を高める作戦を取ることになるでしょう（**図11.2**下）。この場合はまさに1個流しで、フローの効率性重視に振り切った考え方です。

図11.2 | WIP制限を増やすか（リソース効率性重視）、絞るか（フロー効率性重視）

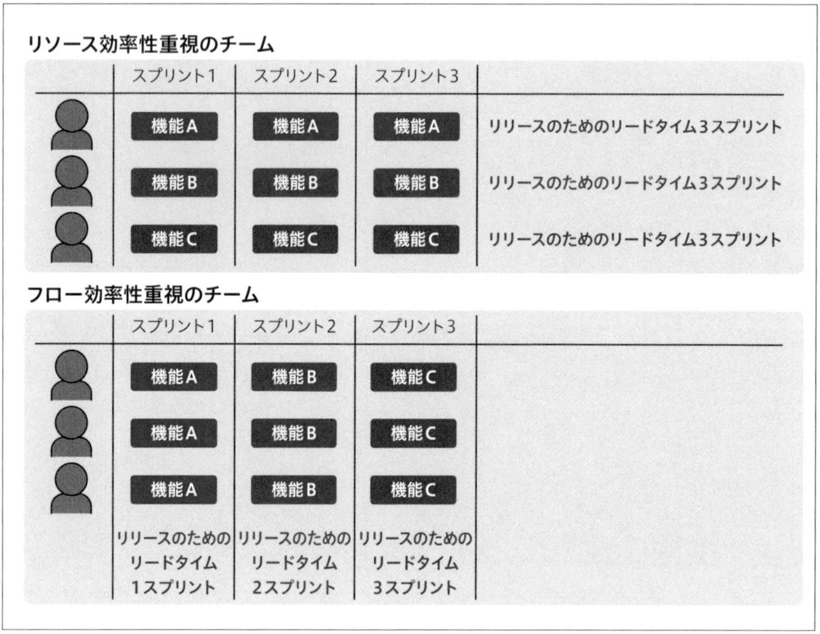

リソース効率性重視のチーム

	スプリント1	スプリント2	スプリント3	
	機能A	機能A	機能A	リリースのためのリードタイム3スプリント
	機能B	機能B	機能B	リリースのためのリードタイム3スプリント
	機能C	機能C	機能C	リリースのためのリードタイム3スプリント

フロー効率性重視のチーム

	スプリント1	スプリント2	スプリント3
	機能A	機能B	機能C
	機能A	機能B	機能C
	機能A	機能B	機能C
	リリースのためのリードタイム1スプリント	リリースのためのリードタイム2スプリント	リリースのためのリードタイム3スプリント

いずれにしても、チームが受け取れなかった情報、タスクは処理がなされず、滞留することになります。チームの前でやるべきことが山積みになっている状態は、大量のムダな**在庫**を抱えているのと同じ状態です。タスクを受け取る側は、受け取り、整理するためのコストが求められます。大量のタスクに対して、その重要性と緊急性に基づく順序付けを毎回行うことになるわけです。チーム本来のやるべきこととの間でも順序付けを行う必要があり、こうなっては量の多さが仇となります。

また、タスクを渡す側も、他のチームに実施してもらった結果を返してもらって、次のアクションを行う場合がありますよね。このとき相手が大量の在庫に埋もれてしまって処理が進まないようでは、一向に自チームの仕事も進んでいきません。仕事の受け渡しの状態管理も必要となります。このように、在庫を抱えることで、渡す側も受け取る側も、不都合なことが起きやすいのです。

こうしてチーム間の境界をどのように置くかが問われることになります。チーム単体の機能性を上げるには、チームの独立性を高める必要があります。**逆コンウェイの法則**（プロダクトの構造に基づいてチームを分ける）に基づいて、できるだけチーム内で仕事が完結するようにチームを分割します。仕事を完結させるためにチームの外にある役割や他のチームとのコミュニケーションが必要になってしまう状況は、チームとして外部への依存があるということです。この依存度合いがチーム単体で上げる成果に影響します（**図11.3**）。当然、外部への依存が高いと、チームの仕事を仕上げる速度や質は自チームだけでコントロールできず、低いほうのチームの基準によってしまうことでしょう。

他のチームとの依存度合いを下げ、チーム単体の機能性を上げる。これはオブジェクト指向設計でのクラスの分け方の考え方に似ています。単体のクラスの機能性を高めながら、外部との相互作用は可能な限り限定的にする。これがチームの設計にも求められるわけです。

図11.3｜チーム間の依存度はチーム単体の生産性に影響する

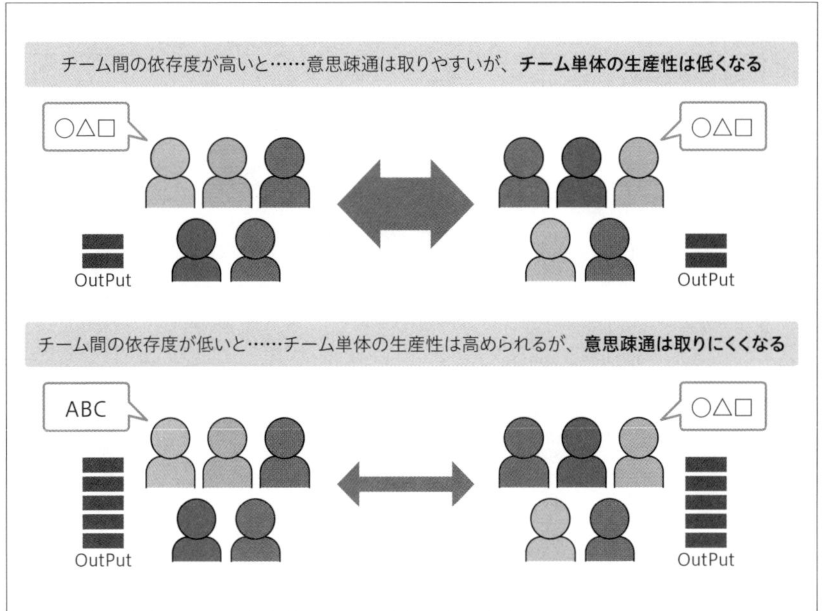

つまり、僕たちがチーム運営を行う上では、チーム単体の独立性を高め、維持しながら、それでいてチーム間で意思疎通が滞ることがないよう境界を乗り越えられる仕組みをつくる必要があるということです。こうしたある意味、矛盾した状況を混沌に陥ることなく実現するために、チームの境界への向き合い方で工夫を重ねることになります。

境界へのチームの向き合い方

ストーリーでも示したように、5つの作戦の組み合わせを考えます（図11.4）。

①リソース配分に意思を込める
②番頭の輪番化
③順序付けの基準を合わせる
④チーム外部への表明
⑤チーム間のふりかえり

図11.4｜境界設計の5つの作戦

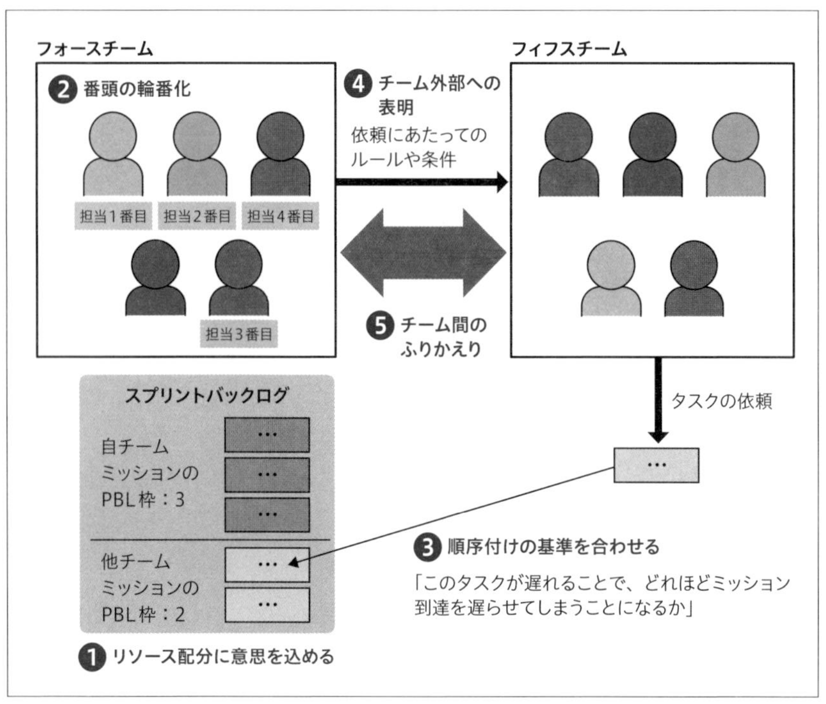

①リソース配分に意思を込める

これは、「来た球を打つ」ようにとにかく到着順にタスクを片っ端から倒していこうとするのではなく、チームが何に対して時間を使うのかあらかじめ決めておくことです。それぞれのチームにはミッションがあるはずです。ミッションをクリアするために必要な活動に充てる時間と、それ以外の時間の間で、割合を決めておきます。それ以外の時間とは、要するに「他チームがミッションをクリアするために必要なタスク」であり、結果的にプロダクトチーム全体のミッションを到達に近づけるために必要になる「協力の時間」にあたります。

この割合をどのように決めるべきでしょうか？　絶対的な基準を決めてそれを守り通すのではなくて、**スプリントやジャーニー単位で状況を見て、割合を調整する**考え方を取りましょう。かたくなに自チームのミッションにのみこだわると、自分たちはアウトプットを出せているが、プロダクト全体としては成果が上がらないという状況になることがありえます[4]。その逆もまたありえます。ただし自分たちのミッションをクリアできないまま、でもプロダクト全体としては上手く進んでいっているという状況は、まれです。

自チームのミッションの到達具合とプロダクトチーム全体の成果の上がり方を見て、配分を調整していきましょう。

②番頭の輪番化

これは、自チームメンバーのモチベーションを壊さないための工夫[5]です。自チームミッションに専念するメンバーと、外部からの依頼対応に専念するメンバーで分けて固定してしまうと、後者のメンバーは自チームミッションへの直接的な貢献を感じにくくなります。これが進んでいくと、やがて動機づけが難しくなってしまう恐れがあります。

そのため、スプリント単位やもっと細かく曜日単位などで、依頼対応の番頭役を回していくようにします。番頭といっても、常に依頼が飛び込むような状況でなければ、もちろんスプリントの仕事を進めていけば良いわけです。

番頭の役割は、依頼されたことを自分で片づけられるようであれば片づける、他のメンバーの協力が必要であれば適宜巻き込み、進捗や状態の管理を行うことです。番頭役にあたっている時間を短くするためには、タスクは1日のうち

4　自チームの活動のみに集中する「部分最適」とチーム全体を俯瞰し、全体が生み出すアウトプットに着目する「全体最適」と2つの観点がある。チームが部分最適に陥っていないか、他チームの状況を把握して、省みるようにしよう。

5　輪番によって、チームの誰もが外部から自分たちがどう見えているか、また外部からの期待にどう応えるかに向き合うことになる。チームの視座を鍛えるというポジティブな面もある。

で終わる規模感が望ましいといえます。そうでなければ番頭が終わっても引き続き自分が見ていかなければならない、あるいは他メンバーへの引き継ぎが発生してしまうからです。このタスクの規模感がどの程度になるかは、それを依頼する側に依存してしまうため、あまりにも大きなタスクはそもそも、リーダー会やリード別同期ミーティングで共有し、引き受けるチームのプロダクトバックログのプランニングに織り込んだほうが良いですね。

番頭の輪番化がチームにとって境界の役割を果たすためには、できる限り番頭の手元で仕事を完結できるのが理想です。そのためにはチーム内での「あの人にしかできない」という領域を減らしていく動きが必要になります。いわゆる「**トラックナンバー 1**」問題につながることです。トラックナンバー 1とは、ある特定の一人しか状況がわからない、対処ができないという状況をつくってしまったときに、その特定の人が何らかの理由でいなくなってしまったら残されたチームでは対処のしようがなくなってしまう、あるいは対応に多大な時間を要してしまうという問題のことです（トラックナンバーとはトラックにひかれて仕事を離脱してしまっても問題が起きない人数のこと）。

ただし、チームメンバーの専門性や関心などで、あるメンバーに依存する領域が生まれてしまうこと自体は悪いことではありません。むしろメンバーの多様性がいきている状態ともいえます。属人性を排除することを過度に目指すのではなく、何かが起きたときに他の人で**プランB**（本人ほど最適ではないが、他の人でもなんとか対応できる作戦）が立てられるかどうかを明らかにしましょう。

③順序付けの基準を合わせる

依頼の数が少ない場合は良いですが、せっかく番頭役を置いたのに「来た球を打つ」状態だと、結局番頭役の負担が大きくなります。また、番頭役の得意不得意や関心によって対処の順序が変わってしまうのも、プロダクトチーム全体のミッションへの最適化の観点では望ましいといえません。ストーリーで示したようにプロダクトチーム全体で追いかけているミッションを踏まえて、「このタスクが遅れることで、どれほどミッション到達を遅らせてしまうことになるか」の見立ての下、順序付けを行うようにしましょう。

こうした判断が可能なように、プロダクトチーム全体のミッションはリーダー層だけがわかっていれば良しとするのではなく、プロダクトチームのメンバー一人ひとりが把握している状態を目指すのです。

④チーム外部への表明

これは、自チームの外部へスタンスを示すことです。どういう基準で依頼に対応しているか、依頼内容は事前にどのような内容で整えておいてもらいたいかなど、あらかじめ他のチームに表明しておくようにします。特に、依頼の内容について、記述があいまいで要領を得なかったり、条件などに不備があったりすると、まず何をしたいのか、どうなれば完了といえるのか、ということについてチーム間で相応のやりとりをしなければならないことになります。こうしたやりとりはもちろんどうしたって発生するものですが、できる限りお互いにムダなやりとりは減らしたいところ。あらかじめ明確になっていることがあれば、依頼時に表現されているのが望ましいですよね。

こうしたスタンスは、プロダクトチーム全体で統一されているのが理想的といえますが、チーム全体で統合して運用するのに時間がかかってしまうようであれば、各チームで始めて、あとはチーム間で調整を行うようにしたほうが良いでしょう。運用として何もないゼロの状態が続いてしまうより、不完全でも一歩があったほうが議論になるし、現実をより早くカイゼンできるからです。

⑤チーム間のふりかえり

ここまで述べた工夫を仕組み化してしまえば、すぐに快適なチームコミュニケーションが生まれるというわけではありません。各チームの状況や事情が様々ある中での仕組み化のため、より上手く機能するために調整しなければならない点が出てきます。そのために、タイムボックスを決めてチーム間でのふりかえりを行いましょう。

チーム間での不都合の是正は、リーダー会などでもできますし、火急の場合はそうあるべきでしょう。ですが、チーム同士の関係の質を高めるためにも、極力チームメンバーが集まってふりかえりをしたいところです。ふりかえりのテーマは、チーム間の問題やカイゼンについてです。みんなが話せる内容ですよね（番頭の輪番化を運用していれば、チームの全員が他のチームとの接点を経験しているわけですし）。ふりかえりを通じた直接的な対話や問題にともに向き合う時間が、チーム間の関係の質を高めていくことになります。

さて、最後に別の観点での工夫を挙げてこの解説を終えることにしましょう。①から④で述べた内容は単体のチームが取る工夫です。一つのチームの工夫だけでは乗り越えられない状況に直面することもありえます。ここで挙げた工夫はチーム間で流れるタスクへの対処であるため、タスクの流量が多くなっていくと、そもそもさばききれない問題が起きます。これは、単体のチームの工夫だけでどうにかなるものではありません（**図11.5**）。そもそも流量を下げるといった、プロダクトチーム全体での取り組みが必要になります。すべての問題を１チームのできることで解決しようとせず「そもそも」「根本的な」問題（問題の問題、真因と言います）が何かに焦点を当てて、その解消にあたる動きを取れるようにしましょう。

図11.5｜チーム間のタスクのやりとりを減らすには？

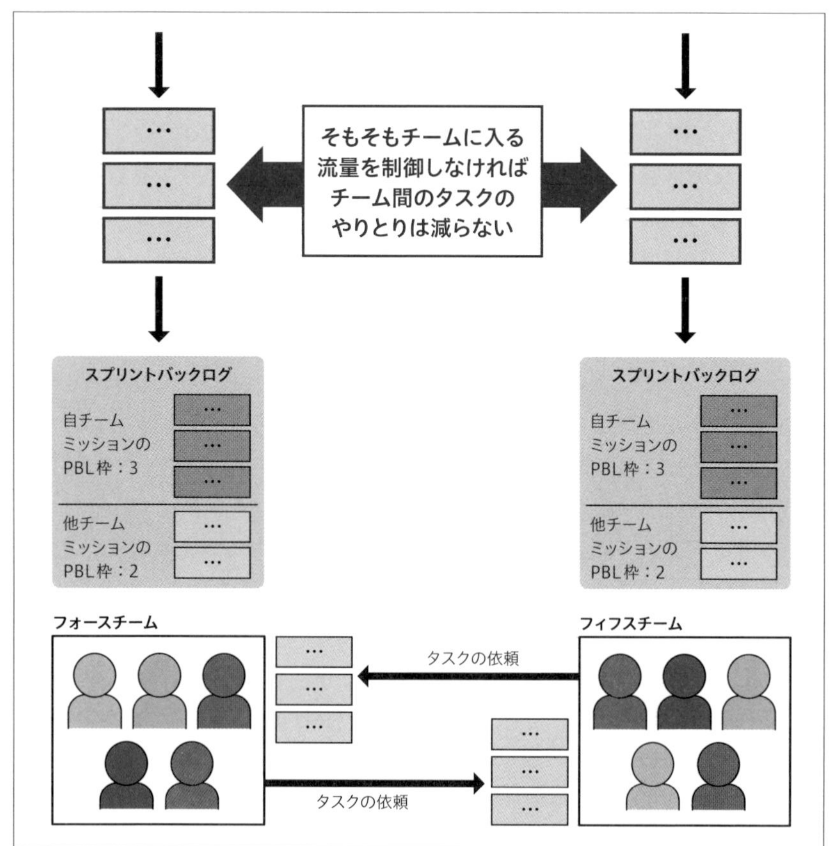

リーダー会やリード別の同期ミーティングを運用しているのであれば、チームを越えた俯瞰する視点で状況に向き合う機会をつくることができます。チーム間のふりかえりで出てきている問題を取り上げて、単体のチームで見つけにくい問題について探りましょう。

補足 プラクティス&フレームワーク

マイルストーン設計と合流バッファ

複数のチームでプロダクトづくりを行う場合、チーム間で速度が大きく異なることがある。それは求められるミッション（早く形にするファースト、品質ファースト）や、それに応じたやり方による差である。こうした差でチームを分け、それぞれのチームの特徴をはっきりさせたほうが良い。

たとえば、早く形にするファーストのチームがスクラムなので、普段ウォーターフォールで開発している品質ファーストのチームも慣れないスクラムに寄せる、というのは乱暴な判断になる可能性がある。後者のチームが、今までのやり方ではないため仕事の質を落とす、なおかつスクラムチームとしても中途半端になる、ということがありえる。

では、2つのチームでやり方を分けて、進みも個別に見ていこうとすると、2チームのアウトプットをあわせて一つのデジタルプロダクトを構成しているのであれば、同期するタイミング（＝マイルストーン）が必要である[6]。

このマイルストーンをいつどのような内容としておくのか、その設計は重要になる。かつ、2つの異なるチームがアウトプットを合わせるところでは、想定がかみ合わない可能性が高くなる（**図11.A**上）。

まずそもそも両者がマイルストーンに間に合わないことが考えられる。そして、インターフェースを結合するところは不具合の発生リスクが高

6 簡単な例だと、いわゆるSoE（Systems of Engagement）とSoR（Systems of Record）の関係で考えられる。SoEとはエンドユーザー接点のプロダクト、SoRとは業務側のシステムのことである。両者の存在と相互の働きかけがあって、初めて一つの事業サービスが成り立つということだ。

NEXT ▶▶

くなるところだ。ゆえに、2つのアウトプットが合流するところにバッファを置くようにする（**図11.A**下）。

図11.A｜マイルストーンの設計とバッファ

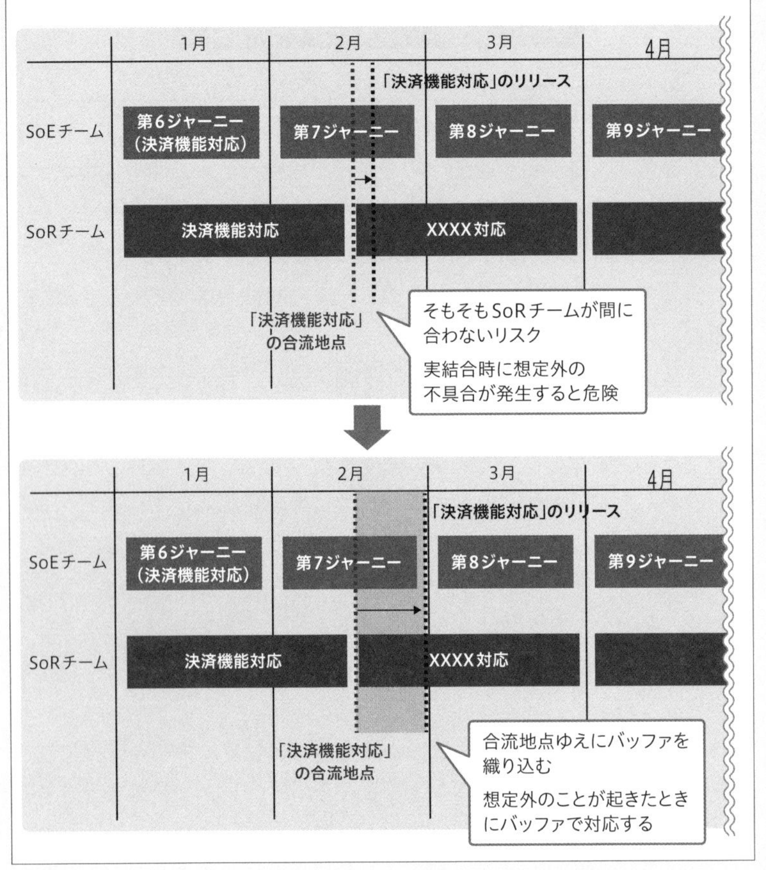

II

第11話｜まとめ　チームの変遷と学んだこと

	チームの相互作用	フォーメーション	太秦やチームが学んだこと
第9話 塹壕の中のプロダクトチーム	一つのチームになったものの"お互いに遭遇していない"状態	フォースチーム　：リーダー太秦 フィフスチーム　：リーダー御室 シックスチーム　：リーダー宇多野 プロダクトチーム　：リーダー太秦 シニアPO　：貴船 プロダクトマネージャー：社	•情報流通のための境界設計 •コンウェイの法則 •「原石」としての情報（What） •「価値創出を促す」ための情報（Why、How）
第10話 チーム同士で向き合う	チームの境界を越える	フォースチーム　：リーダー太秦 フィフスチーム　：リーダー御室 シックスチーム　：リーダー宇多野 プロダクトチーム　：リーダー太秦 シニアPO　：貴船 プロダクトマネージャー：社	•越境のデザイン（役割からの越境、チームからの越境）
第11話 チームの間の境界を正す	チームの境界をつくる	フォースチーム　：リーダー太秦 フィフスチーム　：リーダー御室 シックスチーム　：リーダー宇多野 プロダクトチーム　：リーダー太秦 シニアPO　：貴船 プロダクトマネージャー：社	•境界設計の5つの作戦

第12話 チームの境界を越えてチームをつくる

複数チーム 基本編

チームとチームの間を認識していなかったタスク、担当が定まっていなかったタスクがこぼれ抜けていく。最初に決めたチーム編成ではどうしても抜け穴ができてしまうこともある。チームとチームの間を横断するチームの結成を検討しよう。

現在のチーム構成

フォースチーム	：リーダー太奏(うずまさ)
メンバー	：有栖(ありす)、三条(さんじょう)、鹿王院(ろくおういん)、嵯峨(さが)、壬生(みぶ)、常盤(ときわ)
フィフスチーム	：リーダー御室(おむろ)
メンバー	：音無(おとなし)、仁和(にんな)
シックスチーム	：リーダー宇多野(うたの)
メンバー	：鳴滝(なるたき)、七里(しちり)
プロダクトチーム	：リーダー太奏
シニアPO	：貴船(きふね)
プロダクトマネージャー	：社(やしろ)

ストーリー 問題編 こぼれ球が抜けまくるチーム

「そんなの、フォースチームとして呑めるわけがありません!!」

聞いたこともない強い口調で、三条さんはさらに眉間にしわを寄せた。三条さんの怒声に嵯峨くんはびくりとして、この後どうなるのかと不安そうに僕の顔を見ている。常磐もどちらかというと心配そうにしている。一方、有栖さん、鹿王院くんは平然としているが、僕の話に賛同していないのは雰囲気からわかる。壬生さんは「三条さんの言うとおりですね」と小さくつぶやいてうなずき続けている。

三条さんの怒りにも似た表明はもっともだった。なにせ、常磐と嵯峨くんをこのチームから引っぺがそうというのだ。チームメンバーは半分になってしまう。ただでさえ統合化のタスクが入ってきて追われ気味だというのに。明らかに無茶なフォーメーションだ。

でも僕の気持ちにゆらぎはない。この案を進めなければプロダクトチームとしてミッションをクリアすることができない。僕が腹を決めたのは、先日のリーダー会でのことだ。

現状のチーム編成では乗り越えられない

リーダー会には、御室、宇多野のほか、社さん、貴船さんも参加している。さらに、今日はPOから有栖さんが、そしてテクニカルリードから仁和くんと七里さんも参加している。いつにも増して、会の雰囲気は重たい。プロダクトの統合化プロジェクトが当初の目標より遅れることが確実視されているのだ。社長からのプレッシャーがあるのだろう、社さんはかなり焦っている様子だ。

「社長からは、もう次の構想としてスマホアプリの統合や、テスト管理ツールとの連携についてひっきりなしにアイデアが出てきている状況です。それなのに、いまだ3つのツールの統合が遅れているなんて、私からはとても説明できませんよ。」

社さんのところで社長への状況説明が止まっているのはまずい。もう、当初の目標を達成することはまず無理で、どれだけ遅れを抑えられるかを考えなければならない。場合によっては相当な延伸になる。早く社長の耳に入れるべきだ。

相変わらず不機嫌そうに、貴船さんが御室を名指しして言った。

「全体として進みが良くないが、特にフィフスチームの動きが悪い。」

直接やり玉に挙げられて、さすがの御室も返す言葉を詰まらせた。いつもの僕に見せる悪態は鳴りを潜めている。引き続き蔵屋敷（くらやしき）さんが御室のチームにべったりと張り付いているが、その理由がようやく僕にもわかってきた。今、プロダクトチームのボトルネックは誰が見ても御室のチームなのだ。

開発チームとしては、御室と仁和くんを中心にしてむしろ高いベロシティを誇っている。だが、開発チームがいくら機能をつくり込んでも、ユーザーの利用率が上がらないという状況に陥っている。御室のチームは、プロダクトオーナーと開発メンバーがまったくかみ合っていないのだ。

POの音無さんがユーザーテストで手間取って、プロダクトバックログづくりを進められない間に、開発チームは良かれと判断して機能を追加しているのだが、これがまったくユーザーの利用につながっていない。むしろ、ツールとしてやたら複雑になってしまい、利用ユーザーが日を追うごとに離れていっている。蔵屋敷さんは、もはや音無さんに代わってプロダクトバックログづくりを進めているようだ。コーチではなく、プロダクトオーナー代行になっている。

一方、宇多野のほうも、まだスクラムの移行に手間取っていて、他チームとの協働が進んでいない。御室と宇多野がそんな状況なので、統合化の前提となる3ツール共通の認証基盤の開発を僕のチームで引き受けて進めている。おかげで、タスク管理ツールとしての機能開発はほぼ止まっているような状況だ。

しかし、統合に伴い3ツールの既存アカウントの移行や、ユーザー情報管理の共通化などやるべきことはまだめじろ押しだ。データ移行のような大きめのタスクでも、御室や宇多野のチームからリードする動きはない。僕が拾わなかったら、ただこぼれてチーム間で転がったままで、準備が何も進まない状況だっただろう。そうかと思えば、ユーザー情報の管理について御室と宇多野のチームから出てくる要望は、自チームの機能改修が増えないようにするためのものばかりで、3チームの間での合意には程遠い状況だ。何よりも前提として、御室と宇多野のチームが共通認証基盤の仕組みに対応する必要があるのだが、それすらもまだめどが立っていない。

沈黙が続くリーダー会だが、ふと有栖さんが僕のほうを凝視していることに気がついた。手元に視線を落とすと、チャットで僕にmentionを飛ばしてきている。

「@uzuuzu 移行に伴う開発タスクについては、他のチームに引き受けてもらわないと、とても回りません。」

もちろんわかっている。僕は宇多野に語りかけた。御室は声をかけられる雰囲気ではない。きっと宇多野ならわかってくれるはずだ。

「アカウントの移行のために、移行ツールを準備する必要があるのだけど、これはシックスチームのほうで巻き取れないですか？」

僕が言い終わらないうちに、宇多野は黙って首をふった。まったく交渉の余地がない。

「むしろ、検索機能の統合化を引き取ってもらいたいくらいです。」

検索機能は、タスク管理ツールとドキュメントツールにそれぞれ存在し、今回の統合に際して、共通機能とする構想が走っている。シックスチームの割り当てになっているが、それすらもこちらに押しやろうとする宇多野に、僕はさすがに違和感を覚えた。それは有栖さんも同様だったらしい。気がつくと宇多野をにらみつけるように見ている。有栖さんはいつの間にか宇多野に強い不信感を持っているようだった。

今のチームフォーメーションではこれ以上状況を変えようがない。不穏な空気がこれ以上流れないように、僕はかねてから考えていた作戦をみんなに伝えることにした。

「今の状況では、どのチームも統合化タスクをリードすることができず、さらに遅れていくことが目に見えています。」

「それは困る！」と叫ぶように社さんが即座に声を上げた。

「そこで、今の3チームとは別に横断チームをつくろうと思います。」

顔を伏せていた御室と仁和くんが同時に顔を上げる。宇多野は僕に目線を向けることもしない。代わりに七里さんが反応した。

「3つのツールチームから分離させて、横断的に統合化支援を行うチームのイメージかな。」

僕は七里さんに向いてうなずいた。それを受けて、七里さんは懸念を口にした。

「良いアイデアだけど、実際のところそのチームを引き受けられるメンバーがいないのでは。」

そのとおりだった。この状況で時間を持て余しているメンバーなどどのチームにもいない。

「うちから、常磐と嵯峨くんを出します。」

僕の宣言に、会の空気が一変した気がした。みんなそれぞれの反応だ。御室は「マジか……」とつぶやき、有栖さんは眉間にしわを一気に寄せた。僕は有栖さんのほうを見ないように視線を外した。

ふと、宇多野が顔を上げて僕のほうを見ていることに気づいた。宇多野の細い目の奥で、いつもどんな感情が動いているのかはっきりとはわからないのだが、このとき僕はなぜか敵意のようなものを感じた。そのことを確かめようと宇多野に声をかけようとしたところで、貴船さんが口を開いた。

「タスク管理チームが半減することになるが。」

「はい、完全には切り離さず、しばらくは二足のワラジをはいてもらいます。それで一時的にはしのげると考えていますが、長くは持ちません。すべて中途半端になる可能性があります。なので常磐か嵯峨くんのどちらかをうちに戻せるよう、プロダクトチームの内外を問わず、他のメンバーを選出してもらいたいと思います。」

これは社さんに約束してもらわなければならないことだった。社さんは力なくうなずいた。

チームを横断するチームの立ち上げ

こうして、僕はSWAT[1]的な横断チームを立ち上げたのだ。三条さんが怒るのも無理ないが、ここで状況を突破する手を打たなければ、統合プロジェクトは失敗する。僕が判断を変えることはなかった。

だが、横断チームへの後押しは想定以上に弱いものだった。社さんが確保できたのは、新人に近いメンバーが数名。御室、宇多野のチームからは誰一人出てくることはなかった。この体制では、実質、常盤と嵯峨くん頼みになってしまう。

揚げ句の果てに、いざ横断チームが既存チームの支援に動こうとすると、これ幸いと既存チームからタスクの押し付けが発生した。宇多野は、例の検索機能を横断チームに振ってきたのだ。ただでさえ、常盤も嵯峨くんもタスク管理チームの仕事をゼロにすることができておらず、横断チーム側の活動に十分な時間を割けずにいるというのに。さすがに僕は宇多野をつかまえて問いただした。

だが、宇多野は例の細い目で僕の顔をじっと見た後、一言返しただけだった。

「球拾いが横断チームの役割なのではないですか？」

ストーリー解決編　横断チームでチーム全体をリードしよう

僕は社さんを当てにするのをやめて、もっと広くメンバーをあたるべく、古株で顔の広い七里さんに協力を仰ぐことにした。その上で、常盤と嵯峨くんに横断チームの方針を伝える。その内容は横断チームの完全分離。仕事が手薄になったら横断業をやるのではなく、最初から空ける。フォースチームの各種ミーティングには出なく良いというものだった。

「え!?　そんなことして、大丈夫ですか？　フォースチームのベロシティがボロボロになりますよ。」

案の定、常盤が声を上げて、嵯峨くんのほうは絶句している。おそらく、フォースチームはこの先数スプリント、まともに機能しなくなる。それでも、この横断チームを成り立たせないと、そもそもプロダクト統合自体ができない。そうな

1　アメリカの警察に設置されている特殊部隊（Special Weapons And Tactics）のこと。転じて、特殊な任務を背負った特別なチームの意。

ればそれぞれのツールがいくら機能をつくり込んだとしても、目的を果たせない。

僕は、2人と新人メンバーで構成された横断チームをさっそく御室チームに送り込んだ。共通認証基盤の利用を始められるように、チームに乗り込んでいって認証回りのプロダクトバックログをつくるところから始めて、開発まで行う。

御室はチームごと乗り込んできたことに言葉を失っていたが、すぐに仁和くんを横断チームとのコミュニケーションにあててくれた。仁和くんは御室チームのエースだ。そのエースを当てるということは、御室も本気になったということだ。

僕自身も横断チームとともに他のチームに居座るように努めた。横断チームが機能するように働きかけるためなのはもちろん、三条さんや有栖さんと顔を合わせることがないようにするためだ。

御室チームと横断チームで合同開発するジャーニーを立ち上げてすぐに、七里さんが新しい戦力を連れてきてくれた。七里さんと並んでやってきた男は、山のようにこんもりとした体格の持ち主だった。冬場だというのに、首に巻いたタオルで時折、短く刈った頭に浮かぶ汗を拭っている。

「どうも、はじめまして。万福寺（まんぷくじ）といいます。」

見かけとは違って、実に丁寧な口調だった。七里さんは気安く万福寺さんの肩をたたきながら言った。

「仲間内では**和尚**（おしょう）と呼ばれている。俺も古いつきあいで、信頼の置けるプログラマーだよ。」

確かに、山寺で静かに座禅を組んでいてもおかしくない風貌で、物静かだ。

「ただし、他のチームから一時的に引っ張ってきた形なので、ずっとは無理だ。」

「それはこちらも同じです。常磐と嵯峨くんを数か月引きはがしたままにしたらフォースチームが崩壊してしまいます。この5、6スプリントが勝負です。」

それまでに、御室と宇多野のプロダクトの認証を統合する必要がある。七里さんが言うだけあって、和尚さんの働きには目を見張った。いつの間にかキャッチアップして、誰よりもプロダクトバックログを片づけていく。タスクを圧倒的に一掃していく様は、まるでブルドーザーを思わせた。

僕は最初のスプリントを終えたところでフォーメーションを変更した。プロダクトリードは和尚さんと常磐の2人として、突っ走ってもらう。この2人については2人の間でコミュニケーションを絞ってもらって、全体の状況把握や他のメンバーに連携するべきことはチームリードとして嵯峨くんが担うようにした。和尚さんはとにかくプロダクトバックログをざっくり片づけていくには圧倒的だったが、一方で細かな抜け漏れがそれなりに散在した。こうしたやり残しを嵯峨くんが中心になって他のメンバーと拾っていく構図だ。

御室チームの開発環境やプロダクトコードは外部からやってきた横断チームにとって不慣れでしかない。仁和くんには現状とやるべきことの間での情報の補完や開発支援に回ってもらった。環境やコードについての必要な理解に早期に追いつくため、最初のスプリントでモブプログラミングを多用した。いつもの調子の早口で自然言語のコミュニケーションは難しい仁和くんだったが、モブプロでコードで語り合うようにするとかみ合わせが格段に良くなった。

こうして、僕たちは見立てていた予定よりも短いスプリントで御室チームの認証機能を統合することができた。一方、フォースチームは限界だった。三条さんから二人を戻すよう矢のような催促が来ている。僕はこのままの体制で横断チームを宇多野のところに乗り込ませるかさすがに迷った。僕の迷いを察知したのか、御室のほうから珍しく声をかけてきた。

「次は宇多野のところだろ。うちの仁和も連れて行ってくれてかまわんよ。」

今度は僕が返す言葉を失う番だった。御室なりに借りを返そうというのだろう。僕があっけに取られているのを見て、マウントポジションを取るチャンスと見たのだろう、御室はニヤリと笑って言った。

「俺はお前と違って、まだコードが書けるからな。仁和がいなくても、大丈夫だ。」

相変わらずの上から目線に僕も釣られて苦笑いした。最近は貴船さんに散々ダメ出しされて元気がなかったが、目の前にいる御室はいつもの負けん気の強い御室だ。ニヤニヤしている僕たちのところへ、近づいて来る人がいる。蔵屋敷さんだった。

そうか。蔵屋敷さんがPO代行をしているので、フィフスチームのマネジメントは、御室自身が持たなくても良いのだ。それなら、御室がコードを書くことに回れるはずだ。

蔵屋敷さんはじっと僕の顔を見ていた。絡みは少なくなったが、こうして黙って対峙すると、フォースチームで一緒に乗り越えていた頃のことが思い出される。やがて、蔵屋敷さんは一言つぶやくように言った。

「**チームとは何かをだいぶ知ったようだな。**」

それは、蔵屋敷さんと初めて言葉を交わした際、僕が泣き言を言ってそれに対する蔵屋敷さん自身の言葉を踏まえたものだった。あのときかけてくれた言葉を思い出して、僕は喉の奥からこみ上げてくる何かを感じ、必死に呑み込んだ。

太秦の解説　状況特化型チームを結成する

特定の技能を提供するために、チーム間を横断するチームをフィーチャーチームとは別に編成することがあります。アーキテクチャ設計やUXデザイン、SREなど、専門性に特化したチームです。こうしたチームが独立して必要となるのは、専門性が希少でフィーチャーチームにその一員として常時配置できない場合や、プロダクト内での横断的な関心事を担うためより動きやすさが求められる場合です。

こうした専門特化型チームとは別の形態として、ある状況の問題解決に集中する状況特化型チームの編成が考えられます。

専門特化型チーム……専門性（アーキテクチャ設計、UXデザイン、SREなど）に特化したチーム（**図12.1**）。たいていの場合、専門スキルは組織にとって希少。専門性の分散を防ぐことでまとまった成果を上げることを担う。実際の運用としてはフィーチャーチームに入り込んで一員として振る舞ったり、あるいはあくまで依頼ベースでタスクを引き受けるスタイルを取る。

図12.1｜専門特化型チーム編成

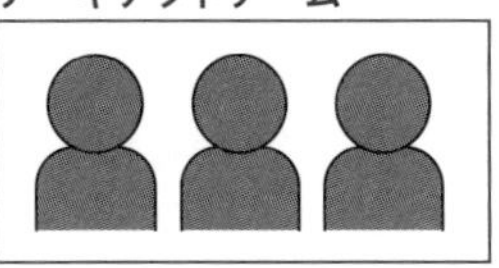

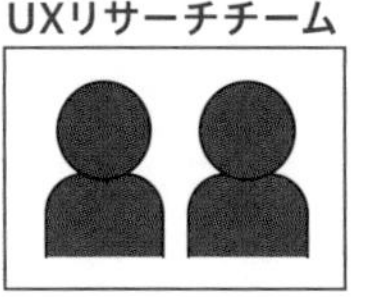

状況特化型チーム……状況（共通機能開発、移行、フィーチャーチームの支援など）に特化したチーム（**図12.2**）。専門特化型チームに比べると有期限性がある。ミッションを達成した時点で解散する。

図12.2｜状況特化型チーム編成

特化するところが専門性なのか状況なのかの違いがありますが、チームを横断して成果を上げていくことが求められる点では同じ性質を持っています。それゆえにどちらも横断チーム特有の問題に直面するところがあり、ここでは横断チームでの工夫について解説していきます。

横断チームが必要になる状況と直面する問題

横断チームが必要となるのは、フィーチャーチーム側で引き受けきれないタスク（専門性の不足）や、どのフィーチャーチームが担うか判断しにくいタスク（いわゆるこぼれ球）が山積みしている場合です。こぼれ球のように誰も引き受けないタスクの逆で、自チームの開発を有利にしたい、楽にしたいため、強く干渉して、混乱を招いてしまうこともあります。いずれの場合も、プロダクトチーム全体としては最適な動きとはいえません。

こうした状況を解消するために横断チームが設けられるわけですが、今度は横断チームならでの問題に直面することがあります。

一つは、フィーチャーチームと横断チームの間での確執です[2]。横断チームはその役割上、フィーチャーチームの担っている領域に踏み込んでいきますが、どこまで横断チームでタスクを引き受けるかの線引きがあいまいになりがちです。フィーチャーチームからすれば横断チームがタスクを引き受けてくれればその分余裕が生まれますから、タスクを押し付け合う力学が働きやすいといえます。

もう一つは、横断チームの稼働問題です。専門特化型にせよ状況特化型にせよ、こんなスペシャリティなチームを、どうすれば結成できるでしょうか？プロダクトがすでにある状況下では、新たに採用するか、既存チームからメンバーを出すか、またその両方が必要となります。既存チームからメンバーを募る場合、横断チームを専任的に担うのか、既存業務との兼任で参加するのか、分かれるところです。兼任の場合は稼働バランスを取るのが難しく、結果的に思うように横断チームとして稼働できず、成り立たなくなる場合が多いでしょう。

こうした問題を踏まえて、ストーリーで挙げた状況特化型チームの結成と運営について考えていくことにしましょう。

状況特化型チームの結成

状況特化型チームを専任とするか兼任とするかは、チームのミッションに対する効率性の選択で決まります。ミッションの実現に対して、リソースの効率性を最大限高めようとするならば兼任で、フローの効率性を取るならば専任でという選択をすることになります。どちらの選択がミッションの実現により効果的かで判断します。

ストーリーでは、最初兼任の体制を考えていましたが、プロダクトの統合化というミッションの重要性（このミッションが到達できない状況を想定することができない）を踏まえて専任としました。兼任では、メンバーの負荷が高まり、稼働マネジメントを困難にすることが多く、結果としてミッション実現の難易度を上げることにもなりかねません。兼任を安易に選択せず、専任にした

2　タスクの押し付け合いのほか、確執は様々な形で現れてくる。逆に、干渉されないように横断チームにタスクを渡さなかったり、横断チームのほうが権威を笠に着て一方的に命令するような振る舞いを取ってしまったりすることがある。

場合に得られることと、失うものを見定めた上で判断したほうが良いですね。専任化によって、もともといたチームのベロシティを大きく落とすことになるかもしれない。その想定される状態と、これから挑むミッションの重要性を比較した判断が必要です。

とはいえ、もともとのチームのせっかくのリズムを崩し、チーム側のミッション実現を遅らせることになるのは、チームの士気に強い影響を与えることになるでしょう。そこで、ここでも「ジャーニー」を軸とした立て付けで作戦を練りましょう（**図12.3**）。状況特化型チームのミッションに必要なジャーニー（期間）を見定め、そのジャーニーの間だけの一時的なチーム構成とするわけです。1、2か月なのか、半年程度なのかは、ミッションによるでしょう。ミッションに到達した時点あるいは、定めていたジャーニーを終えたときに状況特化型チームの解散を判断します。もし、継続的なチームとして必要であると見るならば、継続化のための体制変更が必要になります。継続的に専任できるメンバーのアサインと、もともとのチームの体制フォロー、その両面からです。

図12.3｜「ジャーニー」を軸として作戦を練る

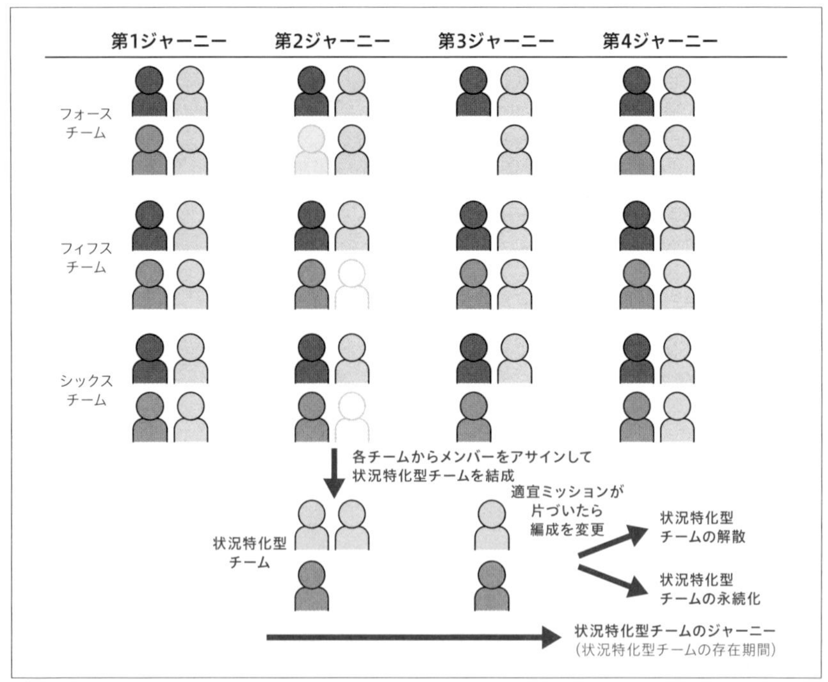

状況特化型チームの運用

状況特化型チームを運用するにあたっては、既存チームとの関係をどのように設計するかがまずあります。ミッションの主管がどこにあるかで、2つの方向性があります。

一つは、既存チームが主管的な場合です。この場合は既存チームのプロダクトバックログの共有が必要で、状況特化型チームは既存チームの中に入る形です（**図12.4**）。スクラムイベントなど同期ミーティングでは既存チームの構造と設計に合わせて、既存チームと一体的になります。

図12.4｜ミッションの主管が既存チームの場合の運用

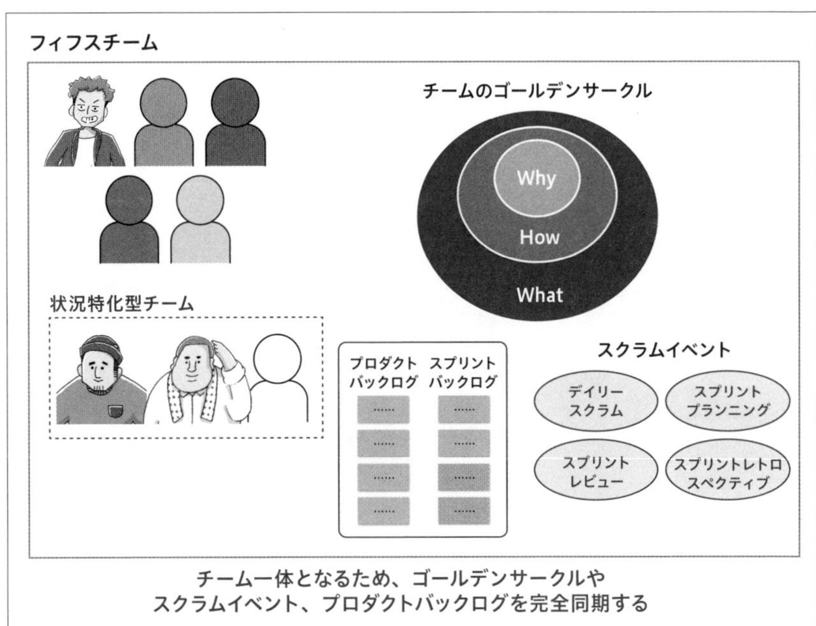

一方、ミッションの主管が既存チームではなく、状況特化型チームのほうにある場合は、独立した形を取ります（**図12.5**）。先の例とは逆に、既存チームのほうからメンバーを出してもらったり、チーム間でのミーティングを開くことで状況の同期を行います。ストーリーで示した「統合化ミッション」は各チームの横断的な関心事であり、状況特化型チームは独立する形を取っていま

す。既存チームからメンバーに参加してもらう理由は、ミッション遂行にあたっての必要な情報、状況共有を行うためということもありますが、ミッションを終えた後、既存チームへの引き継ぎをスムーズに行うための布石でもあります。改めて引き継ぎのための期間を取るのではなく、一緒に活動したメンバーが既存チームに戻ることによって、その後に必要な情報の移管を果たし、既存チーム内のフォローの中心になって動いてもらうのが意図です。

図12.5 | ミッションの主管が状況特化型チームの場合の運用

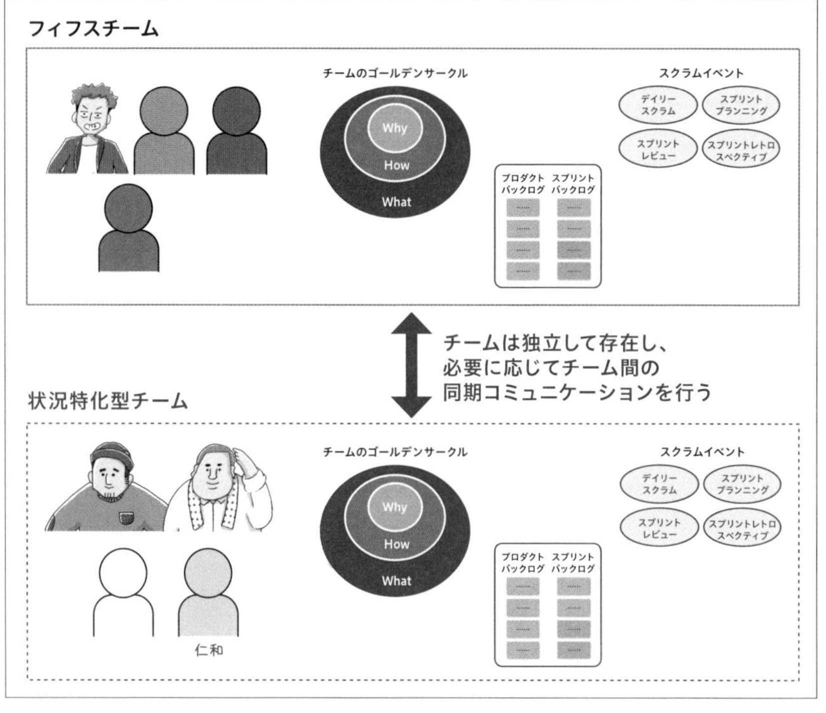

もう一つ、既存チームと状況特化型チームの関係づくりで留意しておくべきことがあります。それは、チーム間の対立です（**図12.6**）。それぞれ追うミッションが異なったり、ミッションへのコミットメント度合いに差があったりするとチーム間の対立、衝突へとつながります。前者は、状況特化型チームのミッションが既存チームから見て独立的である場合に、後者は逆に既存チームに状況特化型チームが入る場合に起きる可能性があります。

図12.6｜チーム間の対立に留意する

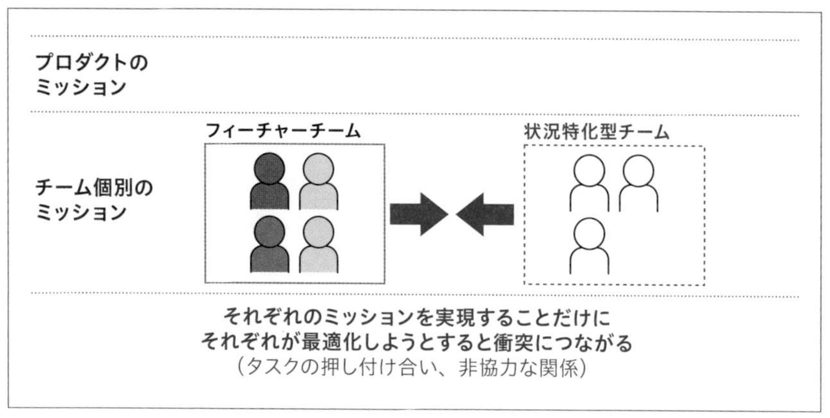

いずれの場合を想定するにしても、両チームでミッションへのむきなおりを実施しておきましょう。チーム間の対立はそれぞれが置いている視座の違いによるものです。ミッションへの共通理解を揃えるべく「**われわれはなぜここにいるのか？**」の問いに両チームで答える機会を設けましょう（**図12.7**）。

図12.7｜両チームでミッションへのむきなおりを実施する

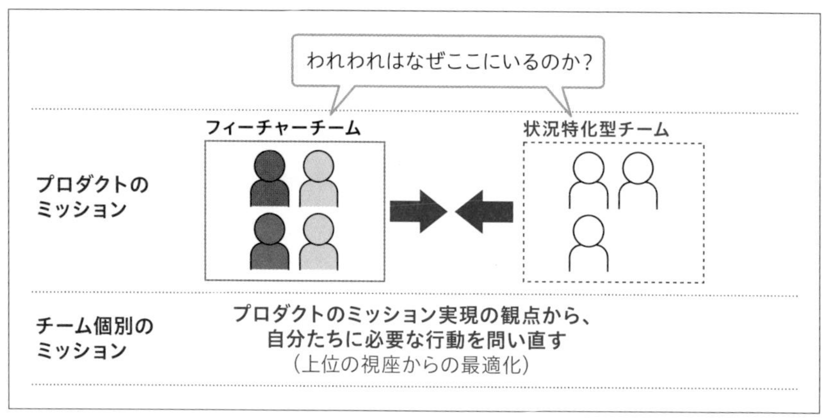

プロダクトチーム全体の運営は、これまで見てきたようにコミュニケーションの構造化が行われているはずですね。状況特化型チームも、リーダー会やリード別同期ミーティングに適宜参加し、構造化されたコミュニケーションに参画するようにします（**図12.8**）。

図12.8｜プロダクトチーム全体の運営に状況特化型チームも参加する

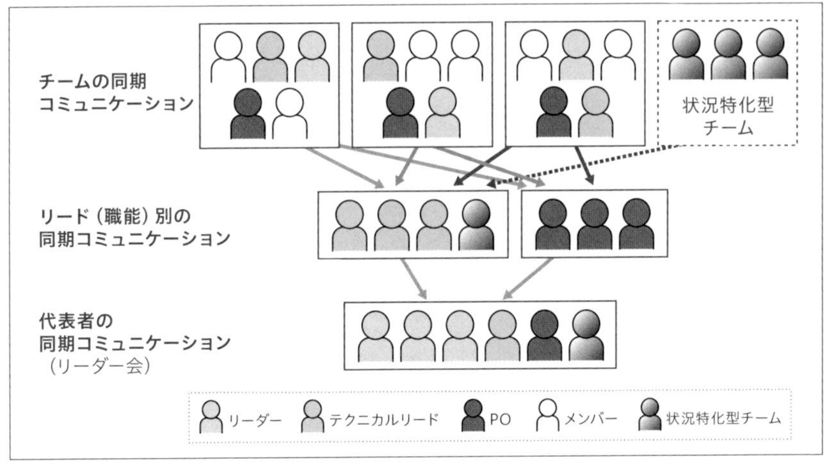

　さて、状況特化型チームはフロー側の効率性重視によることを示唆しましたが、これは短期的なミッションの遂行ではなく、継続的に体制を維持する専門特化型チームのほうでより顕著に表れてきます。専門特化型チームのメンバーにリソース観点での余裕が生まれたとき、その稼働余力を惜しみ、たとえば既存チームへの支援策などを急ごしらえして稼働を埋めようとするのは、効率性の観点で判断違いを起こしていることになります（リソースの効率性重視）。これは、人は余裕があると仕事を自ら作り出してしまい、時間をただ消費してしまう、という**パーキンソンの法則**で説明される状態と同じです。専門特化型チームの時間は、急な支援要請のために空けておき、その空いた時間を専門性を高めるほうに費やしたほうが本来的といえます。これはチーム単位だけではなく、チーム内でもいえることです。エース的なメンバーの稼働時間をいかに埋め尽くすかに目を向けるのではなく、むしろ余白を確保することで即時的な適応力を高めましょう。その余白は、チームの将来に向けた投資に使うべきです。

　今回解説した横断チームは、チーム間の境界を越えていく越境的なチームといえます。コミュニケーションの構造化によって安定的な運営を志向しながら、一方でそれを横断していくチーム体制を備える。いわば静と動という異なる立ち位置を両方備えることは、プロダクトチーム全体の運営に高い適応性を与えることになります。

第12話 まとめ　チームの変遷と学んだこと

	チームの相互作用	フォーメーション	チームが学んだこと
第9話 塹壕の中のプロダクトチーム	一つのチームになったものの"お互いに遭遇していない"状態	フォースチーム　：リーダー太秦 フィフスチーム　：リーダー御室 シックスチーム　：リーダー宇多野 プロダクトチーム　：リーダー太秦 シニアPO　：貴船 プロダクトマネージャー：社	•情報流通のための境界設計 •コンウェイの法則 •「原石」としての情（What） •「価値創出を促す」ための情報（Why、How）
第10話 チーム同士で向き合う	チームの境界を越える	フォースチーム　：リーダー太秦 フィフスチーム　：リーダー御室 シックスチーム　：リーダー宇多野 プロダクトチーム　：リーダー太秦 シニアPO　：貴船 プロダクトマネージャー：社	•越境のデザイン（役割からの越境、チームからの越境）
第11話 チームの間の境界を正す	チームの境界をつくる	フォースチーム　：リーダー太秦 フィフスチーム　：リーダー御室 シックスチーム　：リーダー宇多野 プロダクトチーム　：リーダー太秦 シニアPO　：貴船 プロダクトマネージャー：社	•境界設計の5つの作戦
第12話 チームの境界を越えてチームをつくる	越境チームでチームの壁を壊す	横断チーム　：常磐、嵯峨、和尚ほか フォースチーム　：リーダー太秦 フィフスチーム　：リーダー御室 シックスチーム　：リーダー宇多野 プロダクトチーム　：リーダー太秦 シニアPO　：貴船 プロダクトマネージャー：社	•状況特化型チーム、専門特化型チーム

第13話 チームとチームをつなげる

複数チーム 応用編

チーム同士で同じものを見ているはずでも、実は全然違う。「ユーザー」という言葉が指す実体はチームごとに、さらにメンバーごとに理解が異なってしまう。まずはお互いが同じ「ユーザー」を見ている状態をつくろう。

現在のチーム構成

横断チーム	：常盤（ときわ）、嵯峨（さが）、和尚（おしょう）　ほか［解散］
フォースチーム	：リーダー太秦（うずまさ）
メンバー	：有栖（ありす）、三条（さんじょう）、鹿王院（ろくおういん）、壬生（みぶ）、常盤（ときわ）、嵯峨（さが）
フィフスチーム	：リーダー御室（おむろ）
メンバー	：音無（おとなし）、仁和（にんな）
シックスチーム	：リーダー宇多野（うたの）
メンバー	：鳴滝（なるたき）、七里（しちり）
プロダクトチーム	：リーダー太秦（うずまさ）
シニアPO	：貴船（きふね）
プロダクトマネージャー	：社（やしろ）

ストーリー 問題編　見ているものが違うチーム

僕たちは、統合化のジャーニーを終えた。3つバラバラだったツール群をつなぎ直し、一つのプロダクトに仕立て直すことができた。社長が最初に思い描いた第1段階にようやく到達できたというわけだ。さっそく社長からは第2段階としてこの会社の主力製品であるテスト管理ツールとの連携、統合に向けた動きを取るようにという指示が下りてきた。今後のリーダー会や同期ミーティングにはテスト管理ツールのチームも合流してくることになる。また、同じく統合化を待ちかねていたのだろう、貴船さんはさっそくマーケティングの新たなチームを立ち上げた。プロジェクト管理ツールとしてブランディングを統一し、マーケティング活動を始めていくということだ。

一方、統合化のために結成していた横断チームは解散。常磐も、嵯峨くんもフォースチームに戻ってきている。三条さんや有栖さんは今回、僕が相当荒っぽいことをしたのでしばらくは機嫌が悪かったが、全員が揃ったことで以前の雰囲気に戻りつつある。常磐と嵯峨くんがいない間、チームを支えていたのは鹿王院くんと壬生さんだった。「あまりにもやることがあふれていて、もうダメかと思いましたー。頑張った分は、支払いのほうで期待しています」と壬生さんがいつもの軽口をたたくくらいには余裕が戻っている。

他のチームとのつながりも、統合化前に比べて格段に深まったといえる。横断チームを軸にして、各チームのコミュニケーションをつなぎ直して回ったようなものだ。ただし、各チームに課題は残っている。たとえば御室チームでいえば、御室自身は調子を取り戻したものの、プロダクトオーナーと開発チームの間の分断が解消されているわけではない。宇多野チームは、七里さんが他チームとの接続役に回るようになったのでチーム間のコミュニケーションは取れるものの、宇多野自身との溝は深まったままだ。僕のチームはベロシティを大きく落としたため、プロダクトバックログが山積してしまっている。

3チームとも統合したのは良いものの、さらにその先へはとても踏み出していけるような状況ではない。各チームともそれぞれ目の前の課題に向き合い、それぞれ自チームに集中する様相だ。チーム個別の状況への最適化、それはプロダクトチーム全体としての成果が二の次になるということだ。この状況の問題には、各チームがそれぞれふりかえりをしていたところで気づくことが難しい。なぜなら、チームのふりかえりではよりいっそうチーム活動の最適化を進める力学が働くからだ。

それは僕たちのチームにももちろん当てはまることで、僕自身も置かれている状況に気づけずにいた。統合化を終えて1か月ほどが過ぎたあるリーダー会でのことだ。いつものように社さん、貴船さん、御室に宇多野、それに僕たちのチームから有栖さんと三条さんが参加していた。さらに蔵屋敷（くらやしき）さんではなく、見慣れない人物が一人座っていた。御室チームのPO代行で時間がつくれない蔵屋敷さんの代行ということだった。この面々を前に、貴船さんが思いがけないことを言い出した。

「なんで、フォースチームで、ファイル管理機能なんてつくっているの？」

リーダー会で統合後初めてのプロダクトレビューを実施していての発言だった。ファイル管理機能は、僕たちフォースチームがこの1か月遅れを取り戻すべく取り組んできた目玉機能だ。これまでタスクごとにファイルを一つ添付できるだけの簡易な機能性だったところを、ディレクトリ管理やファイルにコメントをつけ合うことができるなど、飛躍的に高機能化させている。

有栖さんと三条さん、2人とも貴船さんの言葉に凍りついたように表情を止めた。

「確かに。ファイル管理機能は、こちらでつくっていますね。」

宇多野が冷たい声で補足した。そうだった。僕らが開発に取り組むよりはるか前から、宇多野のシックスチームはファイル管理機能に取りかかっており、統合化の際には間に合わなかったのだが、今も開発を進めているのだろう。他のチームのプロダクトバックログが見えていないので、すっかり認識が抜け落ちていた。この状況は、シックスチームが何か月もかけているうちに、僕たちのチームが1か月程度でつくり上げてしまったともいえる。宇多野はそのことにもちろん気づいていて、圧倒的に機嫌を悪くした。

「どうします？　こちらで開発していたものは捨てますか？」

捨てるというトゲのある言葉で、僕たちを責めているのは明らかだった。それに対して、貴船さんが冷静に判断を入れる。

「いや、1か月程度の急ごしらえでつくった機能を製品に適用するわけにはいかないから。宇多野さんのほうで開発を続けて。」

「あの、それでは、フォースチームでつくったこの機能は……。」

三条さんの祈りを込めるような声は貴船さんに届くことはなかった。

「捨てるなら、それこそ、そちらのほうだ。」

今まで何やってきたのだと言わんばかりに怒りすらにじませず、貴船さんは冷たくそう答えたのだった。これには僕も弁解もフォローもできなかった。やはりチームがそれぞれの視野を越えて、状況を把握したり判断したりするということができていない。お互いに追いかけている目標（KPI）が独立しているというのも影響していると感じた。このKPIは、組織としてチームを評価するために用いられるものだ。僕らのチームでいえば、月あたりのリリース機能数をKPIとして設定している。これは、タスク管理ツールの機能性が貧弱で、他のチームに後れを取っていた頃に設定したもので、それを追い続けている。ベロシティを落としているとき三条さんが焦っていたのも、この目標との乖離を恐れたためといえる。そして、挽回するために、ファイル管理機能を電撃的に作り上げたわけだが……完全に裏目に出た。

宇多野は追い打ちをかけるように言葉を続けた。

「リモートワークなんかやっているから、状況の認識がずれるのではないですか？」

思いがけないところが唐突にやり玉に挙げられて僕は一瞬返す言葉を失った。宇多野の言葉に、貴船さんもうなずいている。リモートワークは基本的にどのチームも認めておらず、かつて嵯峨くんの在宅勤務のために取り入れた僕たちのチームだけ運用を続けている。嵯峨くんもほぼオフィスに出てくるようになっているが、リモートワークはチームの他のみんなからも続けたいという声があり、そのまま続行している状況だ。こうした取り組みを、他のチームが快く思っていないのはわかっていた。なぜ、太秦のチームだけ特別に適用しているのだ、と。

実際には社長と話をつけているので問題はないのだが、他のチームメンバーから嫉妬に近い目を向けられているらしい。この件については御室もフォローしようにもできないのだろう。腕を組んで目をつぶったままだ。ひどい雰囲気に業を煮やし、なんとかしようと口を開こうとしたのは社さんだった。

「**なんか、面倒くさい会話やな。**」

唐突の関西弁に、みんながその声の主を見た。もちろん社さんではない。社さんより早く、その場に言葉を落としたのは、蔵屋敷さんの代行という人物だった。あごに残った無精髭を盛んに触りながら、その男性はこの場の空気をまったく物ともせず、言い放ったのだった。

「そもそもどのチームも向かうべき方角向いて、進めてないよね。」

この人は一体何者なのだろう？　僕に限らずその場の全員が不思議そうに自分を見つめているのは、名乗っていなかったからだろうと思ったらしい。彼はようやく、自己紹介をした。

「西方(にしかた)といいます。手が回らん蔵屋敷の代わりに、送り込まれてきました。」

西方

そう自己紹介した後に、挨拶がなかったことを詫びた。

「えらい遅くなってすんませんな。」

ストーリー解決編　同じユーザーをチーム全員で見よう

「何のために、それぞれのチームは、こんな追い立てられながら仕事しているの？」

西方さんのその場に向けた問いかけは至って簡潔だったが、僕は返す言葉に詰まってしまった。一方、宇多野は、ふんと鼻で笑って、何を言い出すんだとばかりに答えた。

「どのチームも月あたりのリリース機能数をKPIとして追っています。このKPIの達成のために決まっているでしょう。」
「なんで機能数をKPIに置いているの？」
よく見ると西方さんの黒縁メガネの奥から笑みが消えていた。三条さんが手元のPCのチャット上でメンションを送ってくる。
「@uzuuzu 何者ですか、この人。」
「@3jyo 蔵屋敷さんと同じ会社の人です。というか2人でやっているらしいですね。」
有栖さんも僕たちの会話に加わり、情報を補足した。
「@uzuuzu @3jyo 私たちの会社にはチーム開発へのメンタリングとか、スクラムの支援で来ているそうです。お話しなさっていたとおり、蔵屋敷さんの役割が変わってしまったので、応援で来たそうです。」
さらに、「七里さんから聞きました」と、補完する。
「開発チームが、開発した機能の数を追わなくてどうするんですか⁉」
宇多野の強い口調に、はっとして、僕たち3人はチャット上に落としていた視線を上げた。冷静な宇多野をいらだたせているのは、西方さんが「意見」ではなく「問い」をひたすらぶつけてくるからだろう。
「何か言いたいことがあればはっきり言えば良いじゃないですか。」
「そしたら言わしてもらうわ。こんなしょうもないチーム別のKPIなんて捨ててしまえ。」
宇多野は絶句した。涼しい顔で西方さんが続ける。
「プロダクトをせっかく統合したのに、肝心の“ユーザー”が一緒になってないよ。まるで、ユーザーが3人おるようなもんや。」
腕を組んで黙り込んでいた御室が、初めて西方さんに問い直した。
「それって、各チームで見ているユーザーが違ったままだということですか？」
「せやね」と西方さんは軽く応じるのだった。3つのチームそれぞれで描いてきたユーザー像をいまだ別々に追いかけている。だから、チーム間でつくっているものがかみ合わない。
「“一人のユーザー”の体験を最適にしようと考えたら、もっとチーム間で絡みがあるもんよ。ユーザーにとっての体験を、ひとつなぎにしようとするためにね。」
「そのためにはやな」と言いかけて、西方さんは有栖さんに何やら指示を与えて、プロジェクタで映し出す画面を変えさせるのだった。現れたのはプロダクトチーム全体で動いている施策を管理しているカンバンだった。
「まず、このすっかすっかのカンバンに、各チームで持っているテーマをすべて乗っけんと。」
確かに、僕たちのカンバンはリーダー会やリード別同期ミーティングで決めた施策を各チームに下ろし、その進捗が見えるようにするために使っている。各チームで検討し、進めているテーマの吸い上げは行っていない。だから、機能の開発かぶりなんてことが起きてしまうのだ。これはまだスタートラインだ。もっとやるべきことがあるはず。僕は手を挙げて、西方さんに質問した。
「僕たちがもっと一人のユーザーとして体験を追いかけていくためには、何をしたら良いんでしょうか？」
僕の質問がストレートすぎたのだろうか。西方さんはすぐには答えず、僕の顔をただじっと見つめていた。やがて、口を開いた。
「蔵屋敷が言うてたやつか。自分で考える気はあるんやろうな。」
そう言って、今度はホワイトボードのほうに移り、何かフローを書き始めた。
「統合されたユーザーの行動フローを、全員で集まって書いてみ。どういう状況で何すんのか。その結果、どんな課題があるから、どういう機能性が求められるのか。」
西方さんが書いた雑なイメージ図が何かは読み取れなかったが、言葉は理解することができた。
「ユーザーの行動フローを全チームでまず共通の理解にし、そこで何が必要かを見立てる。そして、そのために各チームでどういう協力が必要かを決めていくわけですね。」
僕がそう言うと、西方さんは口を細くしてほくそ笑んだ。
「蔵屋敷が面倒みるやつは、だいたい回答上手やな。そのとおりや。」
西方さんに認められる言葉をもらうと、何だか嬉しくなってくる。西方さんが、僕たちを改めてひとしきりながめて、小さく「まあまあやな」とつぶやくのを僕は聞き逃さなかった。
「こういうときにこそ、1回むきなおるんやで。」
そう言って、決して整ってはいない字をホワイトボードに書き始める。そこに書かれていた言葉を読み取って、僕は大きくうなずいた。そう、この言葉に3つのチームを越えて、僕たちは答える必要がある。**われわれは何者なのか？**　新たなジャーニーをここから始めよう。

西方の解説　「バラバラのユーザー」を「一人のユーザー」にする

この話の解説は私、西方がつとめますで。太秦たちのチームは、せっかくピリッとした連中が集まっているのに、まだ一つのチームには成りきれていない。それは、それぞれが思い描いた「ユーザー」をそれぞれが好きなように見ているからや。自分たちで、バラバラの「ユーザー」を一人にする必要があるし、逆に「一人のユーザー」がチームをまとめる求心力になるんや。

具体的には**図13.1**の流れをイメージしよう。

図13.1｜「バラバラのユーザー」を「一人のユーザー」にする流れ

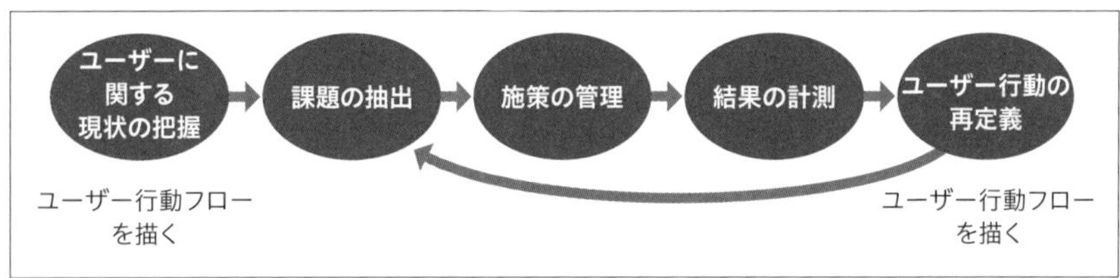

これをチーム、関係者で一緒になって捉えるわけや。それぞれが思い思いに動いてもユーザー体験はいい感じにつながらんやろ。同じものを見るようにしよう。というわけで、ユーザーについての理解を揃えることから始めようか。

ユーザー行動フローを描く

ユーザー行動フローをどういうタイミングで描くかによって、書く内容が変わる。プロダクトがまだないのか、もうすでにあるのか、どっちなのかや。

①プロダクトがまだなく、ユーザーに関する共通理解をつくりたい
　プロダクトがない状況での「現状の行動フロー」を描く
　→現状の行動に伴う問題を解決する「理想の行動フロー」を描く
②すでにプロダクトがあり、ユーザー体験の最適化を進めたい
　プロダクトを利用している際の「現状の行動フロー」を描く
　→現状のプロダクト利用に伴って発生する障害を特定する

どちらのケースも、最終的にはユーザーにとっての問題や利用にあたっての

障害を特定し、チームとしての課題（やるべきこと）を導き出すことや。太秦のチームの場合は、②やったわけやけど、ここでは①から解説するで。

①プロダクトがまだなく、ユーザーに関する共通理解をつくりたい

①の場合は、まだプロダクトがないわけやから、ユーザーが今どうしているかを丁寧に書き出すところから始める。ということは、もちろん、今どうしているか知ってないと書けへんわな。行動フローを書こうとして思うように書けなかったり、スカスカなのを目の当たりにすることで「**自分たちがいかに想定ユーザーのことを知らないか**」**を知る**わけや。まず行動フローを書いてみるのは、そういう発見にもつながる。

描き方は、次にようにやる。

1. ざっくりと大まかな行動か、状況を書き出す（図13.2）

なぜ大まかでいいかというと、いきなり細かく出そうとするとどの程度の粒度で書き出せば良いかわからず、下手したら挫折してしまう。ざっくり概要から詳細へと段階を踏むことで物事の整理がやりやすくなる[1]。

図13.2｜状況を書き出す

2. 対応する行動を細かく出していく（図13.3）

ここでは各箇所で、できるだけ細かく書き出すようにする。行動を書き出しているうちに、大まかな行動や状況に追加したくなったらもちろん追加する。そうして行きつ戻りつフローをつくっていく。

1　どの程度がざっくりで、どの程度が細かいかは厳密には定義しにくい。チームで最初に書き出した粒度をスタートラインとして進めてみて、話が細かくなって時間がかかりそうに感じたら、いったん粒度を大きくするほうに。逆にざっくりしすぎて、内容が雑に感じられたら、粒度を細かくするほうに振っていく。

図13.3｜行動を細かく書き出す

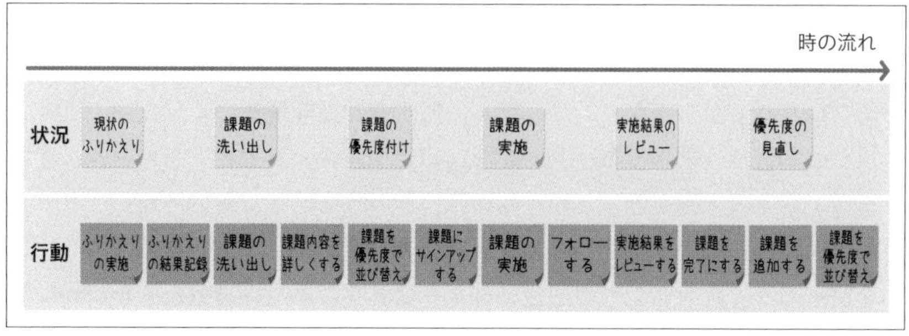

こうして描いてみて、もしスカスカになっているところがあったら、それは特に自分たちが理解していないユーザーの状況というわけ（**図13.4**）。重点的にユーザーインタビューや行動観察を行うところの可能性が高い。

図13.4｜スカスカのところは自分たちが理解できていないユーザーの状況

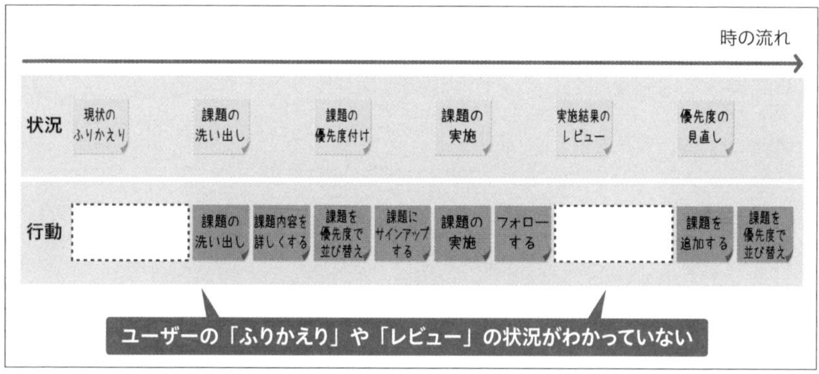

3. 行動に伴い発生する問題、不都合を書き出す（図13.5）

行動から考えられる問題を書き出すわけやけど、さらに丁寧にやるなら、ユーザーの感情を表現しても良い。どんな面持ちなのか。しっかりユーザーインタビューを実施していれば、描けるはずや。このときは**ユーザーを自分たちに憑依させる**んやで。

図13.5｜問題や不都合を書き出す

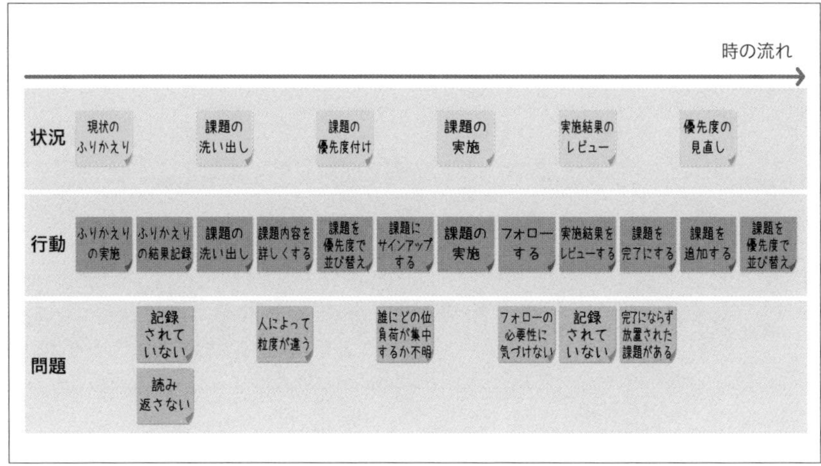

こうして、ユーザーの行動フローが描けてくるやろ。これは、一人でやればその人の理解に基づくものになるし、複数人でやればその人数分だけの理解をもとに描くことになる。ユーザーについて把握していることや、理解・解釈は人によって異なる場合がある。そうした知見を表出させるために、**ユーザー行動フローはチームでつくる**ほうが良いね。

おそらく、問題は複数挙がるやろうから、自分らのプロダクトが解決することで特に値打ちを感じてもらえるような「切実な問題」は何なのか仮説を立てておこう。切実な問題、それにこそユーザーが対価を払ってくれる、あるいはそれこそが新しいプロダクトの利用を始めてくれる理由やねん。

4. 問題や不都合を解消する解決策を挙げる（図13.6）

問題や不都合が見えたら、それらを解消、解決状態にするアイデアや工夫を挙げていく。こうした解決策を考え出す際にはまず「なぜ、その問題が起きているのか？」を問うことや。さらにいくつかの観点で問いかけて、問題を照らし出す。「誰にとっての問題なのか？」「どういう前提や状況で起きる問題なのか？」、問題を多面的に捉えることで、解決策がいくつか考え出せるやろう。

もう一つ観点を加えるなら「その問題を残すとどうなっていくのか？」や。問題として挙げたものの、大した問題ではないなら対応の優先度を落としてやるべきや。そうした解決策を考える上ではまず「なぜ、その問題が起きているのか？」が大事や。さて、解決策まで書き出せたら、それを解消するフローを描こう[2]。

図13.6 | 問題や不都合を解消する解決策を挙げる

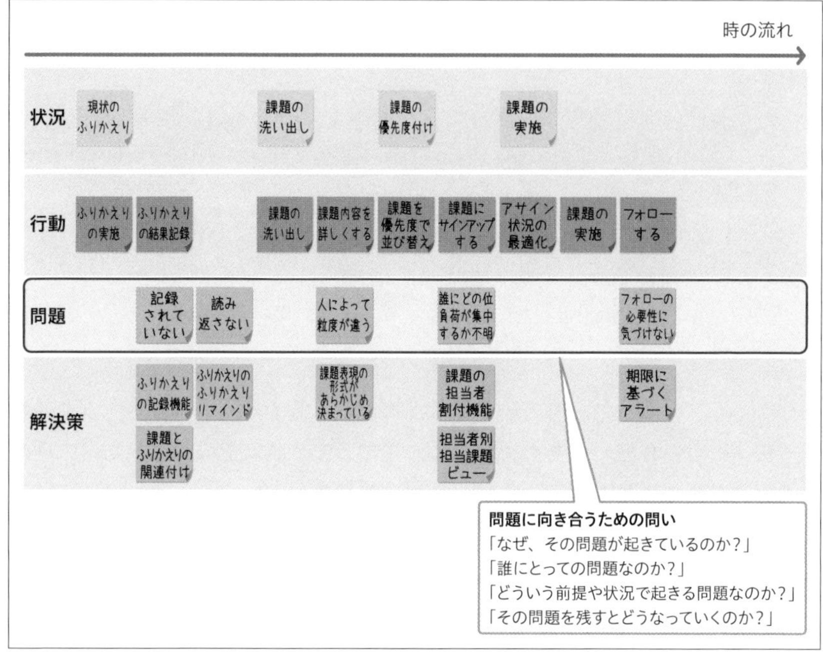

5. 現状の行動フローから理想的な行動フローを描く（図13.7）

今描いていたフローはおいておいて、改めて理想的な行動フローを描こう。現状の行動フローをながめながら、状況と行動を基本的に書き写していく。その上で、解決策を適用すると変化する状況と行動を捉え、元々あるものを書き換えたり、追加したりする。つまり、新しいフローのほうには問題や不都合が解消された後の状況、行動を表現していくわけね。

2 ここで、仮説キャンバスを書いているならば（書いておいて欲しい）、ユーザー行動フローと見比べてみて欲しい。キャンバスに挙がっている状況や課題がフロー上にも現れているか？

図13.7｜現状の行動フローから理想的な行動フローを描く

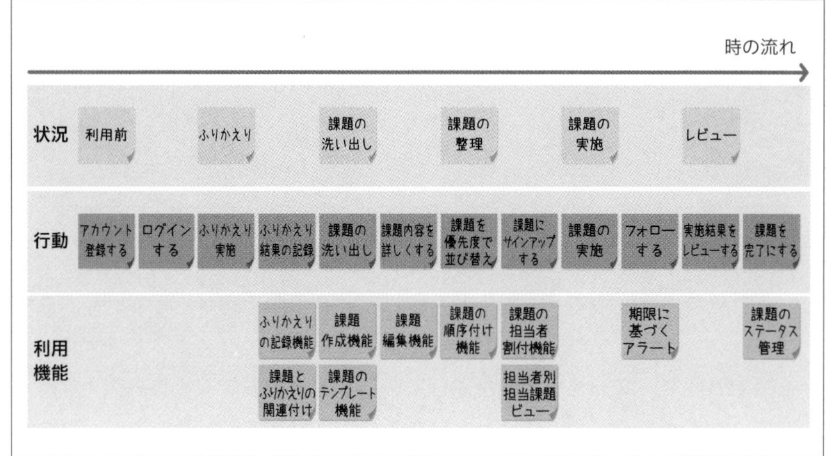

その際、行動に必要な「機能」もマッピングしていく。この機能出しはさっき挙げた解決策がヒントになる。「この行動を実現するためには？」と自分たちに問いかけ、それに答えるために解決策をもととするわけ。

ここで挙げた機能[3]がプロダクトバックログにつながっていくんや。もちろん粒度も内容も開発するにはまだ粗いものだろうから、見出した後の整理は必要やで。次は、②のケースを見ていこうか。

②すでにプロダクトがあり、ユーザー体験の最適化を進めたい

1. プロダクトを利用する状況をざっと挙げる（図13.8）

やはり、まずは概要レベルから始める。概要から詳細へと細かくしていく流れね。プロダクトをどんな状況で使っていくかは、自分たち自身が理解しているはずよね。もちろん、この流れが想定と違う場合はあるから、つくった後もユーザーインタビューやユーザーテストをやっていかなアカンよ。

3　粒度が粗く、そのままではまだ開発できないストーリーのことを「エピック」と呼ぶ。ここで挙げる「機能」はエピックにあたるため、開発可能にするための詳細化や分割が必要になる。

図13.8｜状況を挙げる

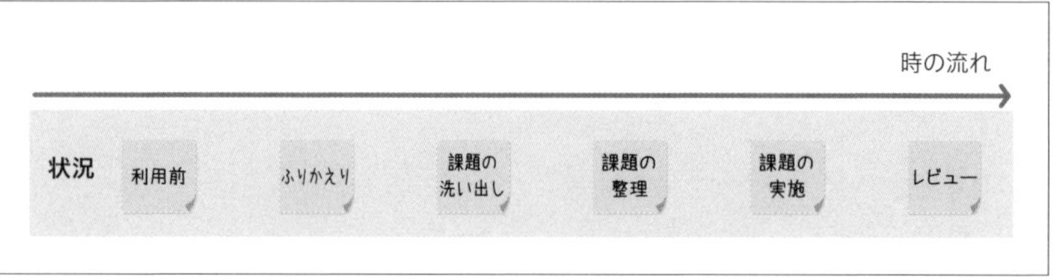

2.状況に対応する行動を細かく書き出す（図13.9）

それぞれの状況下でどんな行動を取っているのか、細かくしていく。これはプロダクトの利用フローそのものになる。もちろん、プロダクトで用意している機能以外で、ユーザーが何かやっていることがあるならそれも交えながら挙げていくんやで。どういう流れなのかきちんと把握するためにや。

図13.9｜行動を細かく書き出す

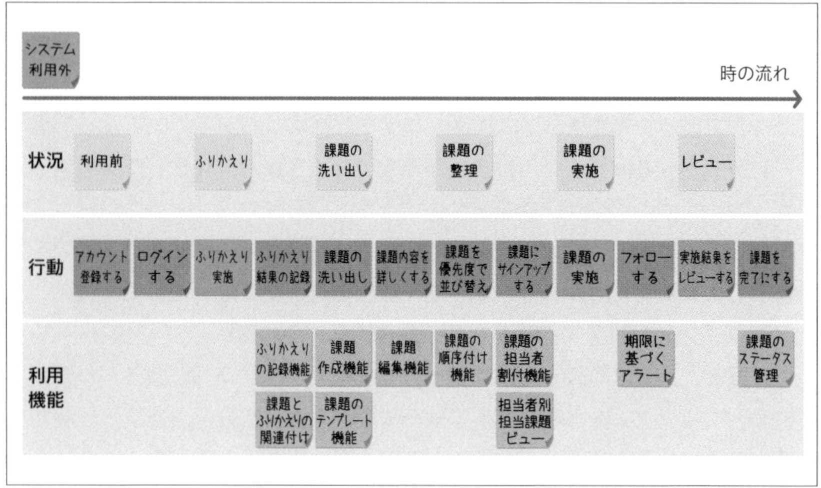

3.それぞれの行動に伴い発生している障害を書き出す（図13.10）

そもそも行動を取れていない、あるいはもっと行動を取って欲しいのだけどそうはなっていない、そんな箇所について、何がユーザーにとっての障害になっているのか書き出していく。これをやるためには、ユーザーの実際の利用状況がわかっていないといけない。プロダクト上での行動ログの計測[4]をすることで利用上滞っているところに目をつけたり、アンケートやヒアリングなどでユーザーの調査[5]を行う。そうした結果を踏まえて、何が障害になっているかチームとしての仮説を立てる。

図13.10 | 障害を書き出す

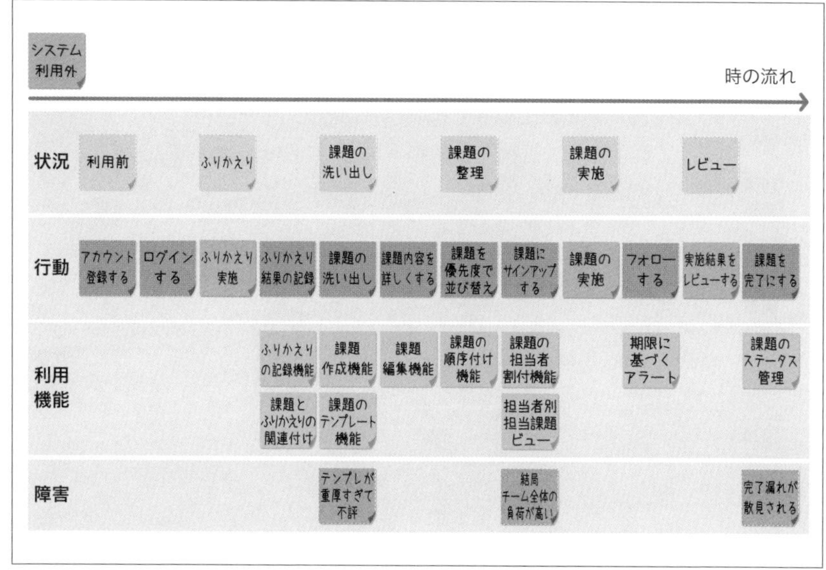

4.障害に対する解決策を挙げていく（図13.11）

どんな解決策が考えられるか、場合によって複数案考えられるやろう。実現のためのコストを考えると、梅竹松みたいにレベル感で解決策をそれぞれ挙げたいところや。チームの経験値から、どの解決策を取るべきかさくっと判断できるものもあれば、判断がつかないものもあるやろう。そんなときはソリューションの検証を行うことや。該当の解決策のプロトタイプを用意してユーザーの反応を見る。あるいはユーザーを絞ってABテストを行うといった具合や。

4 事実ベースで把握できるよう、プロダクトのログやAnalytics系のツールを用いる。

5 調査と仮説検証は異なる。そもそも現状がわかっていなければ仮説を立てることができない。現状の情報が不足している場合は、仮説検証に先立ち、まずは調査が必要になる。

図13.11 | 解決策を挙げていく

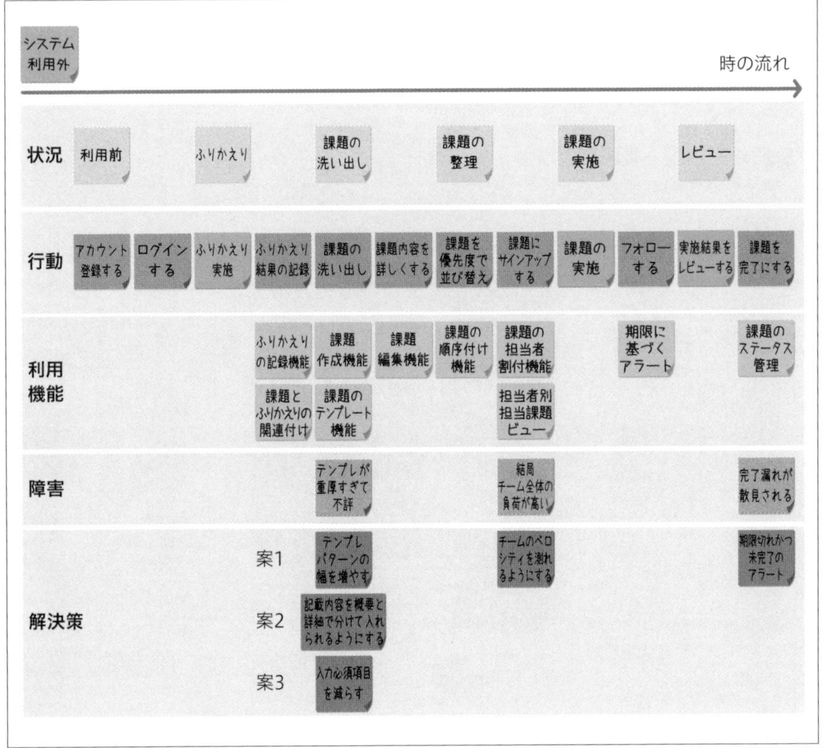

①②のいずれのケースでも、チームで何をしなければならないか課題がわかってくるはずや。チームが複数あるなら、その課題解決のためにチーム間での協力も必要になってくる。こうした課題の状況がチームの誰もがわかるように、カンバンに乗せて見えるようにする。なんでカンバンにするかって？　課題の発生からユーザーへのデリバリーまでの流れ自体を見えるようにしたほうが、課題の状況についてチーム間で理解を揃えやすいからや。今どこで止まっているのか、またどこまで進んでいるのか、そして課題間の位置関係も捉えやすくなるやろ。

カンバンで状況を追う

というわけで、カンバンで課題を追っていくようにしよう（カンバンの作り方自体は別の書籍にもあたって欲しい。『カイゼン・ジャーニー』とかね！）。

スクラムでやっていようと、ウォーターフォールやろうと、ジャーニーやろうと、どんなやり方を取っていようとも、それぞれのチームが作り出すアウトプットが意味のある単位で横断的にまとまるためには、**アウトプットを統合するタイミングが定まっている必要がある**。

Aチームだけ、ムチャクチャ頑張ってアウトプットをたたき出しても、Bチームの機能が揃わないと、ユーザーに向けてはローンチができないみたいなケースな。こういうのは適当にそれぞれ進めて、だいたい合ったら良いですね、やとたいていの場合揃わんから、各チームが目指す目印（マイルストーン）が必要になるんや。まあみんなで目指す**北極星**みたいなもんや。こうした同期のタイミングは実務上はカンバンの統合列（**図13.12**）で揃えることになるし、計画上は線表（**図13.13**）で各チームの認識を揃えておいたほうがいい。カンバンだと、状態は見えやすくなっても、約束された同期のタイミングは表現しにくいからな。

図13.12｜カンバン上の統合列

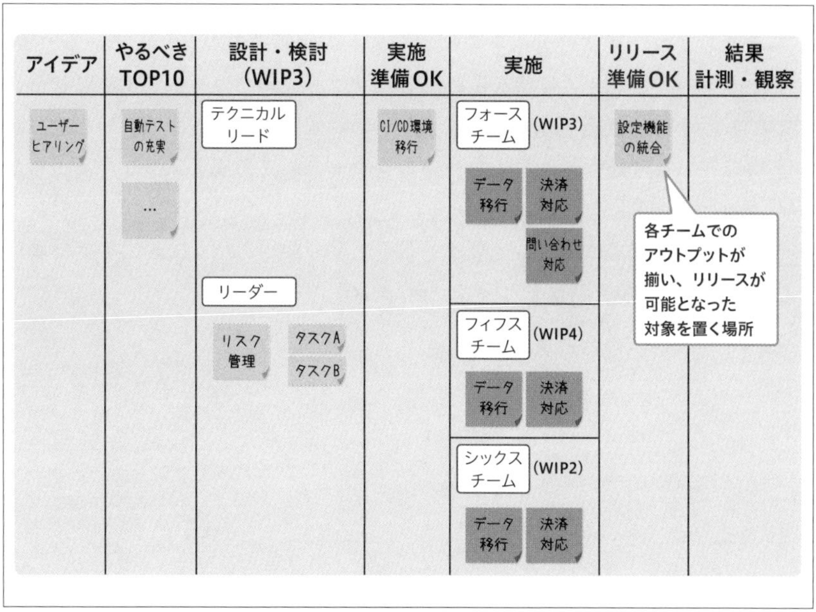

アイデア	やるべきTOP10	設計・検討(WIP3)	実施準備OK	実施	リリース準備OK	結果計測・観察
ユーザーヒアリング	自動テストの充実 …	テクニカルリード リーダー：リスク管理、タスクA、タスクB	CI/CD環境移行	フォースチーム(WIP3)：データ移行、決済対応、問い合わせ対応 フィフスチーム(WIP4)：データ移行、決済対応 シックスチーム(WIP2)：データ移行、決済対応	設定機能の統合	

各チームでのアウトプットが揃い、リリースが可能となった対象を置く場所

図13.13｜マイルストーンを見える化する線表

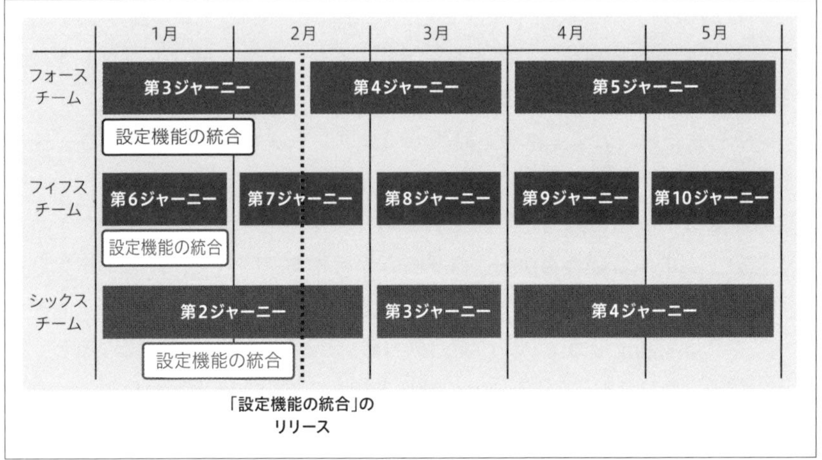

さて、ここまで「課題」と言ってきたものは、実現すればユーザーにとっての何らかの嬉しさにつながるものやね。ユーザーにもたらされる「価値」そのものだし、ひいては自分たちのビジネス上の価値にもつながっているやろう。チーム全体でどれだけ価値を生み出せたかは、追いかけるべき指標になる。課題の仮説がない状態で、つまりユーザーの価値につながるか何一つわからんまま機能をつくり続けたとしても、プロダクトとしての成果につながるかわからんよね。

計測したい観点は2つ。一つは、ある一定の期間あたりに創出できた価値の数[6]。これを**スループット**と呼ぶ（**図13.14**）。

6　課題の仮説に基づき開発した機能の数（ユーザーにとって価値があるまとまり）。ただしこの段階では未検証の状態である。検証を行い評価を行う必要がある。

図13.14 | スループットの見える化

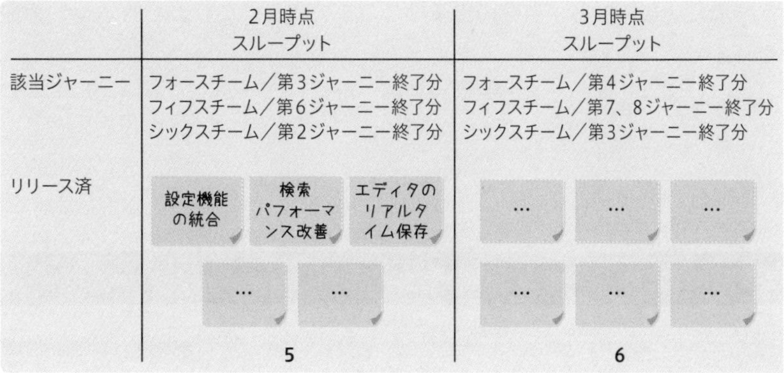

	2月時点 スループット	3月時点 スループット
該当ジャーニー	フォースチーム／第3ジャーニー終了分 フィフスチーム／第6ジャーニー終了分 シックスチーム／第2ジャーニー終了分	フォースチーム／第4ジャーニー終了分 フィフスチーム／第7、8ジャーニー終了分 シックスチーム／第3ジャーニー終了分
リリース済	設定機能の統合 検索パフォーマンス改善 エディタのリアルタイム保存 … …	… … … … … …
	5	6

　スループットが低調な場合、チームの活動に何らかの問題が起きている可能性がある。カンバン上の流れがどこかで滞っているわけやね。チームが複数になると、どこでどんな問題が起きているか、検知するのが難しくなる。だからカンバンで、全体の価値創出の流れを可視化しておく狙いは、ボトルネックを把握しやすくするということなんや。

　もう一つの観点は、**価値創出までのリードタイム**。課題が発見されたり、プロダクトについてのアイデアが生まれたりしてから、実際にユーザーに届くまでの時間を計測しておく。この数字も、チーム活動上ボトルネックの存在を把握するための大事なヒントになる。

　スループットやリードタイムを定期的に捉え、検知したボトルネックの解消に向けて必要な施策を挙げ、管理する。こうした動きは、単体のチームであればふりかえりのタイミングで、複数チームの場合はリーダー会やリード別の同期会で行いたいところや。

　最後に。もう一つチームが追わなければならない観点を示しておこう。それは、ユーザーに課題を解決する機能性が届いた後の世界でのことや。さっき「価値」と言いきったけど、実はそれがユーザーにとってほんまに有効なんか、価値がもたらされるのかってわからんことが多いよね。だったら、それは仮説でしかないわけ。価値の仮説が本当のところユーザーにどう受け止められたのか、利用についての計測を行う必要がある。こうした活動は仮説検証と呼ばれる。仮説検証については……きっとこの後のストーリーで出てくるはずや。もう結構説明したから、自分の出番はここまでで良いでしょ。他の人が説明してくれるで。

良いジャーニーになることを祈るわ。ほなね。

第13話 まとめ　チームの変遷と学んだこと

	チームの相互作用	フォーメーション	太秦やチームが学んだこと
第9話 塹壕の中のプロダクトチーム	一つのチームになったものの"お互いに遭遇していない"状態	フォースチーム　：リーダー太秦 フィフスチーム　：リーダー御室 シックスチーム　：リーダー宇多野 プロダクトチーム　：リーダー太秦 シニアPO　：貴船 プロダクトマネージャー：社	•情報流通のための境界設計 •コンウェイの法則 •「原石」としての情報（What） •「価値創出を促す」ための情報（Why、How）
第10話 チーム同士で向き合う	チームの境界を越える	フォースチーム　：リーダー太秦 フィフスチーム　：リーダー御室 シックスチーム　：リーダー宇多野 プロダクトチーム　：リーダー太秦 シニアPO　：貴船 プロダクトマネージャー：社	•越境のデザイン（役割からの越境、チームからの越境）
第11話 チームの間の境界を正す	チームの境界をつくる	フォースチーム　：リーダー太秦 フィフスチーム　：リーダー御室 シックスチーム　：リーダー宇多野 プロダクトチーム　：リーダー太秦 シニアPO　：貴船 プロダクトマネージャー：社	•境界設計の5つの作戦
第12話 チームの境界を越えてチームをつくる	越境チームでチームの壁を壊す	横断チーム　：常磐、嵯峨、和尚ほか フォースチーム　：リーダー太秦 フィフスチーム　：リーダー御室 シックスチーム　：リーダー宇多野 プロダクトチーム　：リーダー太秦 シニアPO　：貴船 プロダクトマネージャー：社	•状況特化型チーム、専門特化型チーム
第13話 チームとチームをつなげる	チームの視線を一点に集める	フォースチーム　：リーダー太秦 フィフスチーム　：リーダー御室 シックスチーム　：リーダー宇多野 プロダクトチーム　：リーダー太秦 シニアPO　：貴船 プロダクトマネージャー：社	•バラバラのユーザーを一人のユーザーにする（ユーザー行動フロー、カンバン）

第14話 複数チーム 応用編

クモからヒトデに移行するチーム

すべての意思決定をリーダーに通すようにする。チームの立ち上げ期にそのような強いリーディングが必要だったとしても、いつまでも適しているわけではない。リーダーがボトルネックになる前に、意思決定のあり方を見直そう。

現在のチーム構成

フォースチーム：リーダー太秦（うずまさ）
　メンバー：有栖（ありす）、三条（さんじょう）、鹿王院（ろくおういん）、壬生（みぶ）、常盤（ときわ）、嵯峨（さが）
フィフスチーム：リーダー御室（おむろ）
　メンバー：音無（おとなし）、仁和（にんな）
シックスチーム：リーダー宇多野（うたの）
　メンバー：鳴滝（なるたき）、七里（しちり）
プロダクトチーム：リーダー太秦
プロダクトマネージャー：貴船（きふね）

ストーリー 問題編 銀の弾丸をなすりつけるチーム

プロダクトチームとして追いかけるべきユーザー像が「一人」になり、それをチーム間で前提として置けるようになったことで、俄然チーム同士の活動がかみ合い始めた。ユーザーにとって違和感のない体験となるよう、3チームで機能イメージをすり合わせる場が圧倒的に増えてきた。こうした僕たちのチームの動きを見届けると、西方さんは姿を見せなくなってしまった。また、次の現場へと移っていったのだろう。

西方さんと代わるように、プロダクトチームに合流してきたのがテスト管理ツールのゼロチームだった。テスト管理ツールチーム合流に際して、久しぶりにプロダクトチーム全員に集合がかかった。大きな会議室に全チームメンバーが集結する。全員を前にして、会を仕切り始めたのは社さんではなく、貴船さんだった。

「まず、最初にみなさんにお伝えしておくことがあります。プロダクトマネージャーの社さんが異動になりました。後任は私になります。」

　さざなみのような反応が会議室の中を駆け巡った。

「ま、当然だな。」

　いつの間にか僕の隣にいた御室が僕にだけ聞こえるように言った。社さんがプロダクトマネージャーとして機能していなかったのは誰の目にも明らかで、早晩こうなることは予想がついていた。砂子さんのときもそうだが、この会社ではためらいなく突然の異動が行われる。

「しかし、貴船さんがプロダクトマネージャーとは、またやりにくくなりますね。」

　さらに小さな声で、僕の後ろから声をかけてきたのは三条さんだ。

「俺は、太秦がなってもおかしくないと思ったんだが。」

　やや苦々しそうに、御室は僕の目を見ることもなく言った。

「太秦さんにこれ以上チームから距離を取ってもらうわけにはいきません。」

　御室に反論したのは有栖さんだった。気がついたら、僕の周りにはチームメンバーが集まっていたようだ。振り返ると、三条さん有栖さんだけではなく、鹿王院くん、常磐、嵯峨くん、壬生さんも立っている。僕は片頬を少しゆるめるようにして笑みを浮かべた。

「プロダクトマネージャーは社長からのプレッシャーがとんでもないと聞くよ。僕にはとうていつとまらない。」

　御室もつられるように苦笑いしてうなずいた。

「テスト管理ツールも合流するわけですし、またチーム間の動き方を整える必要がありますよねー。」

　壬生さんの言うとおりだった。僕には僕のやるべきことがある。会の前方では、テスト管理ツールチームの紹介が始まっていた。

「みなさんこんにちわー！　マイネーム イズ“マイ日坂（ひさか）”です、よろしくお願いしまーす！」

　底抜けに明るい伸びのある声が唐突に上がり、僕に限らず全員がその女性に釘付けになった。やや小柄な女性がにこやかに手を振っている。僕があっけに取られていると、見たことがある人物がマイさんを押しのけるように前に出てきた。

「どうも、こんにちわ、万福寺（まんぷくじ）です。」

　あ！と僕と嵯峨くんが同時に声を上げる。横断チームで一緒に苦楽をともにした、万福寺こと和尚がまた僕たちの前に現れ

マイ日坂

たのだ。そうか、テスト管理ツールチームだったのか。あのときは七里さんが一時的にこちらに引っ張ってきたというわけだ。ちなみに、常磐は驚いた様子はないので、知っていたのだろう。

ふと誰かの視線を感じてあたりを見渡すと、少し離れたところから七里さんが僕を見つめていた。どや顔で親指を立てて見せている。

「ちょっと！　あなたたち、プロダクトオーナーを差し置かないでください！」

さらに和尚を押しのけるように前に出てこようとしているのは、大きなメガネをかけた女性だった。一生懸命、和尚を押しのけようとしているが、マイさんより小柄な体では巨漢はぴくりともしない。押しのけるのを諦めて、和尚の前に回りこんでようやく姿を現すことができた。

「こんにちわ。テスト管理ツールのプロダクトオーナー、ウラットです。」

流ちょうな日本語だが、外国籍の人なのだろう。少しだけイントネーションにも、アクセントが感じられる。

「タイの方らしいですね。」

ウラット

有栖さんが僕の好奇心に補足をしてくれた。

「ウラットさんは、テスト管理ツールの本当に初期の開発メンバーだったと聞きました。」

「それを言うなら、七里さんもそのはずだ。」

有栖さんの話をさらに三条さんが補完してくれる。2人が僕よりずいぶん詳しいことに感心したが、考えてみれば2人とも僕より社歴が長いのだ。当の七里さんは、ウラットさんに向けて控え目に手を振っている。

「どう考えてもおかしいでしょう。リーダーは僕ですよ……。」

そう言って、青白い顔をした細身の男性が3人の後ろから恨めしそうに姿を現した。和尚が大きくて、よく見えない。

「あ、そういえばいたわね、浜ちゃん。」

「浜須賀（はますが）、君がグズグズしているからです。」

マイさんと、ウラットさん、それぞれから反論されて浜須賀さんは落ちていた肩をさらに落としたように見えた。

「あの人が、テスト管理ツールのリーダー……。」

鹿王院くんがつぶやくように言った。予想外だったのだろう。テスト管理ツールといえばこの会社の根幹プロダクトだ。そんな大事なプロダクトを背負っている人物には（失礼ながら）とても見えない。

「ああ見えてすごいらしいですよ。」

反応したのは常磐だった。常磐がなぜ、浜須賀さんを知っているのだろう。本人が続けて補足してくれた。

「横断チームのときに和尚さんから聞いたんです。コードのことになると人が変わるらしいです。」

それを聞いて壬生さんが大きく噴き出した。

「何ですかー、そのキャラ設定。」

「いや、でも、昔いろんな修羅場をくぐりぬけてきたそうですよ。浜須賀さんだけではなく、あのチームは全員ひとくせありそうです。」

常磐の見立てを御室が一笑に付した。

「その分、俺や太秦、他のプロダクトオーナーにとっての負担が増えるわけだ。誇り高いチームが合流するんだからな。おそらく調整ごとが増えるぞ、太秦。」

言われるまでもなかった。また統合に向けたジャーニーを始める必要がある。僕はこめかみをひとさし指で押さえ込んだ。その様子を心配したのか有栖さんが声をかけてくれた。

「大丈夫ですか、太秦さん。」

僕は軽く笑顔をつくってみせた。メンバーに心配をかけている場合ではないのだ。

プロセスヲ標準化セヨ

この日以降、思った以上にチーム運営が難しくなっていった。明らかに自分が注意を払ったり、コミュニケーションを取る先が格段に増えたのだ。テスト管理ツールの統合に向けて、再び統合化のための横断チームを結成した。今度は、七里さんと、仁和くんを中心に動いてもらう。もちろんタスク管理ツールチームとしての協力は必要だ。常磐にも再び横断チームに入ってもらった。

こうした横断チームの立ち上げとは別に、貴船さんが主導しているマーケティングチームとの絡みもあった。案の定、社長からのプレッシャーがかかっているらしい。統合後、売り上げがあまり伸びていない状況に対するダメ出しが寄せられているようなのだ。社さんに代わって、今度は貴船さんが受け止める役だ。そして、貴船さんがマーケティングチームにプレッシャーをかける。それを受けてマーケティングチームは、他のチームにやれ数字を出せ、計測を増やせ、こんな施策をやれと矢のように要請を飛ばした。そうした相手をいきなり三条さんに振ると今度は三条さんがチームをリードできなくなってしまう。自ずと僕が引き受けることになる。

テスト管理ツールチームが増えた分、チーム間のコミュニケーションも増えるし、煩雑にもなる。僕はプロダクトリーダーという役割を持っている以上、まんべんなく各チームとのコミュニケーションを取る必要があるのだ。その結果、関わっているテーマが手にあまり、だんだんとそれぞれの話についていけなくなっていった。コンテキストスイッチが頻繁すぎるのだ。やがて、僕はどのチームの何をどこまで伝えているかわからなくなり、一つのチームに伝えたら全体に伝わっていると誤った思い込みをしがちになった。

その様子をさすがに見かねたのだろう、貴船さんはガタつき始めたチーム全体の運営を締め直すべく動いた。実は、貴船さんが取ったこの動きを知ったのはずいぶん後になってからで、知ってから僕は天を仰ぐ羽目になった。貴船さんがやったのは、チーム運営のコンサルタントを招くことだった。プロセス標準化については有名なコンサルらしい。状況を踏まえるために宇多野に協力させて施策を整え、いきなり次々と指示を飛ばし始めたのだ。

その内容は宇多野チームでやっている施策の焼き直しだった。プロダクトとして今後マーケットへのPRを拡大させる分、品質の向上も急ピッチで行う必要がある。だから、各チームのコードレビューでの質を担保する必要があり、レビューのために申請的なドキュメントを書くことを義務付けるという。そして、その申請を僕のほうでチェックせよということだった。さらに、同じく品質の確保のために、テストケースのドキュメント化を進め、そのドキュメントのレビューも徹底する。こうした申請やレビューについて第三者のチェックが入って許諾されるまで、タスクを進められない。

この話が飛び込んできたときのみんなの反応は様々だった。三条さんは表情を硬くさせ、鹿王院くんと壬生さんは一笑に付して、無視を決め込んだ。情報流通の経路が完成しているため、こうした指示ははからずもしっかりとチーム全体に展開されてしまう。

リーダー会で、この事態を遅まきながら把握した僕は、しかし、貴船さんに反論する気力を失ってしまっていた。こめかみの痛みが増すばかりなのだ。そんな僕に代わり、御室が苦言を呈した。

「おい、宇多野！　お前のところは本当にこんな運用をやっているのか！」

ほとんどけんか腰だった。宇多野はもちろん反応すらしない。宇多野チームでは、これで確かに運用しているのだろう。貴船さんが、宇多野を代弁した。

「あるチームで上手くいっている運用を、他のチームに展開するのは当然だろう。それがベストプラクティスの活用というものだ。」

本当に宇多野のところはこれで上手くいっているのか？　開発が遅れているのはいつも宇多野チームだ。仮に宇多野のチームで機能していたとしても、それをそのまま他のチームに展開するなんて。僕の目にはこの先の混乱がありありと映っていた。ここまで整えてきたプロダクトチームの運営が崩壊しかねない。

僕がリーダー会から自チームに戻ってきたときには、こめかみの痛みはいよいよひどいものになっていた。正直言って八方ふさがりの感がある。

戻ってきた僕がひどい顔をしていたのだろう、チームのみんなが心配して声をかけてくれる。さらに、そんな僕を仁王立ちで待っていた人物がいた。

蔵屋敷（くらやしき）さんだ。なんで、蔵屋敷さんがここに？　ほうけている僕に、以前と変わらない凛とした声で呼びかける。

「太秦。」

蔵屋敷さんは僕の顔をまっすぐ捉えて、言葉をつなげた。

「**こんなんでは、ダメだぞ。**」

僕は即座に熱いものが目の奥からこみ上げてくるのを感じた。なぜなら、そんな言葉を浴びせてきた蔵屋敷さんはこれまで見たこともない、優しく僕をねぎらう表情をしていたからだ。

ストーリー解決編　クモからヒトデになろう

さっそく蔵屋敷さんは、貴船さんと御室、宇多野、そして僕をミーティングスペースに集めた。そして、そこにはなぜかウラットさんもいた。もちろん蔵屋敷さんが呼んだのだろう。蔵屋敷さんは開口一番、今進めている施策の中止を求めた。たちまち貴船さんは眉間にしわを寄せる。

「中止する？　そんなことして、プロダクト開発の標準化はどう進めていくんですか？」

「重要なのは標準化ではない。」

　蔵屋敷さんは一応、僕たちの会社の中の人ではないのだけど、プロダクトマネージャーにもまったく遠慮するところはない。あまりにあっさり主張を切り捨てられたので、貴船さんはあきれて返す言葉を失った。そんな貴船さんに代わり、宇多野が反論した。

「品質の担保はどうするんです？　これからマーケティングに力を入れて、ユーザー数を増やそうとしているときに、いつまでも各チームでムラのあるやり方ではまずいでしょう。本番障害が出てから、テストが漏れていましたでは済みませんよ。」

　宇多野に御室が言い返す。

「だからといって、宇多野。お前のところのやり方に合わせていたら、このチームのスループットなんてまったく出なくなるぞ。」

　とはいえ、御室にも対案があるわけではない。議論は平行線をたどりそうだった。蔵屋敷さんは平然とした様子でウラットさんを指さして、議論を打ち切るように宣言した。

「ウラットのチームがQAをやれば良い。」

「は？？」

　僕も含めて全員が蔵屋敷さんに疑問符を投げ返した。ウラットさんだけが「あ、そうですね」と軽い口調で応答した。

「もともと、ウラットは親会社で品質管理部のマネージャーをやっていたんだ。」

　テスト管理ツールのプロダクトオーナーをつとめているのは伊達ではない、ということか。

「テスト管理ツールをサービスローンチした頃と同じように、QAをやってくれたらいい。」

「了解です。品管部の部長の土橋（どばし）さんにも言って、何人か昔のメンバーにこちらのQAを手伝ってもらうようにします。」

「そうしてくれ。社長には俺から話を通しておく。」

　蔵屋敷さんとウラットさんのやりとりを僕たちはあぜんとしてながめていた。蔵屋敷さんはやおら、宇多野のほうを見て言った。

「どこかのチームで上手くいったやり方を他のチームにもそのまま適用して上手くいくとは限らない。チームが異なれば、同じ会社であっても会社の外の現場と大して変わらない。」

それぞれの現場の文脈を捉えろ、蔵屋敷さんの言葉に宇多野はまったく言い返すことができなかった。蔵屋敷さんが取った作戦は、QAに専門特化した横断チームの設置というわけだ。テスト管理ツールチームにとっては、自分たちのプロダクトを使って運用するだけのドッグフーディングと変わらない。それに彼らがQAとして合流することで、他のチームとのコミュニケーションも自然に生まれることになるし、QAの観点からこのプロダクトを捉え直してもらうことで課題提起も期待できる。非の打ちどころのない蔵屋敷さんの作戦に僕は感心した。今度はそんな僕に冷水を浴びせるように蔵屋敷さんは言い放った。
「太秦は、プロダクトリーダーを降りたほうがいい。」
「え!!」
今度は僕だけ、蔵屋敷さんに感嘆符を投げ返した。
「リーダーが必要なジャーニーはもう終わっている。リーダー会も、リード別の同期会も機能しているんだ。太秦が、リーダーを張ることで、逆に意思決定のボトルネックになっている。」
「いや、しかし、そんな。」
ここまで頑張ってきたのに……とうとう解任？　僕は何だか突き放されたような気持ちに陥った。そんな様子を見て、蔵屋敷さんは言葉を続けた。
「組織やチームのあり方は、クモとヒトデに似ている。」
「⁉」
何を言い出したのかと、みんなからの感嘆符と疑問符が蔵屋敷さんに向けられた。
「中央集権型、強いリーダーがいて引っ張り続けるのがクモ型の組織だ。司令塔の頭が体全体を活かせているうちは良いが、頭がもしやられてしまったらどんなに立派な体を持ったクモもたちまち動けなくなってしまう。」
今のチームは、クモだというのだろう。
「分散協調型、それぞれが自律的に動きながらお互いの協調でもって成り立つのがヒトデ型の組織だ。ヒトデはどこをやられても、活動を停止しない。どの部分も頭になりうる。チームの立ち上がり時は強力な牽引が必要になるだろう。だが、このチームは、もうヒトデに足る段階に来ている。」
そう言って、蔵屋敷さんは僕と、そして御室、宇多野の顔を見た。御室はまんざらでもない様子でうなずき、宇多野も目を伏せて同意を示した。そうだ、僕は一人ではない。時に対立し、時に協力して、この同期たちと、そしてチームメンバーと、ここまで曲がりなりにもやってきたのだ。今のコミュニケーションの構造なら、僕がリーダーとして頭を張り続ける必要はない。

僕が合意に達したことを感じたのだろう。蔵屋敷さんは少し口をゆがめるように笑顔を見せた。と、そのとき、黙っていた貴船さんがせきを切ったように口を開いた。

「ちょっと待ってくれ。蔵屋敷さん、あなたは何の権限があって、そんなことを言ってるんだ。あなたは社外の人間じゃないか。」

貴船さんに向けた蔵屋敷さんの顔はこれまで見たこともない冷たいものだった。

「確かに私は部外者だ。だが、あなたもすでにこのチームのメンバーではない。プロダクトマネージャーは社長自らつとめるそうだ。」

これには誰もが絶句した。

「そうなると、このチームの責任者はさっきまで、プロダクトリーダーだった太秦ということになる。その本人が決めることを、取りやめさせる権限とやらは今この場にいる誰にもないんじゃないか。」

貴船さんは黙り込んだ。社さんに続いての更迭ということになる。そして、社長が自らプロダクトマネージャーをつとめる。それは、僕らには任せきれないと見切りをつけたということでもある。砂子さん、社さん、貴船さん……意向に沿わなくなったら、即代えられてしまう。次は僕たちだろうか。御室や宇多野と顔を互いに見合わせた。

戦々恐々の僕らをよそに、ウラットさんは気になったのだろう、冷静に蔵屋敷さんに突っ込みを入れた。

「とはいえ人事のことは、社長の許可が必要なのでは？」

蔵屋敷さんは、ウラットさんのほうを振り返りもせず言いきった。

「**“事前に許可を求めるより、後でゆるしを得たほうがたやすい”**[1]だよ。」

1　蔵屋敷が引用した言葉の原文は「It's easier to ask forgiveness than it is to get permission.」（グレース・マレー・ホッパーの言葉）。プロダクトリーダーという役割をなくすということをまだ現場のことがわかっていない社長にその許可を求めにいったところで判断に時間がかかってしまう。一方、現場はすでにリーダーがいなくても回せる体制をつくれてきている。だから、動いてしまって後でゆるしを得にいくということを選んだわけだ。

蔵屋敷の解説　標準化ではなく共同化、共同化から協働へ

本話の解説は、私、蔵屋敷がつとめることにする。ストーリーで示したように強引な標準化はむしろチーム活動の障害になってしまう。ここでは、標準化に代わる共同化について説明する。その前に、リーダーやマネージャーに向けて、チームが成熟してくるにつれてどのようなあり方がありえるのか、示しておくことにしよう。

詳細と俯瞰（ふかん）を行き来する

「マネジメント」という機能に求められるのは、情報の流れ、問題の予測、障害の始末を継続的に追いかけることだ。チームがアウトプットを仕上げるまでそれを繰り返す。この際、チーム・現場は結果を出すために視点が詳細に寄りがちになるので、状況を俯瞰的に捉えるのがマネジメントに求められることだ。俯瞰から見えることを詳細側に伝え働きかけることで、的を射る活動となるよう調整につとめる。

ただし、マネジメントゆえに、俯瞰の立ち位置から動かない、詳細側へ踏み込まないという姿勢は、俯瞰と詳細の視点を現場の内側と外側という境界で分けてしまうことになる。詳細側、俯瞰側という分断は、どちらかが意思決定を誤る可能性を高めるため、避けなければならない。

ゆえに、マネジメント機能を担う役割（マネジメントリードと呼ぶことにしよう）は、俯瞰的立ち位置にありつつ、時に詳細へと踏み込むという行きつ戻りつを繰り返すことになり、負荷が高くなる（**図14.1**）。

図14.1 | 「俯瞰と詳細」の往来

現場に近いほど「詳細」が必要。
逆に現場から遠いほど「俯瞰」が必要。
組織
現場の外
現場
俯瞰
求められる観点
詳細

現場（詳細）に立つときほど、外側からどう見えるのか
俯瞰するようにする。（外側の人たちと対話を持つ）
組織
現場の外
現場
俯瞰
求められる観点
詳細

組織（俯瞰）に立つときほど、現場からはどう見えるのか
詳細に寄るようにする。（現場の人たちとともに動く）
組織
現場の外
現場
俯瞰
求められる観点
詳細

おそらく、越境的なマネジメントリードほど山のようなタスクを抱えることになるだろう。誰も担い手がいないがやらなければならないタスクなどもいつの間にか目の前にたまっているだろう。そこで、マネジメントリードが心がけるべきタスクに対する指針が2つある。

①自分の目の前から自分がやらなければならないタスクを一掃する

自分がやらなければならないタスクを自分で片づける、のではない。とにかく一度自分の目の前からなくすことを心がける。タスクをゼロにするために、あらゆる手段を取る。そもそもやらないことリストに移したり、担当をメンバーに割り振り直したり、チームの外から力を借りてきたり、と。

マネジメントリードは、チームが気づけていないことや直面する障害に先回りするのがその本分だ。自分の手元のタスクで手一杯となり、チームの先を捉えるというその役割を果たせていないとしたら本末転倒だ。まず、その本来の機能を成り立たせる必要がある。

②チームの目の前からやらなければならないタスクを片づける

次にやることはもちろんのんびり余裕を楽しむことではなく、チームの目の前にたまっていくタスクを片づけていくことだ。間違っても、マネジメントリードがチームの眼前にタスクをひたすら積み上げていくだけの役回りになってはいけない。滞留しているタスクを前に進めるため、また不要不急なタスク自体を減らしていくための判断や作戦を率先して進める。プロダクトづくりとは異なる視座（そもそもの事業の目的や組織の狙い）から判断を行ったり解釈を示したりするのは、マネジメントリードの重要な機能であり、役割だ。

この順番を間違えてはならない。チームが大変だからといってマネジメントリードが全部タスクを拾い集めていては、そもそもチームに入ってくるタスク、抱えるタスクを誰が減らすのか。自分の抱えるタスクがないからこそ、チームのための活動ができるのだ。

意思決定を立体の中で泳がせる

このように俯瞰的な立ち位置からの判断は、直感に反する場合がある。目の前の問題をただ解決できさえすれば良い判断なのかというと、そうとはいえない。意思決定をどのように下していくかは、マネジメント機能の質を大きく左右するところである。

意思決定の精度はどれだけ前提を問い続けたかという軸と、どれだけ選択肢を挙げられたかという2軸で構成される。前提を問い続けるとは、前提の前提、さらにその前提となっていることは何かと、掘り下げていくことである[2]。この際、前提がどのようにすれば成り立つかという根拠の列挙以上に、**どれだけ前提が成り立たないケースを考えられたか**に着眼したい。前提が成り立たないケースを考慮しておくことは、リスクヘッジにつながる。

どういう前提の下で、どれだけの選択肢の中から選ぶ判断をするのか。こうして捉えると意思決定は面の上で行うことになる（**図14.2**左）。

意思決定の筋の良さを高めるのは、こうした軸を何本も通すことにある。ここに時間軸を加える（**図14.2**右）。

図14.2｜意思決定に時間軸を加える

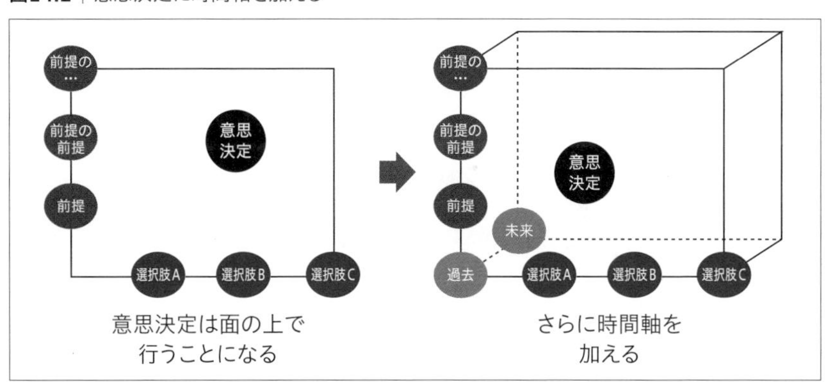

現時点では良さそうな施策も、時間を先に送るとそうではなくなる可能性がある。あるいは、過去に取ったことがある施策ならば、そのときの前提と変わりがないのかを見る。

具体例を一つ示しておこう。たとえば、あるプロダクトのリニューアル開発が予定よりも遅れている場合にどんな意思決定の展開が取れるか。

前提に対して、まずは取りうる選択肢をできるだけ挙げるようにする（**図14.3**）。前提に適さないとわかっている選択肢（図でいうとC）も一度は挙げるようにする。その上で前提の深掘りを行う。

2　もちろん前提は一つに限らない。複数の前提があれば捉えておく。

図14.3 | 取りうる選択肢をできるだけ挙げる

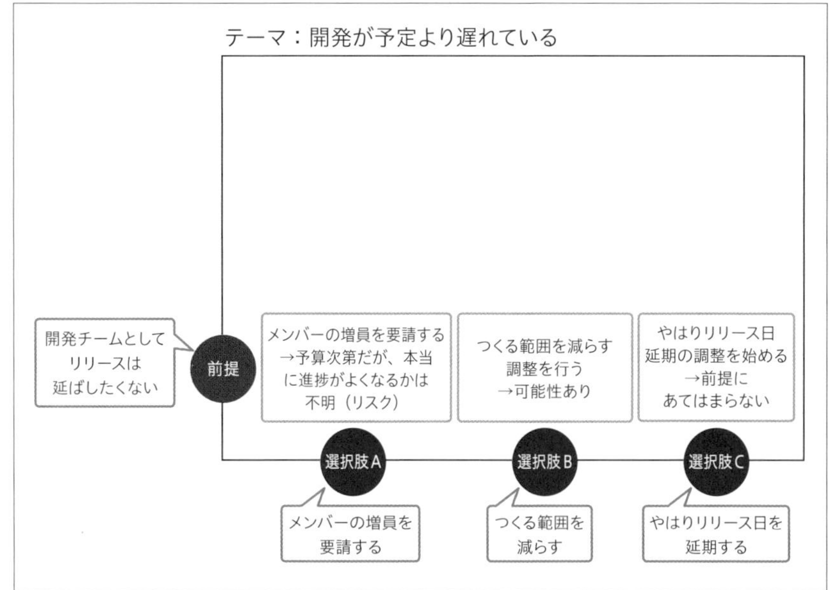

前提のさらに前提にあたることを踏まえて、選択肢を一通り見直しする（**図14.4**）。

図14.4 | 前提の前提を踏まえて選択肢を一通り見直す

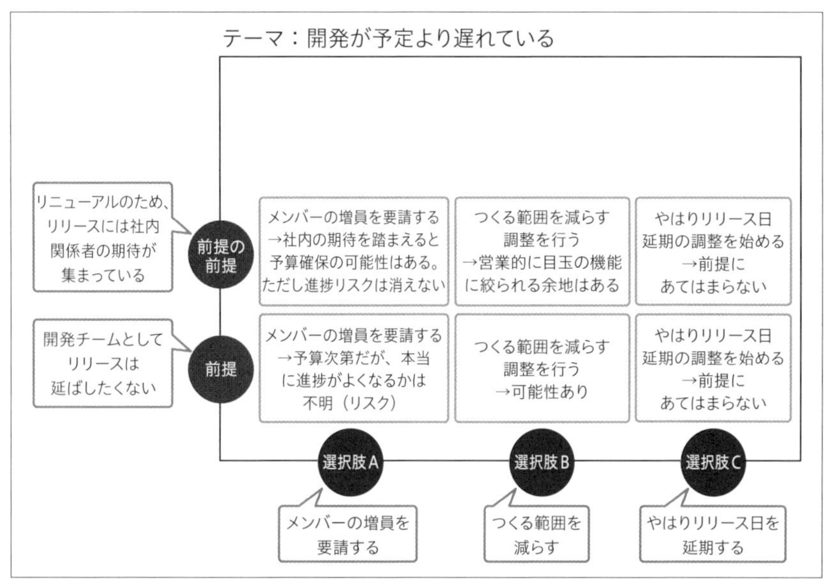

前提の前提のさらに前提がありえるなら、突き詰めて選択肢を検討する（図14.5）。場合によっては、最初の前提ではありえなかった選択肢にも選択の可能性が出てくることがある（選択肢C）。

図14.5｜前提の前提の前提がありえるなら突き詰めて選択肢を検討する

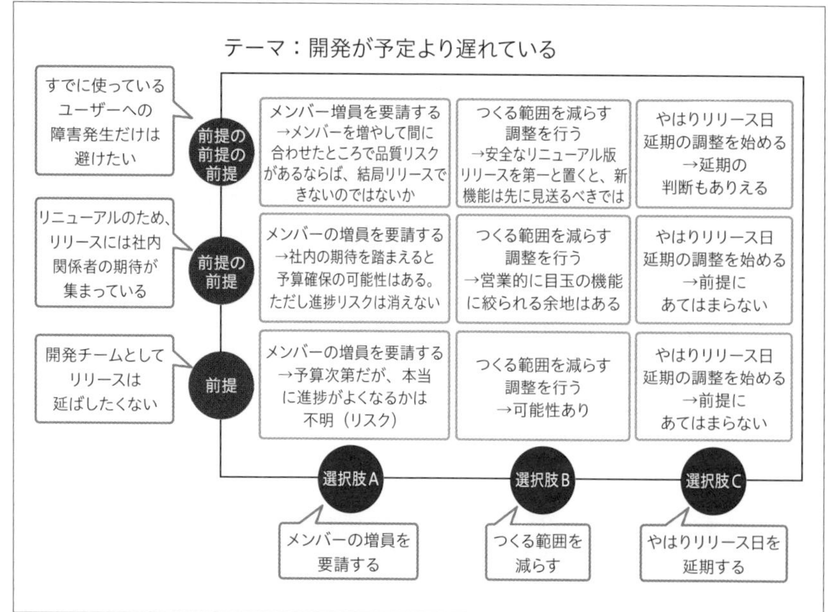

さらに、時間軸を加えてたたいてみる。過去、開発が遅れた場合にどのような選択肢を取ったか。メンバーの増員で果たして乗り越えられたのか。あるいは、時間軸を先にしてみる。今の状態に対する判断を先送りにした場合、取り返しはつかないのか。今メンバー増員を行うと確実に既存メンバーの手が取られることになる。その判断をしなければならないほどの状態なのか。1スプリント先であればまだ取り返しがつくならば、判断を先に送ったほうが良いのではないか、といった具合にだ。

先導者はやがて「自分」を手放す

こうしてリード役はチームを先導し、状況を進捗させる。このリード役をいつまで置き続けるかも、大事な意思決定の一つといえる。チームが成熟すれば、いずれリード役の配置が適さなくなる可能性が出てくる。**先導するということ**

は、逆にチームがそれ以上の速度で進めないということだ。リード役の存在が、その意思決定が、チームのボトルネックになりうる。

ストーリーで示したようにチームの立ち上げ時はクモ型の組織、強力なリーダーシップがたいていの場合求められる。だが、クモ型では意思決定がボトルネックになってしまう場合、あるいはチームメンバーの練度と自律性が高まったならば、次の形態へと移行することを意識したい。判断をする役割を一人に張り付けるのではなく、意思決定と責任をそれぞれが担い、協調的に動くヒトデ型の組織に、である（**図14.6**）。

図14.6 | クモ型チームとヒトデ型チーム

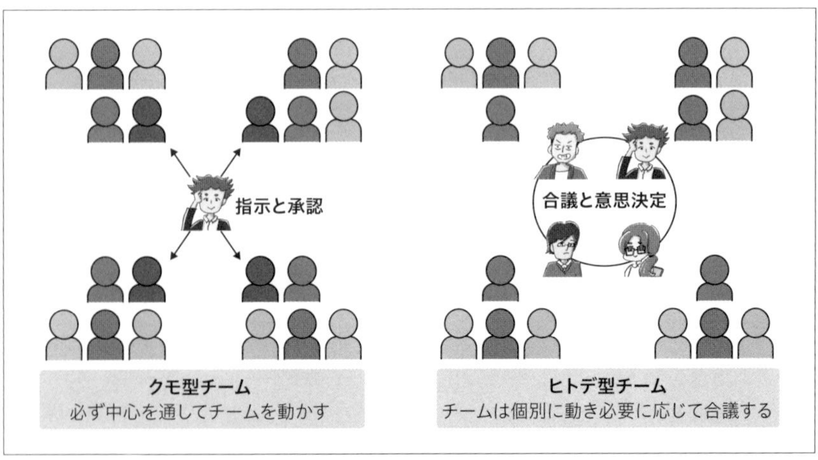

これは**リード役が自ら自分の役割を手放す**ということだ。この意思決定は、俯瞰的な位置に立ち、かつ状況を立体で捉えることで、いつか選択肢の中に表れてくるだろう。逆にこうした選択肢がいつまでも現実化しないチームはまだまだ取り組むべきことがあるということだ。リード役とチームメンバーで、ふりかえりとむきなおりの中で何が不足しているのか捉えていきたい。

標準化ではなく共同化

過度な標準化がもたらす弊害については、改めて触れる必要はないだろう。チームの置かれている状況、これまで積み重ねてきたこと、チームにある考え方や志向性（文化といえるだろう）などをひっくるめてチーム個別の文脈を無視した取り組みを強引に導入したところで、ハレーションを起こすだけだ（一方、まだ文脈が育っていないチームにとっては、自分たちの活動の型を決めていく足がかりになりうる)。

そうはいうものの、お互いの仕事のやり方を把握していなかったり、共通言語がない状態では、意思疎通や共通理解を得るためのコミュニケーションに時間がかかって仕方ないだろう。われわれは個別化もまた望まない。

単一のチーム内にせよ、複数チームにせよ、それぞれの自律性を残しながら、標準ほど厳格なプロトコルを課すことなく、お互いの把握と歩み寄りを進めるためにはどうしたら良いか。**ともにつくる**ことだ。ともに仕事をする。時間をともにする。それがお互いの理解と、新たな方法の発見につながる。

これが共同化の意味するところだ。共同化には、2つの段階が考えられる。

①時間と場所をともにする

仕事をともにする時間と場所が異なる場合は、まずここから揃える。具体的には、1日限定の同席開発、あるいは合同合宿が考えられるだろう。ストーリーを例にすれば、御室、宇多野、太秦の3チームが同じところに集まって一緒に開発をするイメージだ。時間と場所をまず合わせることで、他のチームの動きが見えやすくなる。時に他のチームのミーティングをのぞいてみたり、あるいは共通のテーマに対するディスカッションを行うと良いだろう。たとえば、設計や実装に関する議論など、普段では得られないチーム外からの知見を獲得できる機会となる。

単一のチームであっても、働く時間帯や場所が違ったりすることは珍しいことではないだろう。分断された環境であれば、なおさらこうした取り組みは有効だ。

②仕事をともにする

さらに一歩進めて、一つの仕事に一緒に取り組むモブワークを取り入れよう。合同合宿の中で、あるチームがモブワーク(モブプログラミング)を始めて、そこに他のチームメンバーが加わる状態だ。もちろん、他のチームメンバーからすればなじみのないコードベースを触ることになるので、いろいろとつまずいたり疑問が出たりしてくるだろう。そうした外のメンバーの振る舞いを目の当たりにしたり、疑問を投げかけられたりすることで、逆に自チームでは気づくことができない問題や発見が得られることがある。**最も自分の学びが深まる瞬間とは、他人に説明しようとするとき**だ。

こうして、ともに仕事をすることでお互いのやり様についての理解が深まる。自分のやり方を他に押し付ける必要はなく、ふりかえりの時間を設けることで互いのやり方の中で良いところを見出し、取り込もうとする動きにつながるだろう。共同化の狙いは、お互いの手の内を見せ合うことで、有用な技量が伝播し合うところにある。

最後に。こうした共同化を重ねていくと何が起きるか。共同化とはあくまで同一の状況を作り出し、結合点を作り出すイメージだ。その先にあるのは、**協働化**だ。協働とは、ミッションを共有し、お互いに協力しながらその達成へと向かう相互作用のことだ。共同を繰り返す中で、"ともにつくる"の一体感が醸成される。その一体感の向く先は、チーム全体として実現すべきミッションだ。自分のやり方を相手にただ伝えるだけではなく、ミッションへの到達のために必要なことは何かをともに考える。

ともに考え、ともにつくる。われわれが行き着く先とは、そんな風景ではないだろうか。

補足 プラクティス＆フレームワーク

対話とハンガーフライト

ここまで繰り返し見てきたようにチームや組織の中で、意識的あるいは無意識的に「境界」が設けられ、その結果として人と人との間に「分断」が生じていることが珍しくない。こうした分断は、自分自身の立ち位置のみ重視したり、目の前のことへの最適化に集中したりする場合に現れ、強化されていく。その結果、チーム内の他者や、他のチームに対して一方的な態度を取ったり表明をしたりしてしまいがちだ。これは相手にも同じく起きることなので、相互に「なぜそんなに一方的なのだ」という憤慨が残る。同じチームで、あるいは同じ組織の一員で、そうした関係性になってしまうのは残念なことだ。

NEXT ▶▶

こうした状況で必要なのは自分の一方的な態度や解釈をいったん止めて、「相手にも何らかの制約や力学が働いているからイマココがあるのだ」という相手の背景に目を向けてみることである。相手の立ち位置、背景に目を向けない限り、歩み寄る機会は生まれない。自分の理解を超えて、相手を受け止める。これも一つの「越境」である。このような考え方を「対話」[3]と呼ぶ。

チームや組織を越えて対話できる機会づくりが「ハンガーフライト」である。ハンガーフライトとは、昔飛行機乗りたちが天候が悪くて飛行機を飛ばせないときなどにハンガー（格納庫）に集まって、それぞれの空での経験談を語り合ったという習慣のことだ。そうした雑談を通じて、操縦技能や飛行に関する知見を獲得し、それぞれの腕の向上につなげたという話である。

プロダクト開発の現場でも、ハンガーフライトはできる。そこで話す内容はプロダクトづくりにおける知見であり、場合によってその人しか経験したことがない貴重なものだ。そうした対話の中で、お互いの状況や制約を把握し、その上で新たな関係性を構築することもできるはずだ。自分は話し手になんかなりえないと思うだろうか。いや、誰もが話し手になりえる。なぜなら、その人の物語の主人公は自分自身にほかならないからだ。

3　単なる会話のことではなく、自分と相手の間にある分断に橋を架けようとする姿勢のことである。これについて深く知りたい方は『他者と働く』をお薦めする。
『他者と働く――「わかりあえなさ」から始める組織論』宇田川 元一　著（NewsPicksパブリッシング／ISBN：9784910063010）

第14話　まとめ　チームの変遷と学んだこと

	チームの相互作用	フォーメーション	太秦やチームが学んだこと
第9話 塹壕の中のプロダクトチーム	一つのチームになったものの"お互いに遭遇していない"状態	フォースチーム：リーダー太秦 フィフスチーム：リーダー御室 シックスチーム：リーダー宇多野 プロダクトチーム：リーダー太秦 シニアPO：貴船 プロダクトマネージャー：社	•情報流通のための境界設計 •コンウェイの法則 •「原石」としての情報（What） •「価値創出を促す」ための情報（Why、How）
第10話 チーム同士で向き合う	チームの境界を越える	フォースチーム：リーダー太秦 フィフスチーム：リーダー御室 シックスチーム：リーダー宇多野 プロダクトチーム：リーダー太秦 シニアPO：貴船 プロダクトマネージャー：社	•越境のデザイン（役割からの越境、チームからの越境）
第11話 チームの間の境界を正す	チームの境界をつくる	フォースチーム：リーダー太秦 フィフスチーム：リーダー御室 シックスチーム：リーダー宇多野 プロダクトチーム：リーダー太秦 シニアPO：貴船 プロダクトマネージャー：社	•境界設計の5つの作戦
第12話 チームの境界を越えてチームをつくる	越境チームでチームの壁を壊す	横断チーム：常磐、嵯峨、和尚ほか フォースチーム：リーダー太秦 フィフスチーム：リーダー御室 シックスチーム：リーダー宇多野 プロダクトチーム：リーダー太秦 シニアPO：貴船 プロダクトマネージャー：社	•状況特化型チーム、専門特化型チーム
第13話 チームとチームをつなげる	チームの視線を一点に集める	フォースチーム：リーダー太秦 フィフスチーム：リーダー御室 シックスチーム：リーダー宇多野 プロダクトチーム：リーダー太秦 シニアPO：貴船 プロダクトマネージャー：社	•バラバラのユーザーを一人のユーザーにする（ユーザー行動フロー、カンバン）
第14話 クモからヒトデに移行するチーム	ともにつくる	ゼロチーム：リーダー浜須賀 フォースチーム：リーダー太秦 フィフスチーム：リーダー御室 シックスチーム：リーダー宇多野 プロダクトチーム：リーダー太秦→役割廃止 プロダクトマネージャー：貴船→解任	•詳細と俯瞰を行き来する •クモ型チームとヒトデ型チーム •標準化ではなく共同化

第15話　ミッションを越境するチーム

複数チーム　応用編

強力な権力を持った関係者が現れて、プロダクトの方向性について合意ができないときに一体どうすれば良いだろうか。まず、関係者とチームで同じ視界でプロダクトを見ることができているのか、問い直そう。

現在のチーム構成

ゼロチーム※	：リーダー浜須賀（はますが）
メンバー	：マイ日坂（ひさか）、万福寺（まんぷくじ）（和尚（おしょう））、ウラット
フォースチーム	：リーダー太秦（うずまさ）
メンバー	：有栖（ありす）、三条（さんじょう）、鹿王院（ろくおういん）、壬生（みぶ）、常盤（ときわ）、嵯峨（さが）
フィフスチーム	：リーダー御室（おむろ）
メンバー	：音無（おとなし）、仁和（にんな）
シックスチーム	：リーダー宇多野（うたの）
メンバー	：鳴滝（なるたき）、七里（しちり）
プロダクトマネージャー	：社長

※テスト管理ツールチーム

ストーリー 問題編　自分たちでプロダクトの構想をつくれないチーム

「これは要らない。これも。」

僕たちの目の前で、次々と仕分けが行われる。プロジェクタに投影された、プロダクトバックログ選別の様子に、集まってきた人たちは釘付けだ。一番前に座って仕分けしているのが、社長だ。僕たちより5、6歳くらい年上のはずなのだけど見た目の雰囲気はあまり変わらない。くせっ毛で覆われた頭はソフトクリームを思わせた。あまりにもプロダクトバックログが捨てられていくので、見かねた音無さんが声を上げた。

「あの……これではプロダクトバックログがなくなってしまいます……。」

その言葉に「ふうん」という気のない返事をしながら、社長は手を止めない。意気消沈する音無さんがかわいそうになって、僕はさらに声をかけた。

江島社長

「そろそろ、どういう基準で選別されているのか、みんなに教えてもらえませんか？」

「そうだね、でも、これは。うん。」

気のない返事にさすがの僕もいらだちを覚えた。もう一段声を大きくしようとしたとき、ウラットさんが止めた。

「太秦さん、ダメよ。社長は昔から考えごとをし始めると、人の話を聞いている風で聞いていないです。」

そう言うと、ウラットさんは社長のそばまで行った。

「**江島（えのしま）社長！** 聞いていますか、人の話！ 江島さん社員のこと、なめていますか！」

「あ、ウラットさん。ごめん、もう片づくよ。」

さすがに社長が反応した。しかし、社長をつかまえて言う物言いではない。僕がウラットさんに恐れを抱いたことに、七里さんは気づいたのだろう。そっと補足をしてきた。

「あの2人はいつもあんな感じさ。江島さんに面と向かってああやって言えるのはウラットさんだけだね。」

それはそうだろう。どうみても社長を怒鳴りつけている。その社長がようやく作業を終えて、大きく伸びを1回入れ、僕たちに向き直った。すっきりした表情とは裏腹に、口にした言葉は穏やかではなかった。

「このプロダクトチームを解散する。」

全員絶句。どのくらい時間を必要としたのかはわからない。一瞬だったか、数秒だったか、いずれにしても沈黙を破ってくれる人が出てきた。

「何言ってるのかなー、ミスター江島⁉」

ゼロ（テスト管理ツール）チームの**マイ日坂**さんだった。いつもの海外育ちのイントネーションは変わらないが、声の震えを感じる。「ねえ、和尚」と隣に立つ大男を見上げる。

「ええ。さすがに何言っているのかわかりません。」

冷静に答える和尚こと、万福寺さん。社長は、「あ、そうか」とこれまたあっけらかんと思い出したような感じで言葉を補完する。

「これまでみたいな状況が続いたらね。」

僕と、御室、宇多野のリーダー陣は息を呑み込んだと思う。やはり、社長は成果次第で簡単に人を代えるし、こうやってチームの解散も特別な選択肢ではないのだ。
「スプリントも、止めるよ。見てのとおりのプロダクトバックログだ。」
　そう言って、プロジェクタに映し出したプロダクトバックログは各チームとも徹底的に捨てられていて、わずか3、4個程度しか残っていない。今度はプロダクトオーナー陣が息を呑む番だ。有栖さんは、社長に否定されたような感覚を持ったのだろう、顔が青ざめている。
「……私たちのチームは200個くらいプロダクトバックログがあったのですが。」
　恨めしそうに言ったのは、宇多野チームのプロダクトオーナー、鳴滝さんだ。いつもの明るい調子がすっかり鳴りを潜めている。
「だから何？　プロダクトバックログの中で最も古いもので、1年以上前のものがいまだに残っている。いつかやるかもで残っているだけでしょ。それに、これが190番目、いや、20番目にあったとしても、日の目を見ることはないだろうね。宇多野のチームの今のベロシティでは。」
　そう言って社長は宇多野のほうを見た。社長の表情は柔らかいままだが、プレッシャーを感じる。優しい目なのに「お前は今まで何をしてきたんだ」と言われているようだ。宇多野の鼓動がこちらにも聞こえてくるようだ。社長はおかまいなしに、宣言した。
「スプリント、1回止めてみます。まず1週間ですね。その間に事業継続につながるプロダクトバックログに仕立てて欲しい。」

社長 vs プロダクトチーム

　ここから、プロダクトバックログを挟んだ社長とのコミュニケーションが始まった。プロダクトオーナーを中心としつつ、僕たちリーダー陣がバックアップしながら社長へと挑んでいく構図だ。一方、開発チームは、スプリントを止めるという判断になったものの、手を止めることはなかった。
「この間もやるべきことはいくらでもあります。常磐さんも横断チームから戻ってきてるので、開発チームの観点でプロダクトバックログをつくって進めます。」
　三条さんはそう言って強行した。社長の振る舞いを目の当たりにして、何かしていなければ気が気ではないという面持ちだ。常磐も、鹿王院くんも同じ意見だったので、僕は彼らに委ねることにした。
　1週間が経過したとき、プロダクトオーナーたちが合議してまとめたプロダクトバックログを社長に提示した。結果は、一つも通らなかった。有栖さんはすっかり自信をなくし、鳴滝さん、音無さんも同じ有様だった。宇多野も、御室もどうしていいかわからず、顔色がすぐれない。こうして、スプリントの中止は2週目へと突入した。

1週目を終えた段階で、社長は早くも見切りをつけたかのように自分でプロダクトバックログを積み始めた。あわてたのは開発チームだった。降って湧いてきたプロダクトバックログに対応するべく、ひそかに進めていた手元の開発を中止して、やるべきことを切り替える。社長は、受け入れ条件をすり合わせるべく、やってきた三条さんや仁和くんを前にして言ってのけた。

「開発チームが開発を続けていたのは知ってたよ。スプリントの中止って、蔵屋敷さんに教えてもらわなかったの？　基本ができていないよね。」

今度は三条さんたちが青ざめる番だった。社長からみるみるプロダクトバックログが積まれていく。技術的負債を指摘する内容もかなりある。社長がプロダクトのリポジトリまで見に行っているのは明らかだった。

スプリントの中止を2週目で食い止めるべく、3人のプロダクトオーナー、そして3人のリーダーで、プロダクトバックログの再提示を行った。今回は僕がプロダクトバックログづくりの作戦をリードした。かつて、プロダクトオーナーの砂子さんとのあり方を一変できたのは「自分たち基準（自分たちが使ってみて必要と感じるものをつくる）」を置いて、何をつくるべきか決めたからだ。再び、自分たち自身で自分たちのプロダクトに向き合い、何が必要かを洗い直した。

静かにプロダクトバックログをながめた後、社長はやはり優しい口調で宣言した。

「3週目突入だね。」

もはや開発チームは開発を再開している。だから、その宣言はスプリントの中止ではなく、僕たちでプロダクトバックログをつくり出すことをいまだ許可しないという意味だ。

「もうムリですね……。」

そうつぶやく、有栖さんは表情を失っていた。社長ミーティングを終えてすぐに、僕たちは対策を練る場を設けた。誰一人として、活気を保てている者はいない。

僕は社長が言った言葉を何度も思い返していた。

「間違ったものをちゃんとつくっていたところで、使う人は誰も見向きもしてくれないよ。」

　間違ったもの、その言葉が僕の胃の辺りを重たくしてくる。社長はすでにプロダクトオーナーに見切りをつけているようだった。このままプロダクトバックログづくりの差し止めが続いたら、各開発チームと直接スプリントプランニングやスプリントレビューを再開するというのだ。見切られてしまっているのには、もちろんプロダクトオーナー陣も気づいている。

「このプロダクトのキャップが、プロダクトオーナーの力量になってしまっている、か。」

　御室も、さっきのミーティングを思い返していたのだろう。思わず、社長の言葉を口にしていた。胸にしまっておかないと、有栖さんたちをさらに落ち込ませるだけだ。僕がたしなめるより早く宇多野が反応した。

「御室さん、よしましょう。あくまで社長の基準に照らしたときの話です。ここまでプロダクトを積み上げてこられたのは3人の力によるものです。」

　言われて御室も気づいたのだろう、わかっていると憮然とした表情で答えた。プロダクトオーナーを中心として、僕たちが追い込まれているのは、開発チームにももちろん伝わる。

　三条さんは何とか状況を挽回しようと動いてくれていた。

「この風向きを変えるには結果で示すしかない。」

　常磐、鹿王院くん、嵯峨くん、壬生さんを集めて、宣言した。壬生さんが手を挙げる。

「それは同意なんですけど、どうするんですかー。」

　鹿王院くんも同じ思いだったのだろう。三条さんに代わって言った。

「スループットの目標を上げましょう。社長からまがりなりもプロダクトバックログは示されている。それを期待以上に倒す。」

　常磐も同意を示した。

「他のチームとくらべてみると、プロダクトバックログの積まれ方はうちのチームに偏っています。この期待マネジメントの中心を担うのは私たちですね。」

　常磐の見立てに、一同うなずく。嵯峨くんも「やりましょう！」と気勢を上げた。開発チームの士気は高い。そのことが僕は誇らしいし、何より頼もしかった。

　だが、それも裏目に出てしまう。確かに、僕たちのチームはアウトプット量を増やすことができた。それは他のチームのアウトプットのなさをわかりやすく示す状況になるとも言えた。比較される御室、宇多野チームは当然、社長から指摘をもらう。自ずと全チーム走り始めざるをえない。

僕たちがアウトプットを増やせているのは、あくまで稼働をムリして上げているからだ。そんなものが長く続くわけがない。なにせゴールがない。社長の期待をどうにかして超えたい、それしかないのだ。僕は後になって気づくことになる。このときの僕たちは、得意としていたジャーニースタイルの開発を自分たちで放棄してしまっていたのだ。

ずいぶん昔に味わったチームの疲弊感を、僕は再び記憶から呼び戻し、肌で感じていた。むしろ今は、1チームから3チームへと被害が拡大している。散々な状況だ。

僕は、スプリントの中止を一人で決めて、社長に申し入れた。開発チームの活動も止める、まさしくスプリントの中止だ。社長は何も言わず、ただうなずいて合意を示した。

ストーリー解決編　持ち場を越えて同じものを見よう

スプリントの中止をこちらから宣言したものの、僕はその後どうしたら良いかはわかっていなかった。プレッシャーを感じる。この異様な状況を自分がどうにかしないといけない。焦りと不安。きっと砂子さんも、社さんも、貴船さんも、こんな感情に陥っていたんじゃないだろうか。その番が僕に回ってきただけの話だ。肩を落として立ち去ろうとする僕を、社長が呼び止めた。

「太秦さん。君の**持ち場はどこにありますか？**」

持ち場？　何を言い出すのだろう。

「みんなそれぞれの持ち場を持っています。太秦さんも、プロダクトオーナーも、開発チームも。そして、私も。私たちはそれぞれ違う持ち場で、それぞれの役割を果たそうとして動いている。だからこそ問いたい。」

そう言って、社長は一呼吸おいた。その顔はいつもの優しいだけの表情ではなかった。初めて見る真剣さを帯びている。

「**私たちは同じものを見ることができているのか**、と。」

同じものを見る。何をいまさら。僕たちは一つのプロダクトをつくっている。同じものを見ているに決まっている。いや……本当にそうなのだろうか。同じものを見ているはずだと僕がそう思いたいだけではないのか。社長は本当のところ何を見ている？　いつから見ているものが一致していると僕は考えていたのだろう。
「君たちが、当事者として捉えた、自分たちが必要だと感じるプロダクトバックログを持ってきたとき、あと一歩だった。だから、延長戦にしたんだ。そうでないと、こんなやりとりとっくに終わらせているよ。」
　あと一歩。その一歩をどこへ踏み出せば良いのか、僕にはわからなかった。そんな僕をじっと見つめる社長は、まるで僕が考えていることを見通しているかのようだ。
「**私にもどうするべきかという正解があるわけではない**よ。自分たちだけでわからないことをわかろうとするためには、何ができるかだ。」
　社長の言葉にまるで体を大きく揺さぶられるような感覚を得た。そうか、僕たちは社長の中にあるだろうと仮定した“正解”を必死に当てにいこうとしてきた。だけど、その正解が実は社長の中にもないとしたら、そもそも合わせようがない。合わせることに意味なんてなかったんだ。
　社長も含めて自分たちだけで何をつくるべきか捉えようとするだけでは足りない。とするならば、「このプロダクトがもたらす価値とは何か」を捉えようとするまなざしを集める必要があるだろう。それは、チームを越えていくということだ。僕たちチームの外側には、プロダクトを使ってくれている人たち、ユーザーがいる。
　僕は、自分の中にほのかな“あと一歩”の方角を感じた。確信になんてほど遠い。それでも僕は伝えるべき言葉を見つけることができた。社長の江島さんをまっすぐと見つめ直す。僕たちに何ができるのか。
「自分から越えていくしかないですね。同じものを見るために。」

江島の解説 自分たちの視座と視野を自在にする

太秦さんは一つのチームのリーダーから始まり、やがてプロダクト全体を見る役割となり、苦境を周囲の力を得ながら乗り越えてきました。最後に直面する壁は、プロダクトをこれからどうしていくのか、チームで向き合うという課題です。この壁を乗り越えるには、チームの視点だけでは難しい。チームを越えて、どうやって視点を獲得するのか。それについては、次の最終話で明らかになるはずです。この第15話では、チームが備えておきたい視点について私、江島が解説していきます。

視座と視野で決まる視点

考え、決めて、動く。こうした行為を状況に対して適したものにするには、そもそも何を見るかということが大きく影響を及ぼします。何を見るかとは、もう少し詳しく言うと、どこからどこまで見るようにするかということです。どこからというのは**視座**、どこまでとは**視野**にあたります（**図15.1**）。

図15.1 | 視座と視野

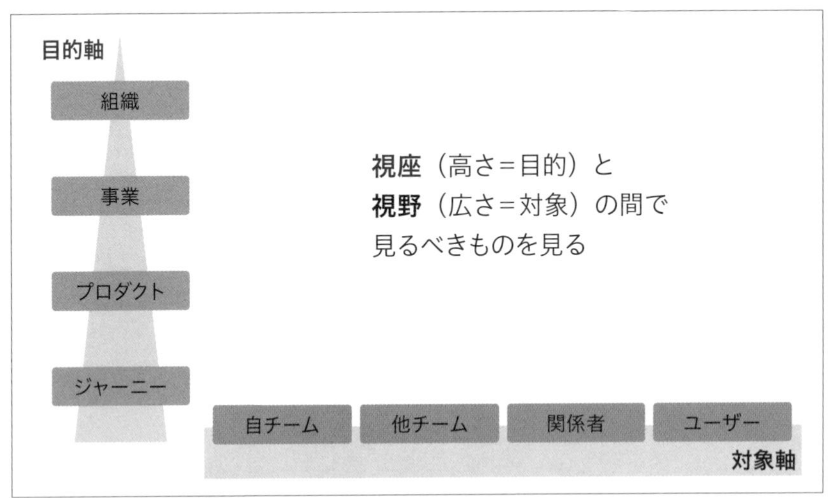

視座とは、自分の目をどこに置くかということ。ここに最も影響を与えるのは「**目的**」です。目的は自分の立ち位置をどこに置くかで変わります。たとえば、

ジャーニー、プロダクト、事業、組織で捉えてみると、目的はそれぞれ異なることに気づきますよね。あるレイヤーの目的は、その下のレイヤーでより詳細な目的にブレイクダウンされているはずです[1]。

・ジャーニーの視座

該当ジャーニーで達成したいミッションに基づく。

たとえば「タスク管理ツールとしてバーンダウンチャートなどの見える化機能を設けたい」。

→この実現のために、ジャーニーのミッションをスプリントゴールに分割する

・プロダクトの視座

プロダクトが当面のうちに達成したいミッション（第9話）に基づく。

たとえば「タスク管理、チャット、ドキュメント作成の3つのツールを統合したい」。

→この実現のために、プロダクトのミッションをジャーニー単位に分割する

・事業の視座

事業上のマイルストーンに基づく（年度ごとの目標など）。

たとえば「事業継続のために、ユーザーの利用継続率をXポイント上げたい」。

→この実現のために、事業の目標をプロダクトのミッションに落とし込む

・組織の視座

組織としてのビジョン（われわれが到達したい状態とはどのようなものか）。

たとえば「開発現場の環境（デベロッパーエクスペリエンス）をより良くする」。

→組織のビジョン到達に向けて、事業のマイルストーンを中間目標として設定する

このように自分をどの立ち位置＝どの目的に置いて対象を見るかで、意思決

1　レイヤー間で目的の関連が途絶えてしまっていると、組織の活動がかみ合わず、実現は難しい。あるレイヤーの目的達成がその上のレイヤーの目的達成に貢献するかを見ておきたい。

定は変わります。逆にいうと、自分たちの判断が成果につながっていないと感じるならば、自分たちが前提に置いている視座の「高低」に気を配ってみると良いでしょう（**図15.2**）。ジャーニーのレベルではすぐにやるべきだと判断することも、一つ上の視座、プロダクトのレベルでは異なる優先順位になることがありえます[2]。

図15.2｜「視座と視野」の移動

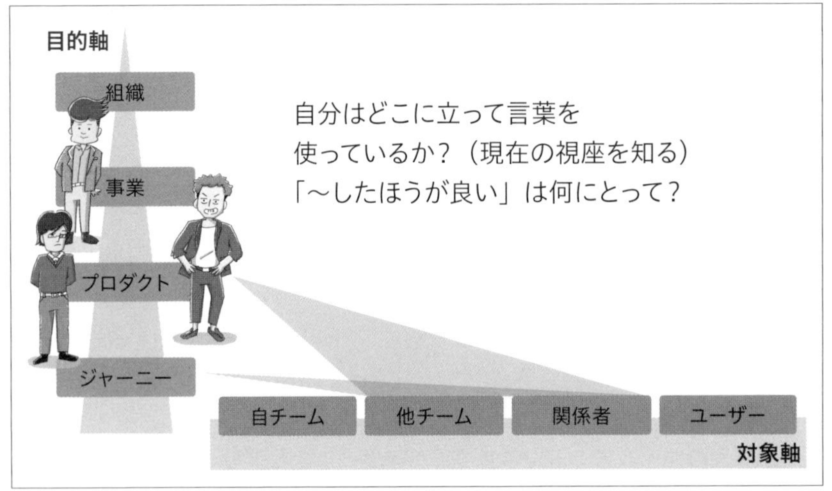

一方、視野とは、どこまで見る対象を含めるかということ。何を見るかは状況、テーマによって異なると思いますが、プロダクトづくりにおいては「人」を見るという行為が欠かせないでしょう。プロダクトに関わる人とは思いのほか多くいます。まず、プロダクトの利用者ですね。ひとくちに利用者といっても、すでに利用している人々や利用の想定はあるがまだ実際の利用には至っていない人々など状況が分かれるはずです。さらに、利用そのものはしないが利用の意思決定に関与する利害関係者も視野の範囲に入れる場合があるでしょう。

提供側に目を移すと、自分が所属するチーム、あるいは他のチーム、上位職、経営層などが考えられますね。ストーリーでの太秦さんの立ち位置でいうと、

2　たとえば、技術的負債は目につきやすく、目の前のジャーニーで取り組みたくなる。だが、プロダクトとしては仮説の検証が進んでおらず、何よりも価値があるのかどうかを確かめたいという状況がありえる。この場合、仮説検証の実施のほうに多く時間を割く判断が考えられる。

タスク管理ツールチームの面々、御室さん宇多野さんチームの面々、プロダクトマネージャーの社さんや貴船さん、そして代表である私。常にこれらすべての関係者を視野に入れて物事を進めるわけではないですね。状況に応じて、自分のチームに集中したり、上位職まで含めたりと変わります。視座同様に、どうもチームの活動が組織の方向性と合致していないと感じるのであれば、視野を捉え直す必要があるでしょう。

さて、視座と視野をあわせて考えてみましょう。たとえば、「プロダクトとして今後の方向性について決めたい」というお題で、視座を"プロダクト"に置いて、視野で"ユーザー"を捉えるならば（**図15.3**）、そのプロダクトが提供している各機能について現状利用している人たちのフィードバックを集め、何を価値と置くのかを整理して決めていく、ということになりそうです。

図15.3｜視座を"プロダクト"に置き、視野で"ユーザー（利用者）"を捉える

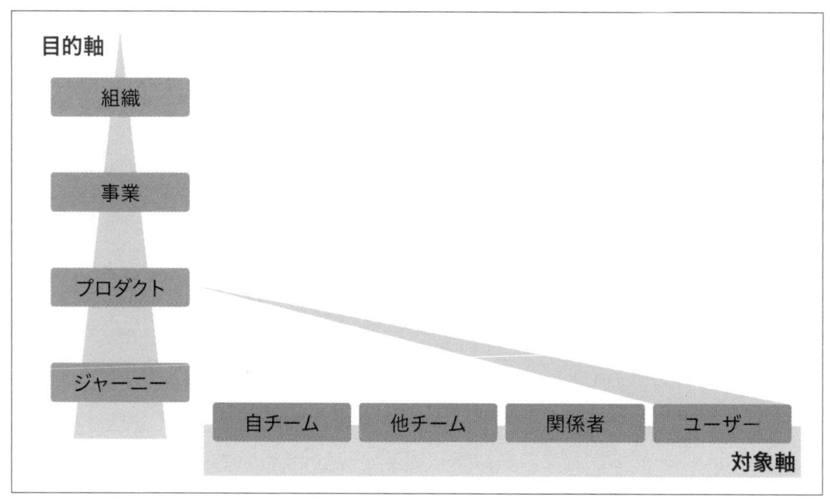

同じお題でも、視座を"事業"に置いて、視野で"経営層やチーム"を捉えるならば（**図15.4**）、経営層の描くビジョンとチームのプロダクトへの思いを合わせてみようということが考えられそうです。両者の合わせ込みからプロダクトの今後の方向性について揃えよう、と。さらに、ここで視野を広げて"ユーザー"を含めると、プロダクトの利用が継続しかつ広がることで到達する、利用者状況の思い描きも必要と感じます。

図15.4｜視座を“事業”に置き、視野で“経営層やチーム”を捉える

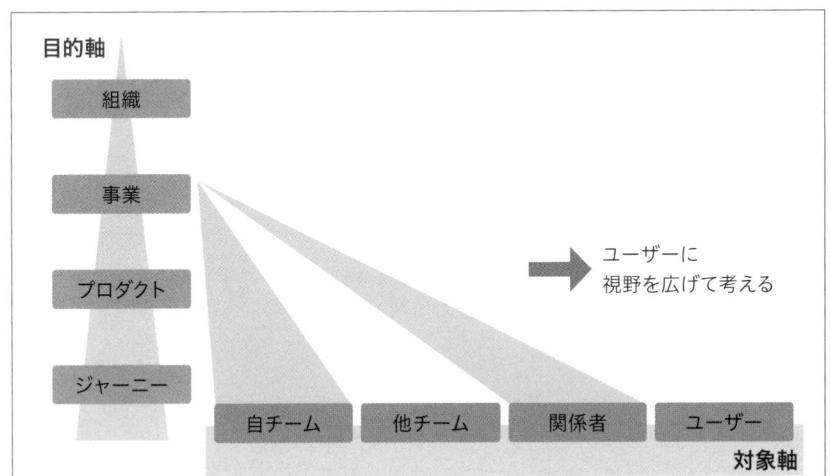

　このように視座と視野の概念自体を捉えることは前提とさえいえる大事なことですが、より重要なことは**視座や視野への偏りをつくらないこと**です。たとえば視座高く、視野広くと心がけて、プロダクトづくりを挑んだらどうなるでしょうか。プロダクトづくりに求められるのは、俯瞰的な思考だけではありません。1行1行のコードの質がプロダクトの利用体験を支えています。そう考えると、視座をより詳細に近いところ、つまり現場に置いて、視野も自チームにフォーカスし、自分たちの活動を見直しより良くするという思考もまた必要なことです。

　より目指したいのは、できるだけ視座を高く、視野を広く持つことではなく、**高低、広狭を自分たちの意思で行き来できること**です。たとえ視野が同じでも視座を変えれば、見えるものが変わります（**図15.5**：視座が同じで視野を変える場合も同様です）。そうして自分の見えるものを意図的に変えるためには、視座と視野の移動を自分の意思で行えることが理想です。ただし、あとでも述べますが、これは非常に難しい行為[3]ではあります。

3　自分自身が経験したことがない立ち位置に立って考えてみるというのは、たとえ想像できたとしても理解の解像度が粗く、解釈や判断の質が低いことがある。第16話で解説する重奏型仮説検証のように、チーム内で解釈をぶつけ合ったり、視座や練度の高いメンバーからのフィードバックで解釈力を高めていったりする必要がある。

図15.5 | 視野が同じでも視座が変われば見えるものが変わる

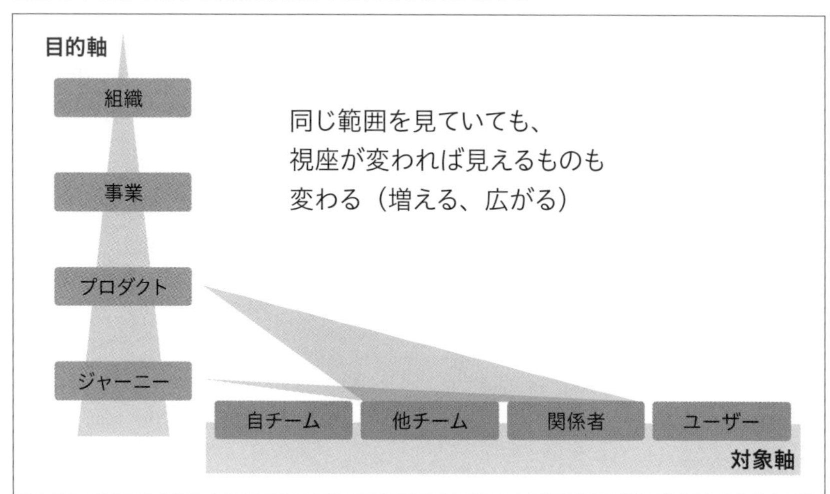

視座と視野の移動を難しくする2つの要因

視座と視野を動かし続けるのは、ある意味で状況を安定させないということです。“こう判断しておけばだいたいオッケー”という状態をつくらないということです。これって、結構人にとっては難しいというか、しんどい行為といえますよね。常に考え続けるということですから。言葉にするのは簡単ですが、慣れていないとストレスです。そうした人の得意不得意によって左右されるという話とは別に、視座と視野の移動を難しくする要因が2つあります。一つは「**現状の最適化**」、もう一つは「**役割による固定化**」です。

現状の最適化

現状の最適化とは、その言葉のとおり日々の仕事、活動をより良くしていくことです（**図15.6**）。「え？　それのどこに問題があるの」と思われるかもしれませんね。それ自体は何も悪いことではありません。むしろ、目の前の仕事の効率化やカイゼンを進めないことには、日常的に苦戦し続け、余裕も生まれません。意識的なカイゼンに取り組んでいなかったとしても、行為を繰り返す中で本人が気づかないうちに効率化されていることもあります。現状への最適化とは呼吸するのと同じくらい、自然と行われることといえます。問題は、そこにあります。**自分たち自身が現状に合わせた思考、行動を取っていること自体**

に気づいていない状態にあるということです。この状態にあると、自分たちの視座や視野が偏っていることに気づきにくくなります。目の前の仕事の最適化を進めながら、その一方で**そもそも「この仕事で何を実現したいのか」とか、そもそも「この仕事は必要なのか」という問い直しができるか**です。

図15.6｜現状の最適化

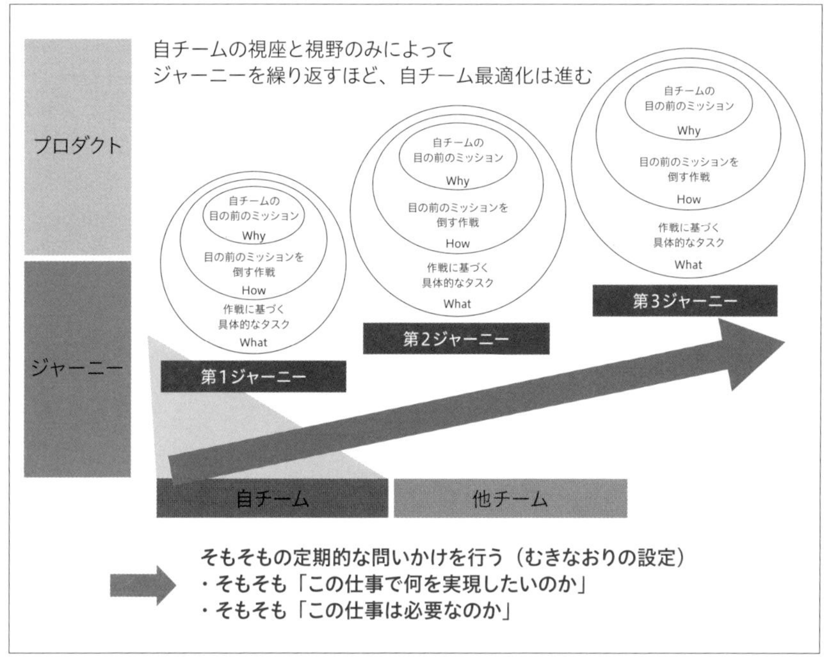

役割による固定化

役割による固定化とは、視座や視野が役割によって固まってしまうということです（**図15.7**）。プロダクトづくりには役割が必要です。プログラマー、デザイナー、マネージャー、プロダクトオーナーなどなど。それぞれが期待される振る舞いやアウトプットの積み重ねがなければプロダクトは形になっていかないでしょう。もちろんこうした役割を越えて一人で何でもこなせる人もいます。そういう人は役割を越えて活躍すれば良いのですが、そんな人のみでチームを結成するのは難しいでしょう。役割を置いて、その上でいかにそれぞれの役割を越えたり、重ねたりができるかがチームとして狙っていくところになります。

役割の負の側面として挙げられるのが、役割分担に最適化しすぎてしまうと役割を越えた視座や視野の移動が難しくなってしまうことです。開発チームは開発チームの、プロダクトオーナーはプロダクトオーナーとしての視座と視野から離れられなくなってしまう。これは現状への最適化の一種とも言えますね。

この課題については、第1部から扱ってきた「**リード**」という概念が鍵になります。チームの中で**リード役を決めて、それをジャーニーなどの単位で動的に意図的に動かしていく**。役割の最適化を外すための一つのやりようです。ただし、当然ですがいきなり誰もが自分の専門性と異なる領域を担えるわけではありません。誰がどのようなリードを張れるようにしていくか、そのためにどんな専門性を獲得していくのか、個人としてだけではなく、チームで捉えその獲得を支援し合えるようでありたいところです。具体的にはチームの星取表（スキルマップ）[4] を描き、チームの今後についてむきなおりましょう。

図15.7｜役割の最適化

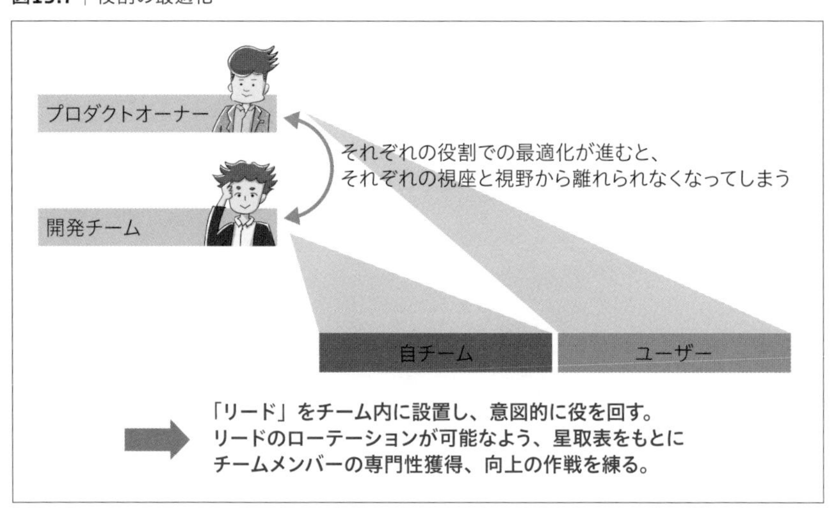
プロダクトオーナー
開発チーム
それぞれの役割での最適化が進むと、
それぞれの視座と視野から離れられなくなってしまう
自チーム
ユーザー
「リード」をチーム内に設置し、意図的に役を回す。
リードのローテーションが可能なよう、星取表をもとに
チームメンバーの専門性獲得、向上の作戦を練る。

プロダクトオーナーの民主化

役割の最適化は、役割の間に分断をもたらします。特に、プロダクトオーナーと開発チームの間は、それぞれの専門性が大きく異なるため、分断が起きやす

4　第1話p.17参照。

く、結果それぞれの視座や視野が固定化されてしまいがちです。こうした状況を変えていくのに求められるのは**双方からの境界を越えていく姿勢**です。

加えて言うと、そもそも「プロダクトとして何をつくっていくべきなのか」という観点についてはプロダクトに関わるチーム全員で持っておきたいものです。プロダクトの方向性の多くを一人の役割で決めていくのは、プロダクトの可能性の上限をその一人に置くということです。そんなふうに役割を捉えていない、捉えないようにしようという思いとは裏腹に、役割による現状への最適化が働いてしまう力学は手ごわいものです。

ならばできるだけ早い段階から[5]、プロダクトの方向性を決めることを役割から解放しておくことも考えられます。これが「**プロダクトオーナーの民主化**」です。ただし、プロダクトオーナーという役割をなくしたとしても、その役割に必要だった技能や振る舞いまではなくなりません。仮説を立てて検証したり、プロダクトバックログの管理だったり、ユーザーとの対話であったり、こうした行為について引き受ける先は必要です。ユーザーとの対話や仮説検証など専門性が求められるところにリード役を置くことにはなるでしょう。

さて、視座と視野にまつわる内容を理解したところで、これらをいかにして動かすか、偏りに気づけるようにするのか、解説しておきましょう。2つあります。「**多次元からの捉え**」と「**自分たちに問う**」です。

多次元からの捉え

多次元からの捉えとは、物事を見る観点は複数あり、チームとしてどの観点を持つようにするかを捉えておくことです[6]（図15.8）。

---

5 最初からプロダクトオーナーが不要かどうかはチームの練度によるところがある。後述する「正しいものを正しくつくれているか？」などの問いに向き合い、どの程度自信を持って開発に臨めるかで自分たちのスタートラインを決めよう。

6 ここに挙げた観点は例示である。いきなり多くの次元を前提とするのはハードルが高い。まずは視座、視野で捉えられるようにしよう。

図15.8｜観点の見取り図

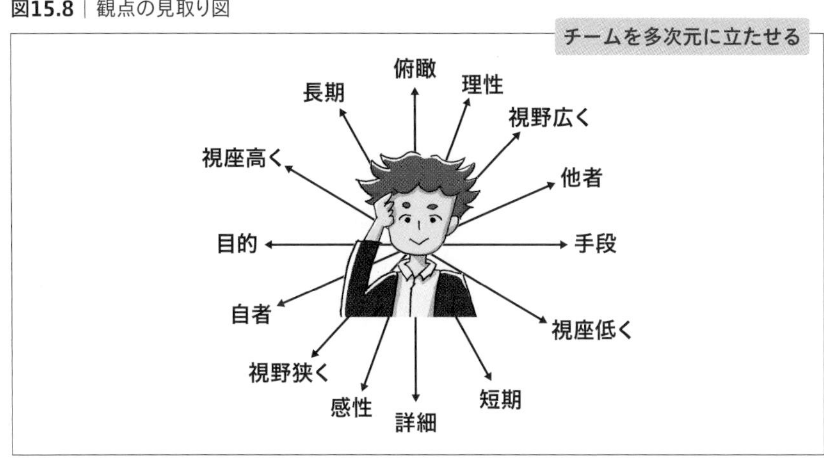
チームを多次元に立たせる
俯瞰
長期
理性
視野広く
視座高く
他者
目的
手段
自者
視座低く
視野狭く
短期
感性
詳細

どういう観点がありえるのか、自分たちとして何を重視するのかを整理しておかないと、そのときそのときに思い出した観点を用いるというムラのある意思決定になってしまうでしょう。

観点を言語化しているからこそ意識することができます。多次元からの捉えに慣れないうちは、観点の見取り図を必ず一巡させて考えるよう決めておくのです（**図15.9**）。

図15.9｜観点の見取り図を一巡させて考える

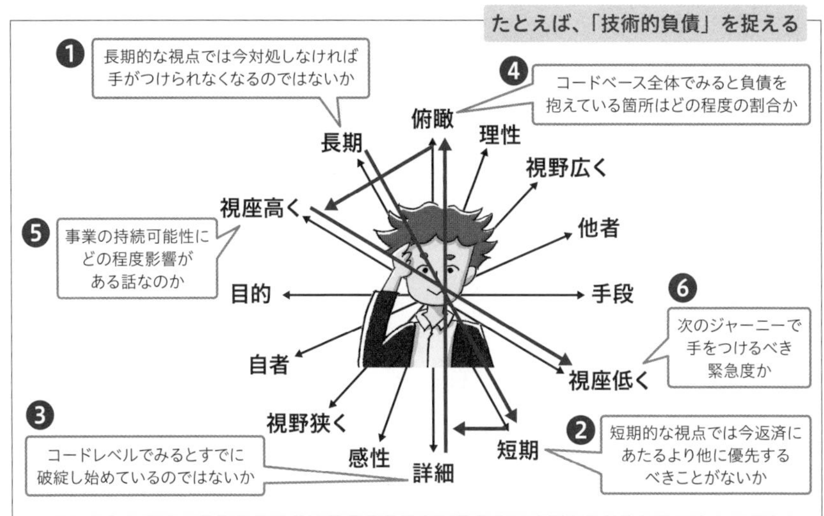
たとえば、「技術的負債」を捉える
❶ 長期的な視点では今対処しなければ手がつけられなくなるのではないか
❹ コードベース全体でみると負債を抱えている箇所はどの程度の割合か
俯瞰
長期
理性
視野広く
視座高く
❺ 事業の持続可能性にどの程度影響がある話なのか
他者
目的
手段
❻ 次のジャーニーで手をつけるべき緊急度か
自者
視座低く
❸ コードレベルでみるとすでに破綻し始めているのではないか
視野狭く
❷ 短期的な視点では今返済にあたるより他に優先するべきことがないか
感性
短期
詳細

観点には相反する幅（たとえば視座の高い、低い）が存在し、この行き来を行えるのが理想です。視座や視野といった一つ二つの観点でも行き来させるのが難しいところに、さらに観点を増やすというのはかなりムリ筋な感じがしますよね。

だからこそ、**チームで臨む**ことが必要になるのです。視座を高く、俯瞰的に物事を見ることに長けた人もいれば、詳細にフォーカスすることを得意とする人もいるはずです。チーム総体としてあらゆる観点から物事を捉え考えられるようにする。そのためにはそれぞれの持ち味を認めることが必要です。これが、多様性を武器にしたチームのあり方といえます。

自分たちに問う

もう一つ、自分たちに問うとは、チームの思考や行動に問いをぶつけることで揺さぶりをかけることです（**図15.10**）。現状の最適化による思考の停止や、安易な好悪によって選択肢を絞ってしまっている状態を、問いに向き合うという行為で乗り越えようというものです。

図15.10 | 自分たちに問う

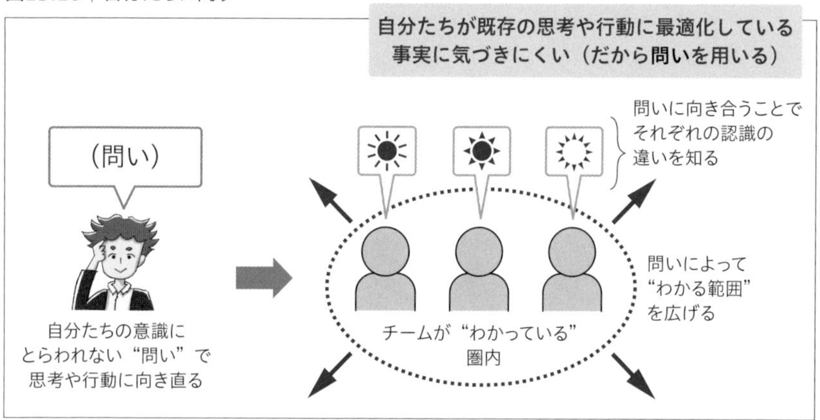

問いの利点は、自分たちの主観や置かれている状況を超越して考えるように促せるところです。「われわれはなぜここにいるのか？」や「自分は何者なのか？」という問いに向き合うとき、私たちは改めて考え直す機会に直面することになります。当然、従前に決めていること、考えていることをそのまま答えとしてしまっては、考え直しているとはいえません。わかりきっていると感じ

ても、もう一度頭の中に通してみる。そして「なぜそうなのか？」「本当にそれで良いのか？」と問いを深め続けることで、それまで見えていた、わかっていた範囲を超えられる可能性が生まれます。問いを用いて、チームで深層に降りていくイメージです（**図15.11**）。問い直すタイミングは、過去の行動や思考に対してはふりかえり、これから先の方向性に対してはむきなおりと使い分けると良いでしょう。

図15.11｜問いを用いて、チームで深層に降りていく

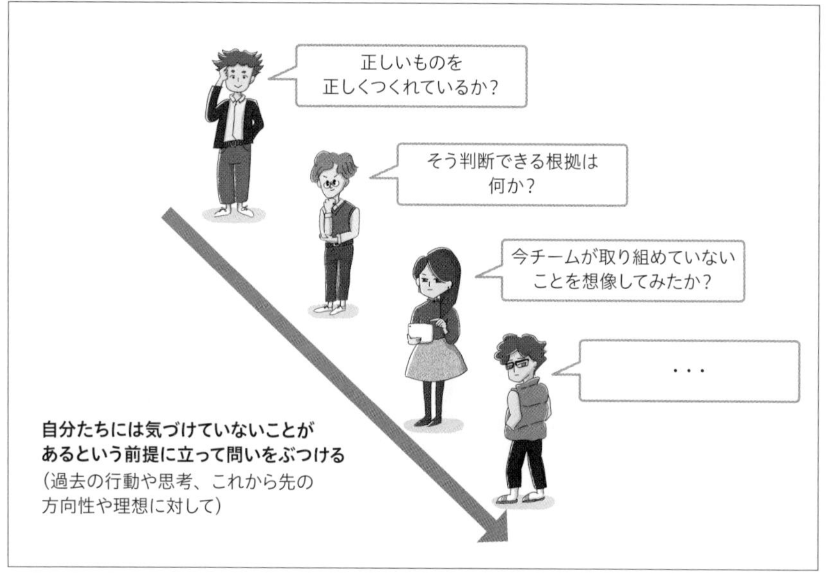

正しいものを
正しくつくれているか？
そう判断できる根拠は
何か？
今チームが取り組めていない
ことを想像してみたか？
・・・
自分たちには気づけていないことが
あるという前提に立って問いをぶつける
（過去の行動や思考、これから先の
方向性や理想に対して）

問いに向き合うことで期待しているのは、**自分たちが気づいていないことに気づく**ということです。容易なことではありません。ですから、回答するのが簡単な問いばかりに答え続けていても、新たな発見に出会う可能性は低いでしょう。そこで、あえて回答不可能、正解がない問いを置いて向き合ってみる。たとえば、それは「**正しいものを正しくつくれているか？**」という問いです。絶対的な正しさなんてありえませんよね。でも、本当に自分たちがつくっているものはこれで良いのか？　そしてつくるあり方として今のままで良いのか？　もっとより良い方法はないのか？　そう、自分の前提を疑う方向へ持っていく

力がこの問いにはあります。こうした正解がない問いに向き合い続ける[7]ことは、苦しいいし、気持ち悪さがあるでしょう。ただ、もとよりプロダクトづくりには正解がないということを考えると、付き合うべき困難だといえないでしょうか。

私の解説はここまでです。かつての私がそうだったように、太秦さんも険しく、答えのない困難な状況に直面しています。それを乗り越える手がかりは、やはり問いに向き合うことでしょう。

7 同じ問いであっても、自分たちの状況や練度によって答えが変わっていく。定期的（ふりかえりやむきなおり）に問いに向き合い、漸次的に自分たちの視界（気づいた範囲）を広げていくスタンスを持とう。

第15話 まとめ　チームの変遷と学んだこと

	チームの相互作用	フォーメーション	太秦やチームが学んだこと
第9話 塹壕の中のプロダクトチーム	一つのチームになったものの"お互いに遭遇していない"状態	フォースチーム　：リーダー太秦 フィフスチーム　：リーダー御室 シックスチーム　：リーダー宇多野 プロダクトチーム　：リーダー太秦 シニアPO　：貴船 プロダクトマネージャー：社	•情報流通のための境界設計 •コンウェイの法則 •「原石」としての情報（What） •「価値創出を促す」ための情報（Why、How）
第10話 チーム同士で向き合う	チームの境界を越える	フォースチーム　：リーダー太秦 フィフスチーム　：リーダー御室 シックスチーム　：リーダー宇多野 プロダクトチーム　：リーダー太秦 シニアPO　：貴船 プロダクトマネージャー：社	•越境のデザイン（役割からの越境、チームからの越境）
第11話 チームの間の境界を正す	チームの境界をつくる	フォースチーム　：リーダー太秦 フィフスチーム　：リーダー御室 シックスチーム　：リーダー宇多野 プロダクトチーム　：リーダー太秦 シニアPO　：貴船 プロダクトマネージャー：社	•境界設計の5つの作戦
第12話 チームの境界を越えてチームをつくる	越境チームでチームの壁を壊す	横断チーム　：常磐、嵯峨、和尚ほか フォースチーム　：リーダー太秦 フィフスチーム　：リーダー御室 シックスチーム　：リーダー宇多野 プロダクトチーム　：リーダー太秦 シニアPO　：貴船 プロダクトマネージャー：社	•状況特化型チーム、専門特化型チーム
第13話 チームとチームをつなげる	チームの視線を一点に集める	フォースチーム　：リーダー太秦 フィフスチーム　：リーダー御室 シックスチーム　：リーダー宇多野 プロダクトチーム　：リーダー太秦 シニアPO　：貴船 プロダクトマネージャー：社	•バラバラのユーザーを一人のユーザーにする（ユーザー行動フロー、カンバン）
第14話 クモからヒトデに移行するチーム	ともにつくる	ゼロチーム　：リーダー浜須賀 フォースチーム　：リーダー太秦 フィフスチーム　：リーダー御室 シックスチーム　：リーダー宇多野 プロダクトチーム　：リーダー太秦→役割廃止 プロダクトマネージャー：貴船→解任	•詳細と俯瞰を行き来する •クモ型チームとヒトデ型チーム •標準化ではなく共同化
第15話 ミッションを越境するチーム	ともに考える	ゼロチーム　：リーダー浜須賀 フォースチーム　：リーダー太秦 フィフスチーム　：リーダー御室 シックスチーム　：リーダー宇多野 プロダクトマネージャー：社長	•視座と視野から視点が決まる •プロダクトオーナーの民主化 •多次元からの捉え •自分たちに問う

第16話 ともに考え、ともにつくるチーム

複数チーム 応用編

チームはやがてチームで考え、チームでつくるというあり方に向き合うことになる。どのようにして「ともに考え、ともにつくるチーム」となるか。このチームのジャーニーのラストを見届けることにしよう。

現在のチーム構成

ゼロチーム※	：リーダー浜須賀（はますが）
メンバー	：マイ日坂（ひさか）、万福寺（まんぷくじ）（和尚（おしょう））、ウラット
フォースチーム	：リーダー太秦（うずまさ）
メンバー	：有栖（ありす）、三条（さんじょう）、鹿王院（ろくおういん）、壬生（みぶ）、常盤（ときわ）、嵯峨（さが）
フィフスチーム	：リーダー御室（おむろ）
メンバー	：音無（おとなし）、仁和（にんな）
シックスチーム	：リーダー宇多野（うたの）
メンバー	：鳴滝（なるたき）、七里（しちり）
プロダクトマネージャー	：社長（江島（えのしま））

※テスト管理ツールチーム

ストーリー 問題編　一人ぼっちにはしないチーム

僕が戻った先は自分のチームのところだった。いつものスペースにみんながいる。一様に疲れた表情、雰囲気が漂っている。僕はみんなに声をかけようとしてためらった。これから始めようとしていることに、みんなを巻き込んでしまっていいのか。みんなをまた疲弊の淵にと追い込んでしまうだけではないのか。立ち尽くしてしまった僕に声をかけてきたのは、嵯峨くんだった。

「太秦さん！　どうでしたか？」

嵯峨くんはまるでこの世の終わりのような不安そうな顔をしている。そうか、僕が解任されていなくなってしまうのを何よりも恐れていたのだ。僕は「その心配はない」とぎこちない笑顔で安心させようとした。

「良かった！　こんな状況で太秦さんがいなくなったら、もう完全に終わりです

からね。……それで次はどんな作戦でいくんですか？」

嵯峨くんの表情には期待しか浮かんでいない。作戦という言葉を耳にした、壬生さんが過敏に反応した。

「なに、まだやるんですかー。もうムリじゃないですかねー。」

いつもと変わらずダダをこねる壬生さんに、三条さんが応える。

「また始まりましたね。とりあえず悲観論。壬生さんからそういう声が上がるってことはまだ、大丈夫だ。」

自信たっぷりに現状分析を披露する三条さん。そんな三条さんを尻目に、鹿王院くんが僕に声をかけてきた。

「僕たちは、失敗に失敗を重ねてきました。自分たちが得意とするスタイルをここにきて捨てて、目の前にあることだけを何とかしようとした。」

ミッションを見失い、ただ、社長（江島さん）のありもしない期待を勝手に描いて、追いかけてしまったことを言っているのだろう。その理解に達している鹿王院くんはやはり大したものだった。常磐が後を続けてきた。

「太秦さん、次のジャーニーでどの方向に向かっていくのか、みんなで決めましょう。」

常磐の提案に、全員が思い思いにうなずき、同意を表現する。最後に語りかけてきたのは有栖さんだった。

「太秦さんが社長のところに乗り込んでいる間にみんなで話し合ったんです。自分たちのリズムを取り戻そうと。」

空元気なのだろう、努めて明るい声を出そうとしているのがわかる。むしろ有栖さんはいつも物静かなので、逆に違和感がある。でも、そんな振る舞いがまた僕の目頭に何かをこみ上げさせる。

このチームはまだやれる。僕が勝手に怖じ気づいてしまって、チームを巻き込もうとしなかったら、この状況はおそらく何も変わることなく、終わってしまっていただろう。僕は、強いチームをつくろうとしてやってきた。でも明らかに今、僕の心を強くしているのは、みんなのほうだ。

「はい、自分たち自身を取り戻しましょう。そして、江島さんに見せてやりましょう、僕らのチーム開発を。」

僕の呼びかけをみんな待っていたのだろう。歓声に似た反応がみんなから上がった。そこで、有栖さんが僕の肩をいきなり押し始めた。

「そう言うと思ってました。だから、他の人たちも呼んでます。」

有栖さんに押されるがまま向かった会議室に入ると、御室と宇多野、それから他のチームのメンバーが揃っていた。御室はニヤニヤしながら黙ったまま、「その“僕らのチーム開発”には俺たちも入っているんだろうな」とでも言いたそうな表情を浮かべていた。何も言わないのはそういうのが照れくさいのだろう。代わりに、並んでいる宇多野が僕に声をかけた。
「太秦さんは、すべて自分で背負い込もうとする。さっきの社長への報告も、貴船さんとのやりとりも。太秦さんは良かれと背負い込んでいるかもしれないですが、そうされると私たちは手を出そうにも出せなくなってしまう。」
「そうだ。疎外感がひん曲がった宇多野の性格をより曲げてしまうんだぞ。」
「そういう御室さんは嫉妬がだいぶひどいですよね。」
御室と宇多野のかけあいに、僕は思わず笑みをこぼした。それを見た御室が野太い声を上げた。
「だから、太秦。俺たちにもやらせろ。」
それは宇多野も、他のチームメンバーも同じ思いらしい。ともにつくるをやらせろ。乱暴だけど、御室の言葉がまた僕の気持ちを強くする。ほのかだった“あと一歩”に挑もうとする僕の気持ちは、みんなに囲まれているうちにはっきりと感じられるようになっていた。このジャーニーはもしかしたら僕たちにとって最後のジャーニーになるかもしれない。何が待っていようとも、僕たちがやれることをやるしかない。僕はみんなに向かって言った。
「やろう、最後のジャーニーを。みんなで！」

ストーリー解決編　一人で越えられないなら、ともに越えよう

「なるほど、ユーザーを巻き込んだ検証か。」
僕の説明に、蔵屋敷さんはそう言って応じた。そう、僕たちが最後に取り組むジャーニーは、プロダクトのユーザーを巻き込んだ検証とそこから得られるフィードバックへの適応だ。自分たちだけでどこへ向かえば良いかわからないなら、他にわかりそうな人たちを巻き込むよりほかない。その範囲はチームや関係者に限らない。
「自分たちが持っているプロダクトとしてどうありたいかという仮説を、チームの外にも問いかけに行く。」

蔵屋敷さんは僕の心を読むかのように考えていることを言い当ててみせた。僕はうなずいて言葉を続けた。

「ユーザーに正解を求めて、答え合わせに行くのではなく。答えるべき問いを見つけるためにです[1]。」

そう言って僕は1枚の紙を蔵屋敷さんの前に広げた。それは至るところに空白が残る仮説キャンバスだった。僕たちはユーザーについてわかっていないところがまだたくさんある。いつだったか[2]蔵屋敷さんがフォースチームに仮説キャンバスを残してくれたことがある。あのときは活かすことができなかった。今度こそ僕たちはオフィスの外に出てユーザーに会いに行く。

蔵屋敷さんは僕の顔をまじまじと見て、やおら笑みを浮かべた。僕は蔵屋敷さんの笑顔を初めて見た気がした。

「そうか。それで、俺に何を求めるんだ？」

「僕たちは仮説検証の方法をわかっていません。知識も、実践も足りていない。だから、その補完をして欲しいのです。それも答えではなく。僕たちがやることに問いを投げかけて欲しいです。」

言うようになったなとでも思っているのだろうか。蔵屋敷さんは、笑みを浮かべたまま、そうかそうかと繰り返すだけだった。

「良いだろう。だが、この検証は大掛かりになる。おそらく俺一人ではとうてい手が足りなくなるだろう。」

蔵屋敷さんの言葉に僕は顔を曇らせた。だが、すぐにある人の顔が浮かんだ。その人の名前を挙げるまでもなかった。僕の一喜一憂する様子を見て、蔵屋敷さんはまたしてもニヤリとしてうなずいた。お互い考えていることが一致しているのかわからないが、僕には顎髭をせわしなく触る黒縁メガネの人のイメージがありありと浮かんでいた。

1　ユーザーにインタビューすると、自分たちの考えている機能、ソリューションがフィットするか以前に、解くべき問題が合っているか（どれほど重要な問題なのか）を探索することができる。まず、問題が捉えられているのかに主眼を置きたい。

2　第7話 p.118のこと。

思えば江島さんがスプリントの中止を宣言したのは、チームでプロダクトバックログづくりをさせるためだったのだろう。ただユーザーを巻き込んだ検証を行うだけなら、最初からスプリントは止めずに、プロダクトオーナー陣にそうさせるだろう。チームでユーザーの声を聴き、反応を見て、チームで考える。プロダクトの方向性を一人、二人に委ねるのではなく、これまでプロダクトを使う人にずっと向き合ってきたチームのそれぞれが持つ知見と発想を織り込むようにする。プロダクトの可能性を広げるために、僕たちがあり方自体を変える。江島さんの期待はそこにあったのではないだろうか。

今となってはもうどちらでも良い。僕たちは現場に向かうだけだ。これから始めるジャーニーのキックオフでみんなを前にそう宣言する僕に、三条さんが自分の足元を指さしながら疑問を呈した。

「太秦さん、現場とはここではなく？」

「僕たちが向かうのは、**利用の現場**です。」

僕たちには2つの現場、開発の現場と利用の現場がある。前者はつくる場所で、後者は使う場所だ。このジャーニーでの僕たちのミッションは利用の現場に行き、プロダクトを通じて何が必要なのかを見定めることだ。江島さんが言う事業の継続、つまり、どうすればこのプロダクトをもっと使い続けてもらえるのかを見立てられなければならない。

これから始める仮説検証のジャーニーについて、検証の方法を持たない僕たちを実践知で支えてくれたのは西方さんと蔵屋敷さんだった。僕たちの突貫の計画づくりに付き合ってくれたのだ。僕から、そのプランを全員に説明する。

「3つのステップを踏んでいきます。最初は、利用の現場の観察から。」

まず、プロダクトの利用を目の当たりにして、情報を増やさないことには始まらない。利用現場の観察には全チームがそれぞれ2回あたる。たとえば、僕のチームなら1回目はメイン領域であるタスク管理機能を中心に観察を行う。そして、2回目の観察では、タスク管理機能以外を見るようにする。これは後で行う解釈の場で、他のチームにフィードバックするためだ。

「次は、観察で得られた知見を棚卸しして、その結果を解釈[3]します。ただ単に記録をもとに記憶を呼び起こして議論するのではありません。実際に、利用者が何をやっていたか自分たちで再現しながら、その行動の背景を探ります。」

3　観察で得られた情報をもとに仮説キャンバスを描く。仮説キャンバスについての解説はp.131を参照。

そうすることで、利用者の思考と行動を自分たち自身に宿らせ、プロダクトに何が必要なのかを理解の上に浮かび上がらせる。これについては、各チームでそれぞれが担っている機能領域において進めてもらう。

解釈については仮説検証の経験が求められるところなので、各チームが視座の低い判断や自分たちに都合の良い判断とならないよう、蔵屋敷さんと西方さんに適宜解釈に対する問いかけを投げかけてもらうようにする。

「最後に、新たに立てた仮説をもとに再度検証を行う。このときはもう1回ここに全員集合です。」

最後の検証は具体的には利用者を招いて、僕たちの目の前でテストを行ってもらう。だから、検証の前にそれぞれの仮説に応じた準備を行う。新たな機能追加かもしれないし、UIやユーザー動線の変更かもしれない。いずれにしても、この準備に多くの時間を割くことはできない。つくるところ、つくらずに別の手段で検証するところなどの見立てを行うようにする。実際の利用体験を経なければ確かなフィードバックになりそうにないものはつくり込みを行い、動線やレイアウトの変更など、見ることで想像がつくものはこれまでつくってきたデザインドキュメント[4]を用いて検証する。

それから、テスト管理ツールのゼロチームには検証や開発の支援のために各チームに入ってもらうことにした。もともとはチーム全体のQAをつとめていたのだけど、今はスプリントを完全に中止していることもあってその役割も必要ない。

「なんとまあ！　とうとう解散しちゃったよ！」

その話を聞いて、マイ日坂さんがオーバーに声を上げた。和尚も寂しそうにうなずくだけだった。

「何言ってるんですか。それだけ私たちが必要とされているということですよ。」

前向きに解釈するウラットさん。でもそのとおりだった。こういう瀬戸際の状況で、ゼロチームの持っている経験は心強い以外の何物でもない。こうして僕たちは持っているものをすべて結集させて、最後のジャーニーに臨んだのだった。

なぜあなたはイマココにいるのか?

僕たちの報告を受ける江島さんはいつものように、聞いているのか聞いていな

4　ビジュアルデザインを確認するために作成したデザインカンプやワイヤーフレーム、過去につくったプロトタイプなど。

いのかわからない感じだった。最後に実施したユーザーテストの記録をながめながら、時折「ふうん」と声を上げるだけだ。

「……社長、何を考えているのでしょうね。」

三条さんも気になって仕方なさそうだ。小声で僕にささやいた。聞かれたって、僕にもわからない。僕もどんどん不安が高まっていた。社長がプロダクトバックログの仕分けを淡々とこなしていたときの様子とほぼ同じだからだ。全然期待はずれの結果だったのではないか。いやいや、江島さんにだって別に正解があるわけではないんだ……。自分に言い聞かせるように、痛むこめかみを人差し指で押さえた。

その僕の手をそっと握ったのは、三条さんの逆側に座っていた有栖さんだった。

「私たちはやりきったと思います。」

有栖さんの言うとおりだった。これでどんな評価がもたらされようと、僕たちはもう受け止めるほかはない。

「ああ、そうだよねー。そうそう。」

唐突に、江島さんはそう言って、ソフトクリームみたいな髪型の頭をかきむしった。江島さんが反応を示したのは、このプロジェクト管理ツールが僕たちのようなソフトウェア開発だけではなく、他の業界でも使えるのではないかという利用者からの感想だった。

最後のユーザーテストでは目の前で使ってもらうだけではなく、その後の結果ふりかえりにまでテスト利用者に参加してもらいその声を集めている。その中には、いわゆるデジタルプロダクトに関わる人たちだけではなく、メーカー系や金融系などの事業に関わる人たちもいた。プロジェクトのようなタイムボックス、チームを結成して仕事をする状況にある人たちに集まってもらったためだ。

そうした結果と新たなプロダクトバックログの案をひとしきりながめ、僕や御室、宇多野の報告を一通り聞いた後、江島さんは黙り込んだ。この場で何らかの意思決定をするつもりなのだろう。

「太秦さん。」

江島さんに突如声をかけられて、僕はあわてて立ち上がった。まるで裁判結果を聞くようだ。

「どうしてこんな結果が得られたと思いますか？」

どうして……。僕は息を呑んでゆっくりと答えた。

「一人で考えたのだったら、たぶんこのプロダクトの機能的なカイゼン点を整理して終わりだったと思います。」
「そうならなかったのは、他のメンバーが周りにいたから？」
　僕がうなずくのを見て、江島さんは「なんで？」と間髪を入れず質問を重ねた。僕は自分の紡ぐ言葉を一つ一つ確かめるようにゆっくりと答えた。
「自分一人の知見や気づき頼みで行動しても、その結果はせいぜい自分一人で考えつくものを超えられはしません。でも、チーム全員で考えられたら、御室や宇多野のチームにまで広げたら、さらにチームの外側、利用者を含めて同じものを見ようとしたら、一人の限界を超えられるはずです。」
　ただ、そのためには仮説が必要だった。てんでバラバラに好きなものを見て、好きなことを言っているだけではまず混乱するだけだ。
「そうして考えるうちに、今回のジャーニーをリードするのは自分しかいないことに気づきました。御室や宇多野では他のチームが動かないでしょう。蔵屋敷さんや西方さんでは、僕たちはただ言われたとおりに動くだけになるでしょう。それでは自分たちを当事者として捉えられた気づきは出てこない。」
　御室はムッとした表情で顔を上げたが、隣にいる宇多野になだめられた。蔵屋敷さん、西方さんはそれぞれ苦笑いしている。
「私は自分が何者でもないことを自分でわかっています。」
　僕の言葉にみんなが反応しているのがわかる。僕はここに来るまでに3回組織を変えている。行く先々でチームの状態に失望することを繰り返してきた。あるチームの一面だけを捉えて、こんな組織はダメだとそこを後にする。でも、それは実は自分自身の力不足に目を向けたくなかったからなんだ。
　周りからのすべての視線を受け止めながら、僕は続ける。
「そんな私が一人で考えていたって、どうすれば良いかなんてわからないままです。でも、」
　そう一区切りつけて、周りを見渡す。僕のそばにはいつもチームがいる。僕のフォローに徹してチームをまとめてくれていた三条さん。プロダクトオーナーとして静かにプロダクトを引っ張ってきてくれた有栖さん。誰よりもプロダクトづくりにこだわり、エースの地位を不動にした鹿王院くん。経験に裏打ちされた技術でチームの底力であり続けた常盤。みんなが思っていることをはっきり言葉にして、チームの代弁者としての役割を買って出てくれていた壬生さん。足りない経験値をガッツで補い、行動でチームを励ましてきた嵯峨くん。
　このチームに最初出会ったとき、僕はえたいの知れないみんなの様子にネガティブな気持ちでいっぱいだった。みんなとの最初の出会いでは、この組織も1年くらいで後にすることになるだろうとぼんやりと思っていた。そんな僕が一歩ずつ歩んでこれたのは、蔵屋敷さんが伴走してくれたからだ。蔵屋敷さんからは多くの問いをもらった。問いを一人で必死に考えて、それからチームで向き合うようになって、僕たちの活動は前進するようになった。

その後ともに進むチームが増えて、それまでにはなかった厄介な問題にも直面するようになった。そんな状況を突破できたのは、時にあからさまにいがみ合い、時にただ黙って相手を支援する、御室と宇多野がいてくれたからだ。僕はみんなとここまでこれたことに、ただ感謝を言いたかった。

その前に、江島さんに伝えなければならない。

「でも、チームがここにいてくれたから。みんなとの関わりの中で、自分が何をする者なのかに気づくことができました。」

自分の力が足りていないことから逃げ出さなくても良い。みんなそれぞれ足りない何かを抱えている。足りないところは、他の誰かによって補うことができる。僕たちはチームとなるからこそ、かえって自分自身のつとめを知り、果たせるのだ。そうして一人では到達できないところにたどり着くことができる。

だから、チームの中、チームの外との間にある分断を認め、つなげていく必要があるんだ。状況を変える最初のきっかけとは、分断に気づけた者のささやかだけど、それまでにはない一歩、**越境**にほかならない。

僕はみんなのほうを振り返って、腕を目いっぱい伸ばして全員を指し示した。

「私のつとめは、みんなの、この集まりがチームであるようにすること。」

僕は再び、江島さんの顔をまっすぐ見た。最初の質問に答え直そう。**なぜイマココに僕はいるのか？**

「**ともに考え、ともにつくる**ことができたからだと思います。」

江島さんは僕の話を聞き届けて、「そうか」とつぶやくと、後ろにのけぞって何かを考えるしぐさをした。どのくらいの時間だったのだろう。僕には時が止まったように感じられた。やがてのけぞり終えて、考えがまとまったのだろう、江島さんはゆっくりと言った。

「やっぱり、このチームを解散します。」

太秦の解説　ともに考え、ともにつくる

最後の解説は、僕、太秦がつとめます。プロダクトとして何をつくっていくべきかという課題にはプロダクトづくりの最初から直面し、そしてプロダクトが存続する限り向き合い続ける必要があります。プロダクトづくりにはあらかじめ用意された正解などありません。プロダクトを利用する人、その置かれている状況、取り巻く環境など、いくつもの変数があります。そして、変数の値は時とともに変化し、それに適した解を捉えなければならないわけです。何をつくるか、プロダクトオーナーの中に絶対的な確信などないでしょう。それがたとえ事業責任者であっても、経営者であってもです。そんな誰も正解を持っていない状況の下、僕たちはどのようにしてプロダクトづくりを進めていけるのでしょうか。一つのあり方として、仮説検証によるプロダクトへの向き合い方を解説していきます。チームで臨みましょう。

仮説を立て、検証する

プロダクトで何をもたらすのか。利用する人たちにどのような価値をもたらすのか。ここを中心とした仮説を立てることから始めます。価値の仮説を成り立たせる観点として、考慮しなければいけないことは数多くあるでしょう。その中でも、特に最初の段階から捉えておきたい仮説の構造があります。その構造を１枚のフォーマットでまとめたものが仮説キャンバスです（**図16.1**）。

図16.1｜仮説キャンバス

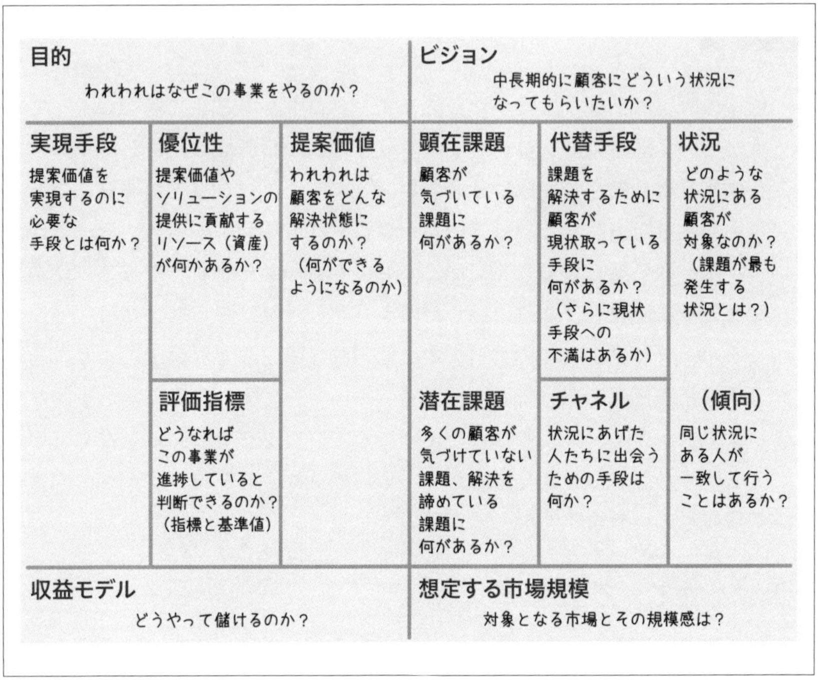

目的
われわれはなぜこの事業をやるのか？

ビジョン
中長期的に顧客にどういう状況になってもらいたいか？

実現手段
提案価値を実現するのに必要な手段とは何か？

優位性
提案価値やソリューションの提供に貢献するリソース（資産）が何かあるか？

評価指標
どうなればこの事業が進捗していると判断できるのか？（指標と基準値）

提案価値
われわれは顧客をどんな解決状態にするのか？（何ができるようになるのか）

顕在課題
顧客が気づいている課題に何があるか？

潜在課題
多くの顧客が気づけていない課題、解決を諦めている課題に何があるか？

代替手段
課題を解決するために顧客が現状取っている手段に何があるか？（さらに現状手段への不満はあるか）

チャネル
状況にあげた人たちに出会うための手段は何か？

状況
どのような状況にある顧客が対象なのか？（課題が最も発生する状況とは？）

（傾向）
同じ状況にある人が一致して行うことはあるか？

収益モデル
どうやって儲けるのか？

想定する市場規模
対象となる市場とその規模感は？

仮説を立てるのはこのキャンバスを埋めることから始めます。ここに挙げた観点に現時点でわかっていることと、想像を頼りに考えたことで答えていきます。あ、もちろん、いきなり書き出せない場合がほとんどでしょう（第7話で砂子さんと僕たちが仮説を立てられなかったように）。それは仮説を立てるだけの情報が足りていないということなのです。まず、対象領域に関係するデータや情報を集める調査とその分析、想定ユーザーや状況の観察を行いましょう（**図16.2**）。これは仮説検証の前段階です。

図16.2｜仮説検証の段階

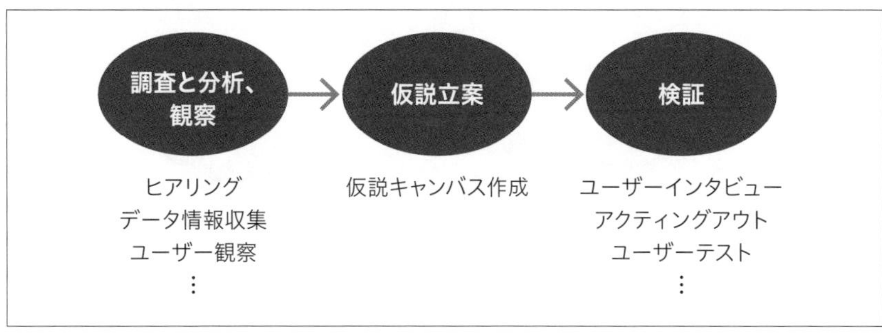

調査分析、観察にどの程度時間をかけるべきでしょうか。ここで対象領域に対するエッジの利いた洞察が得られるかどうかが、その後に立てる仮説の可能性につながります。ただし、慣れないうちはどういう内容が「エッジが効いている」といえるのかさえもわかりませんし、いつまでも調査分析を続けたところで洞察らしきものが得られないこともありえます。僕は、出口のない状況に迷い込んでしまう前に、まずは仮説検証の活動を一本通しでやることを推奨します[5]。調査分析、仮説立案、そしてその後の検証、これらを通してやってこそ、最初に立てる仮説の善し悪しがわかるようになるものです。どの程度のインプットで、どんな仮説を立てると、どういう結果が得られるか、実感が持てるからです。

さて、仮説キャンバスを書いてみると論理的に導き出されているところもあれば、完全に想像の域を出ないところもあるでしょう。この妄想を頼りにいきなり開発を始めるわけにはいきません。仮説を立てたら、その内容の検証が必要です。

そもそも仮説とは、その言葉のとおり仮の説。どの程度確からしいのかは、検証してみないとわかりません。だから、仮説を立てることとそれを検証することは一組という考え方[6]になるわけです。仮説を立て、検証し、新たな仮説を得る。この繰り返しになります（**図16.3**）。

5　仮説検証への理解が浅い組織で行う場合は、チーム内外の期待マネジメントに気をつけたい。やってみたものの意味がなかったと判断されてしまわないように。何のためにやるのかを合わせておこう。

6　時にプロダクトコードとテストコードを一組として捉えるように。仮説と検証も同様。

図16.3 | 仮説立案と検証は一組

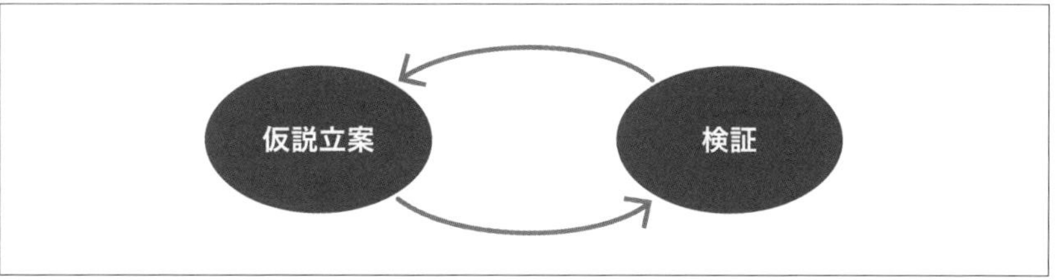

検証の方法は様々です。

・ユーザーインタビュー

想定ユーザーとの対話、その反応から学びを得るための検証。仮説キャンバスを踏まえて、相手に何を聞くのかを整理したインタビュースクリプト（台本）を用意して対話に臨みます。スクリプトに書いていることをただそのまま読み上げるインタビューでは、想定している範囲内での気づきしか得られません。スクリプトは対話の足がかり[7]にして、対話の中で新たにわかったこと、気づいたことに基づいて質問を作り出し、深掘りを行いましょう。

・アンケート

プロダクトを、そもそもどういう状況の人たちが必要としそうなのか、ユーザーとして想定するべきなのかのあたりをつけるために行います。あくまで一方的な質問でしかないため、インタビューと違って深掘りができませんし、答える相手の様子もわかりません[8]。検証というよりは調査分析のための手段として捉えられるでしょう。

・プロトタイプ検証

ある程度想定ユーザーについて理解が進んだところで、よりリアリティのある反応を得るために行う検証です。反応のリアリティを高めるためには、相手に体験できる部分を用意することです。タップすれば紙芝居的に切り替わるも

7 スクリプトが中途半端だと何を聞かなければならなかったのかを見失いやすい。必ず準備すること。

8 インタビューで相手に直接対峙するメリットは「相手がどんな顔つきで、声で、様子で答えているか」がわかることです。人はたいていの場合何らかの思い込み（バイアス）を持っているものです。バイアスが働いた回答になっていないかの判断には相手の様子を参考にしましょう。

のから、ある程度の遷移の分岐をつくり込んだものまでプロトタイプの表現手段があるでしょう。

・MVP検証

最もリアリティのある反応とは実際に利用可能なプロダクトですね。最終的には動くソフトウェアとしてMVP（Minimum Viable Product）[9]を開発して、検証を行います。

これらの検証に加えて、**アクティングアウト**という手段は利用現場の観察や他の検証を行った後、自分たちの理解を確かめるために行います。自分たちで想定ユーザーになりきって、プロダクト（プロトタイプ）を運用テストするのです。

プロジェクト管理ツールであれば、想定している対象プロジェクトの実際の状況にできるだけ近づけるよう準備を行います。ユーザーや関係者の役はチームメンバーが疑似的に代行します。その上で、実際の運用をします。そのため、運用のシナリオをつくり、ユーザーを演じるメンバーで何をどうやるのか理解を揃えておく必要がありますね。そして、その運用の様子を、他のチームメンバーで観察するようにします。**ユーザーを演じる**ことで、またそれを観察することで、プロダクト利用上の問題に気づくのが狙いです。

こうしてユーザーになりきるためには相手のことを良く理解しておく必要がありますよね。そのため観察や他の検証が先立つわけです。もし、**運用してみて想定ユーザーの動きがイメージできないところがあるならば、それは理解が不足しているところ**です。特に該当領域にフォーカスしたユーザーインタビューや観察を行う必要がありそうです。

このように検証活動には段階があることに気づけるでしょう。想定ユーザーについての理解が浅い状況では、ユーザーインタビューによって多くの気づきが得られるものです。ただ、インタビューをひたすら続けても、新たな学びが得られにくくなる状況になっていきます。想定ユーザーにプロダクトの利用体験をしてもらうことで学びを得る段階に入っているといえます。

9　想定ユーザーにとって実用的で最小限の範囲のプロダクト。一気に広い範囲の機能を開発するのではなく、検証に必要な範囲にとどめる。

“現実歪曲”曲線の上を行け

検証活動は、そこにかかる経済的コストとともに、時間的コストのかかり具合で、どのような検証手段を取るのか判断する必要があります。いかに予算を低く抑えて検証できたとしても、3か月かけてほとんど学びが得られないようでは活動としての意義は低いです。時間を無駄に先送りしてしまうと、自分たちを取り巻く環境のほうが変わってしまい、プロジェクトを止めなければいけないという事態に見舞われることもありえるでしょう[10]。

このように考えると、検証活動として望ましいのは**いかにリソース（時間、コスト）をかけずに、よりリアリティのある反応を得られるか**ということになります。それはプロダクトそのもの以外の手段で、現実に近い利用状況を生み出すということです（**図16.4**・**図16.5**）。

図16.4｜“現実歪曲”曲線

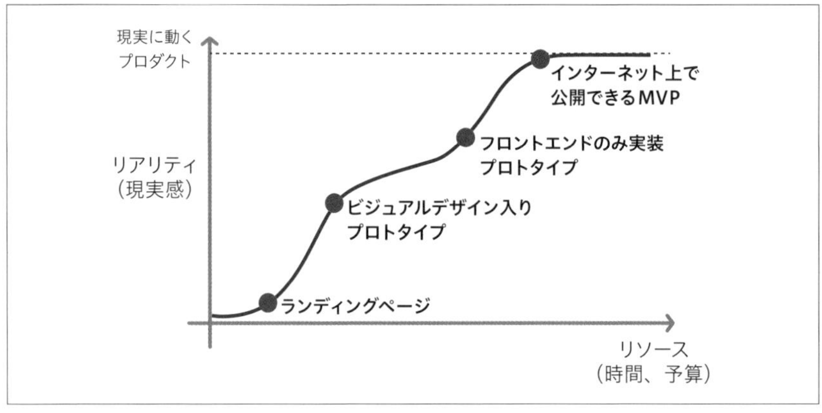

10　特に新規事業や新規でプロダクトをつくる場合などは、組織環境の変化の影響を受けやすく、組織の判断も変わりやすい。

図16.5｜MVPにかかる力学

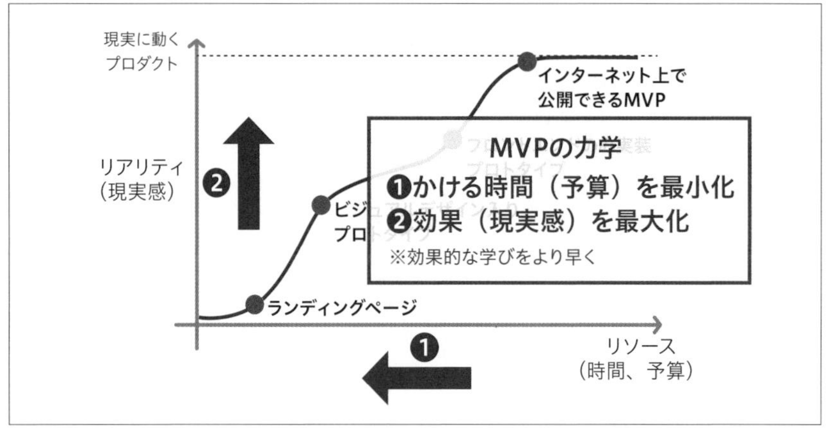

検証は基本的にはこの曲線上をたどっていくことになりますが、より優位な手段とは、曲線の左上の領域であることがわかります（**図16.6**）。

図16.6｜曲線の上側で検証

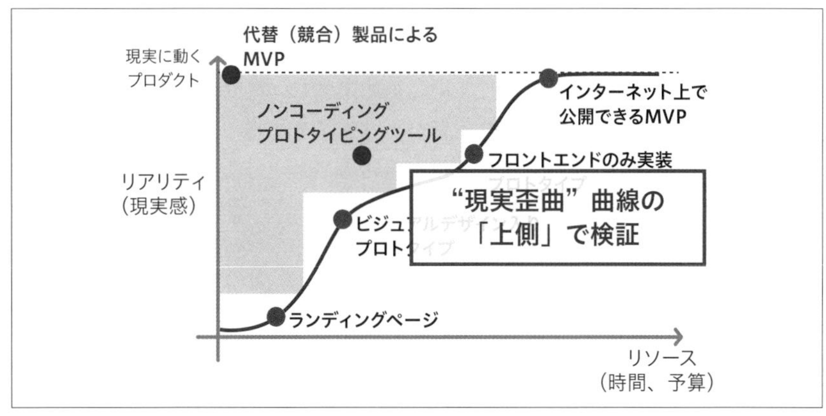

たとえば、ノンコーディングである程度動くプロトタイプをつくれるツールを用いたプロトタイプ検証や、過去の異なるプロジェクトでつくっていたMVPを手直しして検証に用いたりという作戦が考えられます。最も左上に位置するのは、競合や代替にあたる、現実のプロダクトを利用した検証です。この場合、おそらく「**利用は可能だが、ある観点で問題が残る**」ということが見えてくるはずです（**図16.7**）。

図16.7 | 競合をベースにした仮説キャンバス

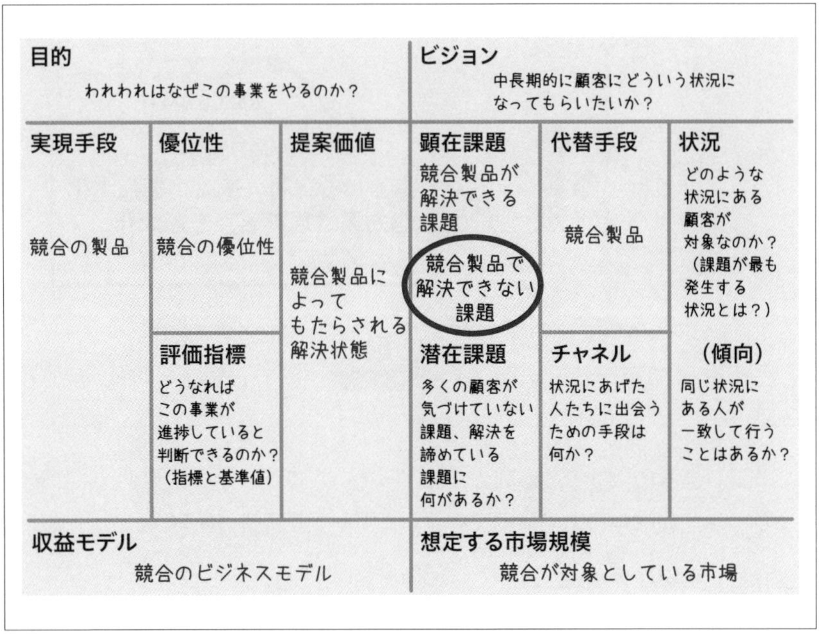

目的
われわれはなぜこの事業をやるのか？

ビジョン
中長期的に顧客にどういう状況になってもらいたいか？

実現手段
競合の製品

優位性
競合の優位性

評価指標
どうなればこの事業が進捗していると判断できるのか？（指標と基準値）

提案価値
競合製品によってもたらされる解決状態

顕在課題
競合製品が解決できる課題
競合製品で解決できない課題

潜在課題
多くの顧客が気づけていない課題、解決を諦めている課題に何があるか？

代替手段
競合製品

チャネル
状況にあげた人たちに出会うための手段は何か？

状況
どのような状況にある顧客が対象なのか？（課題が最も発生する状況とは？）

（傾向）
同じ状況にある人が一致して行うことはあるか？

収益モデル
競合のビジネスモデル

想定する市場規模
競合が対象としている市場

その問題こそ自分たちが立てていた仮説であり、問題の解消こそ自分たちがプロダクトをつくる動機にあたっているはずです。逆に、何も問題が検出されないとしたら、代替手段で十分満足が得られるということ。プロダクトをつくる必要がない疑いが高まります。

多様性重視の重層型（重奏型）仮説検証

第15話の解説で江島さんが「プロダクトオーナーの民主化」というあり方を提示しました。これはチームに備わった多様性を活かそうという考えが根底にあります。チームメンバーのそれぞれの経験、思考、発想を利用し、議論に選択肢を生み、方向性の幅を広げるのが狙いです。この考えに基づくと均一なチームであるよりも、逆にバラエティのあるチーム、異なる意見、考え方を互いに受け止められるチームであることを目指すことになります。

もちろん、多様なメンバーを集めてただ適当なアイデアを積み重ねたところで、まともな方向性にはならないでしょう。だからこそ、ここまで述べてきた仮説検証が必要なのです。つまり、**仮説検証には開発チームも関わり、プロダ**

クトを使う状況やユーザーの思考、行動を作り手自身に刻みこんでおくのです。そうしたプロダクトの利用状況についてどれほど理解しているかで、プロダクトの細部まで善し悪しが変わります。作り手自身に理解がなければ、プロダクトの細部まですべての判断を逐一誰かに確認することになってしまうでしょう。

ただし、仮説検証とは1回、2回やって終わりではなく、プロダクトが活き続ける限り必要となる活動です。そうした活動に開発チームがどこまで参画するか悩ましく感じるでしょう。そこで、**ジャーニー**という概念を用います（**図16.8**）。仮説検証にかける時間を増やすジャーニー、検証の結果アウトプットに注力するジャーニー、このようにまず検証活動の度合いに濃淡をつけます。その上で、チームのフォーメーションを組みましょう。検証に全時間関わるメンバー、ユーザーテストの当日など設定した検証イベントにのみ参画するメンバー、結果だけ共有をし、意見出しを行う形で関わるメンバーといったイメージです[11]。

図16.8｜ジャーニーを用いた仮説検証の進め方

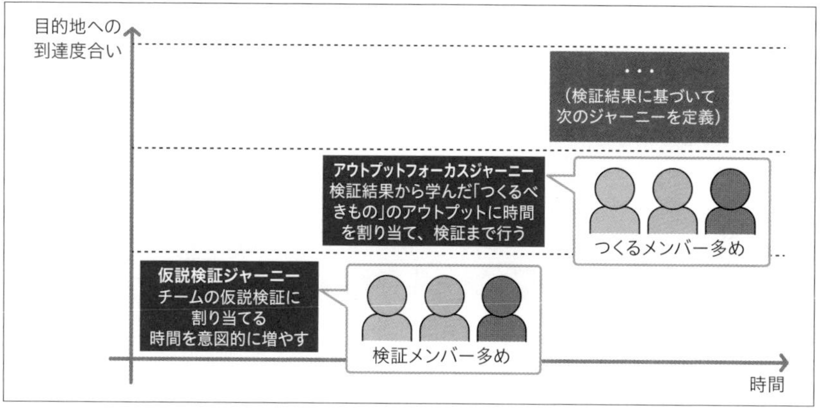

チームの多様性を引き出す仮説検証は**重層的**になります。重層的とはどういうことかを問う前に、仮説には構造があることを捉えておきましょう（**図16.9**）。

11　もちろんこうしたフォーメーションもローテーション的に動かそう。仮説検証に慣れていないため最初は検証のふりかえりに参加するだけ、その次の仮説検証ジャーニーでは、検証イベントに参画する、といったように各自の練度を段階的に上げていく作戦が考えられる。

図16.9｜それぞれの頭の中の仮説を外在化してまとめる

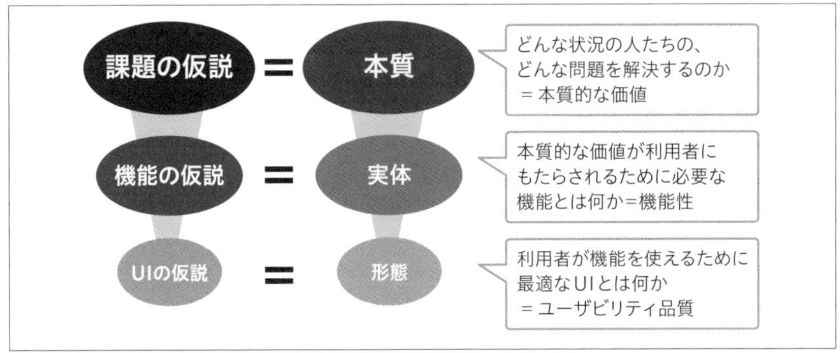

この構造を意識して仮説を立て、可視化しておかなければ、プロダクトオーナーも、開発チームもそれぞれ考えていることのレイヤーがバラバラで、プロダクトの方向性をまとめるのに苦労します。まず、この構造上の仮説がそれぞれどう置かれているかの理解を揃え、かつこれから行う検証がどのレイヤーの仮説なのかもチームで捉えておく必要があります。

このように仮説を外在化させた上で（**図16.10**）、検証して気づいたこと、わかったことをチームで出し合い、仮説をたたいていきます。

図16.10｜仮説の外在化

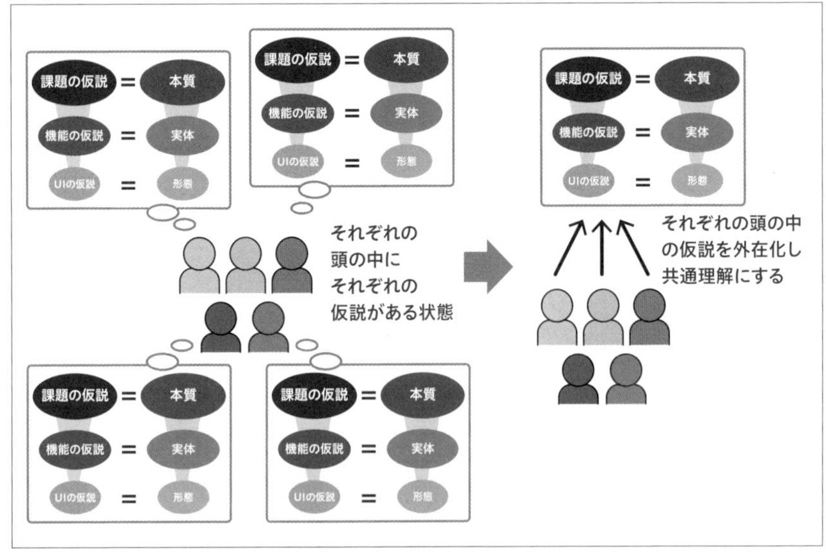

それぞれの頭の中にある仮説を外在化して一つにまとめたものの、仮説検証を通じてまたそれぞれの中に仮説に関する考えが新たに芽生えるはずです。それぞれが新たに抱いた仮説構造を、外在化した仮説にぶつけることで、一人では形作れない仮説構造に仕立てていく。仮説検証の回数と参加した人数の分だけ、仮説構造のたたき台ができるわけです。一人で、少数の検証をやるよりも、プロダクトの可能性を高められる気がしませんか。これが**仮説構造の重層化（重奏化）**です。あたかも、それぞれが演奏するパートを担い、音を掛け合わせて一つの音楽に仕立てる重奏のような仮説検証といえます（**図16.11**）。チームの多様性が問われる理由はここにあります。

図16.11｜重奏型仮説検証

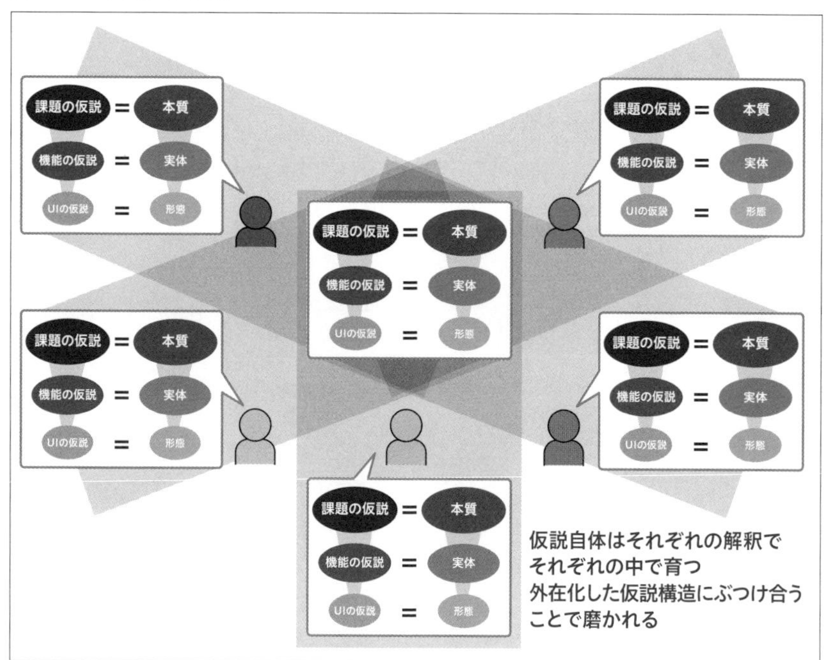

検証活動の後や、プロダクトをウォークスルー[12]的にチーム全員でながめるプロダクトレビューの後に、仮説キャンバスをアップデートする機会を設けま

12　プロダクトのユースケース（利用用途）を念頭において、必要な一連の操作を一つずつ行いながら、プロダクトの振る舞いをレビューする。

しょう。その際、各自で結果を解釈し、自身の描いている仮説を見直した上で臨みます。つまり、プロダクトの仮説はチームで共通に理解しているもの、合意しているものとして一つあり、かつ各自の解釈をそれぞれの言葉で言語化した仮説がそれぞれにある状態です[13]。

　こうした仮説構造を保管する手段として、仮説キャンバスを用いましょう。ただ、仮説を立てるのに慣れていないメンバーにとっては、仮説キャンバスをつくるのは重たく感じられるかもしれません。少なくとも、仮説構造の要点だけは言語化しておくようにしましょう（図**16.12**）。

図16.12｜ワンライナーキャンバス

［状況］**どんな状況のユーザーの**
［要望］**満たしたい要望、解決したい問題は何**
［提案価値］**どんな状態にするのか**
［ソリューション］**どうやってやるか**
［（みなさんの）目的］**何のために？**

“ワンライナーキャンバス”

［状況］久しぶりにログインしたユーザー
［要望］もっと他者とつながりを深めたい
［提案価値］優先的に遭遇の可能性を高める
［ソリューション］投稿表示順位を上位にする
［（みなさんの）目的］DAUを増やす

“ワンライナーキャンバス”の例

　開発メンバーによってはこうした言語化が不慣れで敬遠しがちな場合もあるでしょう。しかし、正解のないプロダクト開発だからこそ、**誰もが自分の解釈、意見を持って良い**のです。不確実性の高い状況ほど、そうした解釈や意見が活きる可能性があります。**自分の仮説を持つこと、それ自体がプロダクトづくり**

13　チームで機能的に活動するためには合意形成は欠かせない。だが、それはチームに一つの見解だけ持つことを許し、それぞれが見解を持つことを許さないというわけではない（「唯一絶対の合意形成」）。「バラバラなままの合意形成」は状態の管理としては難易度が高い。なぜ、そうしたスタンスに期待が持てるのかをチームで確認しあおう。チームと個人の見解の並立に努めることにこそ、合意しておきたい。

への貢献となりうるわけです。重奏的な仮説検証の意義をチームに説き、参画を促していきましょう。

ユーザーを巻き込んだ検証

この**重奏型仮説検証**の行き着く先は、想定ユーザーの巻き込みです。プロダクトが対象とする領域の当事者を巻き込んで、仮説構造をたたき上げるわけです。考えてみれば、プロダクトづくりにその当事者であるユーザーがどれほど関与できているでしょうか。当事者だからといって問題を解決するアイデアがあるわけではありません。ですが、「問題は何か？」をともに考えることはできるはずです。プロトタイプやMVPを用いたユーザーテストを実施した後、その結果ふりかえりにユーザーにも参加してもらいましょう。

なお、先にアクティングアウトを説明しましたが、チームはアクティングアウトを通じて疑似的な当事者をつとめているわけです。そうした経験をもとにした疑似当事者と、当事者自身の両者で、仮説検証という活動を行うイメージです（**図16.13**）。

図16.13｜ユーザーを巻き込んだ重奏型仮説検証[14]

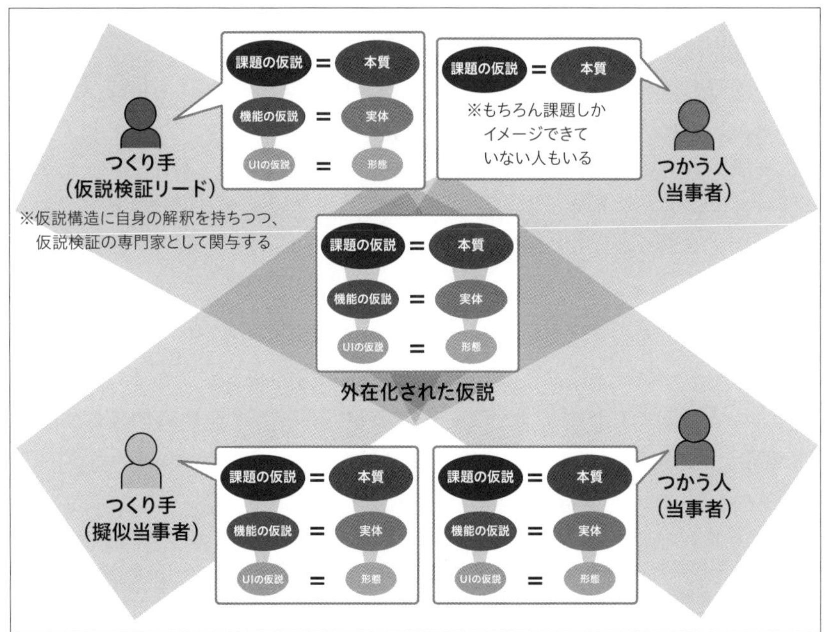

これは、ユーザーの声を聞いてそのまま開発しようということではありません。あくまで、外在化した仮説構造を鍛えるのが狙いです。課題仮説があいまいなまま機能仮説を追加することはありえません。仮説構造の整合性を維持しながら多様な意見を集め、プロダクトの方向性を決めていくことになります[15]。

ユーザーをも巻き込んだ重奏型仮説検証は、プロダクトオーナーだけ、チームだけでは到達できない理解を得ようというものです。これはある意味では当事者であるユーザーの力を借りて、未知の理解へと越境する行為ともいえます。プロダクトづくりは、プロダクトオーナーの民主化を経て、このような「**ともに考え、ともにつくる**」というあり方に達するはずです。僕は、そうしたプロダクトづくりにこそ可能性を感じています。

ともに考え、ともにつくる

ジャーニーの先には自分たちで思い描いた**目的地**があります。それは「こうなっていたい」「こんな状況でありたい」という願望です。目的地も最終ゴールではなく、そこに至ったときには通過点になっているはずです。ここまで来た、では次はあそこまで行こう、さらに遠くへ行こう、といった具合に次の目的地をチームで描きます（チームで同じ場所をイメージできなければ目的地とはいえません）。

つまり、チームのジャーニーとは、そのチームが思い描く世界（いわば**ビジョン**）の実現まで延々と続いていくわけです。そのためには同じ目的地を目指すチームの協働が欠かせません。その協働の前提となるのが「一人の人間のようなチーム」であり、そんなチームだからこそ可能となる「ともに考え、ともにつくる」というあり方なのです。

僕がここまで語り尽くしたように、チームのジャーニーには困難が伴います。時に、絶望的な状況にさえ陥ります。そうした事態を招いてしまうのは、置かれている状況やお互いについての理解不足だったり、チーム内外に生まれる「境界」だったりします。

---

14 重奏型仮説検証が目指すものは、デザイン活動に当事者が参画する「リビングラボ」や、領域の異なる専門家が参画する「意味のイノベーション」の考え方を取り込み、豊かな多様性によるプロダクトの可能性づくりと、なおかつ仮説の共通理解による合意形成の両立である。

15 仮説構造を維持する番人として仮説検証リードを置きたい。

絶望は人によってもたらされるものでありながら、またそれを乗り越える力も人によって生み出されます。状況を突破しようと「越境」の一歩を踏むのは、たった一人からでも始められます。でも2歩目、3歩目、そしてその先を踏み続けていく際に伴う困難は、やがて一人では手に負えなくなるでしょう。そんなとき、ともに背負ってくれる存在が、チームです。みんなで背負えば、少し肩の荷が軽くなりますよね。

果たして、そんな都合よくチームが機能するのか？　大丈夫。思い描く目的地が同じなら。チームでともに向かえるジャーニーになるはずです。

第16話 まとめ チームの変遷と学んだこと

	チームの相互作用	フォーメーション	太秦やチームが学んだこと
第9話 塹壕の中のプロダクトチーム	一つのチームになったものの"お互いに遭遇していない"状態	フォースチーム：リーダー太秦 フィフスチーム：リーダー御室 シックスチーム：リーダー宇多野 プロダクトチーム：リーダー太秦 シニアPO：貴船 プロダクトマネージャー：社	•情報流通のための境界設計 •コンウェイの法則 •「原石」としての情報（What） •「価値創出を促す」ための情報（Why、How）
第10話 チーム同士で向き合う	チームの境界を越える	フォースチーム：リーダー太秦 フィフスチーム：リーダー御室 シックスチーム：リーダー宇多野 プロダクトチーム：リーダー太秦 シニアPO：貴船 プロダクトマネージャー：社	•越境のデザイン（役割からの越境、チームからの越境）
第11話 チームの間の境界を正す	チームの境界をつくる	フォースチーム：リーダー太秦 フィフスチーム：リーダー御室 シックスチーム：リーダー宇多野 プロダクトチーム：リーダー太秦 シニアPO：貴船 プロダクトマネージャー：社	•境界設計の5つの作戦
第12話 チームの境界を越えてチームをつくる	越境チームでチームの壁を壊す	横断チーム：常磐、嵯峨、和尚ほか フォースチーム：リーダー太秦 フィフスチーム：リーダー御室 シックスチーム：リーダー宇多野 プロダクトチーム：リーダー太秦 シニアPO：貴船 プロダクトマネージャー：社	•状況特化型チーム、専門特化型チーム
第13話 チームとチームをつなげる	チームの視線を一点に集める	フォースチーム：リーダー太秦 フィフスチーム：リーダー御室 シックスチーム：リーダー宇多野 プロダクトチーム：リーダー太秦 シニアPO：貴船 プロダクトマネージャー：社	•バラバラのユーザーを一人のユーザーにする（ユーザー行動フロー、カンバン）
第14話 クモからヒトデに移行するチーム	ともにつくる	ゼロチーム：リーダー浜須賀 フォースチーム：リーダー太秦 フィフスチーム：リーダー御室 シックスチーム：リーダー宇多野 プロダクトチーム：リーダー太秦→役割廃止 プロダクトマネージャー：貴船→解任	•詳細と俯瞰を行き来する •クモ型チームとヒトデ型チーム •標準化ではなく共同化
第15話 ミッションを越境するチーム	ともに考える	ゼロチーム：リーダー浜須賀 フォースチーム：リーダー太秦 フィフスチーム：リーダー御室 シックスチーム：リーダー宇多野 プロダクトマネージャー：社長	•視座と視野から視点が決まる •プロダクトオーナーの民主化 •多次元からの捉え •自分たちに問う
第16話 ともに考え、ともにつくるチーム	ともに考え、ともにつくる	ゼロチーム：リーダー浜須賀 フォースチーム：リーダー太秦 フィフスチーム：リーダー御室 シックスチーム：リーダー宇多野 プロダクトマネージャー：社長	•仮設を立て検証する •現実歪曲曲線 •重層型（重奏型）仮説検証 •ともに考え、ともにつくる

Epilogue
エピローグ

終わりなきジャーニー

「相変わらず、お祭り騒ぎが好きですね。」

目の前で行われているユーザーテストをながめていると、不意に声をかけられた。振り返ると、この会社には似つかわしくないきっちりとした服装の男性が立っている。親会社の執行役員の一人だ。私は、彼が想像していることを正そうと答えた。

「今回は私の差し金ではないですよ。袖ヶ浦（そでがうら）さん。」

袖ヶ浦さんはもともと親会社の方にいたのだけど、一度外に出て数年前にまた戻ってきた立ち位置だ。私が会社を立ち上げるときに、親会社内での交渉に奔走してくれた一人だ。私の回答に苦笑しながら続けた。

「こういう状況をつくったのは君だろう。」

半分当たって、半分は違う。確かに、私が期待する状況にはなっている。だが、この場づくりにたどり着いたのは太秦たちの選択によるものだ。

「良いチームができそうです。」

袖ヶ浦さんと言葉を交わしながら、率直に思うことをつぶやく。太秦はリーダー未満のところから一歩ずつ歩みを進め、複数のチームをリードするようになった。今、目の前では、チームを越えてユーザーや関係者たちを巻き込む場までつくっている。この段階に至るまで、数知れないほど自分の力不足に直面したことだろう。そして、その数と同じだけ周囲の存在に救われ、前に進んできたはずだ。そのことを太秦本人がおそらく一番理解しているだろう。

ふと、手に握っていたスマホが動いた。メッセージが届いていた。友人の小町（こまち）さんからだ。それに返信しながら、私は袖ヶ浦さんに頼みたかったことを伝える。

「袖ヶ浦さん、新しい会社をつくりたいのです。その会社の代表をやってもらえませんか。」

しばらく返事が帰ってこないので、スマホから目を離して袖ヶ浦さんを見ると、言葉に詰まっている様子だった。

「江島さん、君はそういうつもりでいたのか？」

さすが察しの良い人だ。

「太秦たちを頼みます。」

すべてを理解したのだろう、袖ヶ浦さんは片頬を引きつらせるような表情をした。

「自分と同じような人間を増やしていこうというわけか。」

「そんなんじゃないですよ。やり方もあり方も人それぞれですから。ただ、これまでの前提や環境にとらわれることなく、周囲を巻き込みながら前に進んでいける、そういう行動が後押しされる、エナジャイズ[1]されるような場を一つでも多くつくりたいだけです。」

私の言葉に袖ヶ浦さんは静かにうなずく。それは、ただ私の思いが伝わっただけではなく、会社のことも代表のことも引き受けてくれるというなずきだったのだろう。ほっとするとともに、袖ヶ浦さんに感謝した。それから、私は時計を見て、時間を確認した。

「さて、そろそろ行きます。」

「相変わらずコミュニティの活動もやっているのですか？」

「ええ。今夜は記念回なんですよ。なんと、石神さんが来てくれるんです。」

「どうりで顔がさっきからニヤついているはずだ。」

「え、出てますか？」

本当かなと思いながら私は頬から顎のあたりをさすった。その様子をながめる袖ヶ浦さんの笑顔を見て、私は初めて彼と出会ったときのことを思い出した。あのときにはまるでなかった表情だ。あの頃と今目の前のギャップの大きさに、私は自分の頬がゆるむのを確かに感じた。

僕はまた、会社を変えることになった。

これで、5社目になる。今度の会社は、江島さんが親会社にかけあってつくった合弁会社だ。あの報告の後、江島さんは本当にプロダクトチームを解散してしまった。そして、おそらく準備を進めていたのだろう、解散と同時に新会社をつくって、チームにいた人たちを移籍させたという次第だ。

1　活気づける、元気づける。

新会社では、引き続きプロジェクト管理ツールをつくり、提供していくことになる。もともと想像していたのだろうが、検証結果を得て江島さんは意思決定の自信を高めたらしい。僕たちがつくっているプロジェクト管理ツールは開発現場に特化するのではなくて、他の業界でも使える、むしろ広げたほうが可能性が高まると見ていたようだ。確かに、ユーザーテストの反応を見ても、それは実感するところだ。

ただし、新会社に移設するのは、フォースからシックスまで。テスト管理ツールのゼロは引き続きアップストン社に残す形だ。江島さん自身の手元で育てていく。江島さんは、あくまで開発現場向けのプロダクトづくりがしたいのだろう。何となくそんな気がする。

だから、ウラットさんや和尚さん、マイ日坂さん、浜須賀さんはアップストン社に残ることになった。

「なんだ、残念ですネ。もっと一緒にプロダクトづくりをやりたかったですヨ！」

マイ日坂さんはいつだって明るい調子だ。この明るさにたぶんゼロチームは助けられたのだろうし、それは僕たちも同じだった。

「そうですね、横断チームでの取り組みなどお見事でした。」

ベテランの和尚さんにそう言われると、自信が湧いてくる。いつも物静かで、それでいて仕事を片づけるためなら自分の意見をきっちりと表明する姿勢に頼もしさを感じていた。

「こっちのことは私たちに任せて。あっちのほうはみんなで頑張って。」

ウラットさんはそう言って僕の腕を思い切り横殴りした。江島さんとともに様々な修羅場をくぐってきたのだろう。たいていのことには動じない様子に僕は勇気づけられた。ただ、正直いつも力入れすぎだと思う。

アップストン社に残るのはゼロチームだけではない。むしろ新会社に移るメンバーのほうが少ない。新しい会社はいわゆるスタートアップにあたる。いきなり大人数では始められないし、そういう環境に参画するしないもそもそも各自次第だ。僕は一人ひとりと別れの言葉を交わした。

「俺がいないと江島さん、全然回らないから。」

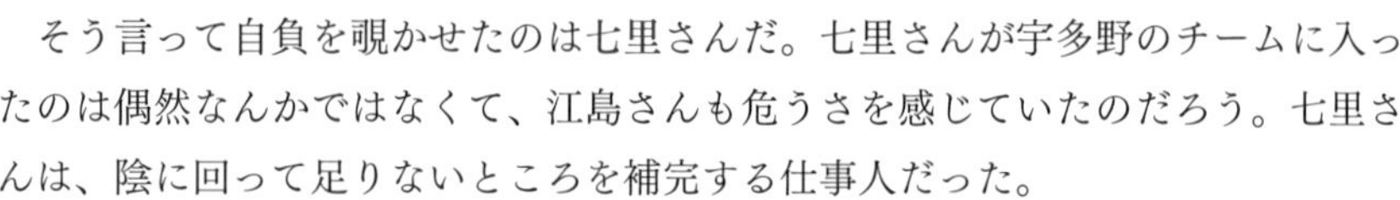

そう言って自負を覗かせたのは七里さんだ。七里さんが宇多野のチームに入ったのは偶然なんかではなくて、江島さんも危うさを感じていたのだろう。七里さんは、陰に回って足りないところを補完する仕事人だった。

「でも、七里さんが行くところバグも多いけどね。」

七里さんの鼻をきっちりと折りにいくのはウラットさんの役割らしい。この2人の間にはきずなのようなものさえ感じる。

それから、鳴滝さん、仁和くんもアップストン社に残る組だった。

「私は砂子さんのところに移ります。なんか、結構ウケ良いみたいですよ、魚市場専用アプリ。」

鳴滝さんは何を考えているかわかりにくい宇多野よりも、砂子さんみたいなはっきりと表情や表現に考えが表れる人のほうが組みやすいのかもしれない。

「私も同じです。フィフスで何かあったら連絡ください。」

仁和くんの相変わらずの早口を聞き取れるようになったのは、僕も耳が良くなったということだろう。横断チームで一緒に仕事してから、仁和くんと普通にやりとりができるようになった。最初に出会ったときの最悪な雰囲気からは考えられないが、その変化に仁和くん自身は気づいていない。

「私は、しばらく在宅勤務することにしました……。」

音無さんは、そう言ってお腹を優しくなでた。出産を控えているということだった。そういえば音無は旧姓だと言う。実は砂子という名字だと聞いて、僕は驚くほかなかった。

「私もアップストンに残りますー。太秦さん、次はプロダクトマネージャーですって？　頑張ってくださいねー。」

壬生さんは引き続きフリーランスで、今度は江島さんと一緒に仕事をするという。江島さんと関わりを持って興味が湧いたらしい。壬生さんがチームを離れるのは正直辛い。そういう思いが表情に出ていたのだろう。そんな僕の様子を見て、壬生さんはたっぷりの髭でさわやかな笑顔をつくった。

「フリーランスの良いところは、本人の意思次第で動きやすいところです。」

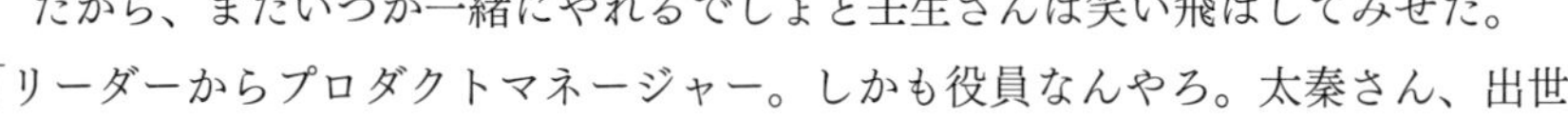

だから、またいつか一緒にやれるでしょと壬生さんは笑い飛ばしてみせた。

「リーダーからプロダクトマネージャー。しかも役員なんやろ。太秦さん、出世したなー。」

西方さんは、冗談めかして大げさに声を上げた。そうかと思えば急に接近してきて、声をひそめてささやく。

「ヤバイなと思ったら、声かけよろしく。いつでも見積書送ったるからな。」

本気なのか冗談なのかわからなくなって、西方さんの顔を見る。いつものようにせわしなく顎髭を触る、西方さんの様子はどちらともつかなかった。西方さんはアップストン社から離れて、また違う現場へ行くという。「流しのコーチなんや」。そううそぶく様子はとてもこれで別れになる気がしなかった。

そして、蔵屋敷さん。相変わらず僕をじっと見た後に口を開いた。

「会社もまたチームだ。自分たちを見失わないように、3つの問いから始めるんだな。」

蔵屋敷さんはこれからどうするのか、僕の問いに彼はニコリともせず言葉を紡いだ。

「俺にもチームがある。」

そう言って、蔵屋敷さんは少し離れたところで何やら騒いでいる集団に目をやった。江島さんを中心にして、ウラットさん、七里さん、マイさん、和尚さんたちがいる。またみんなで浜須賀さんをいじっているようだ。

「そろそろゼロチームのリーダーは浜ちゃんじゃなくて良いんじゃない。」

「このチームのリーダーなんて、僕以外つとまるわけないじゃないですか！」

マイ日坂さんの提案に、浜須賀さんは顔を青白くさせながら反撃していた。

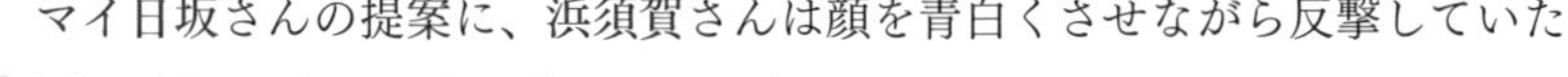

「また一緒にやれるときは来るでしょうか？」

蔵屋敷さんと僕たちが、だ。視線を僕に戻して、蔵屋敷さんは言った。

「必要なときには自ずとそうなっているものだ。」

新しいチームの最初の仕事は、オフィスの内装を整えることだった。オフィスといっても、僕たちはリモートワークも取り入れるため、ここに集まるほうが少ないはずだ。とはいえ、全員が集まれる場所は居心地のよいものにしておきたい。9人揃って、準備を進める。

そう、新しい会社の体制は9名だ。かつて江島さんもアップストン社を立ち上げるときは9人だったそうだ。まさか、わざわざそれに倣ったわけではないだろうけど、江島さんは「だから、やれるさ」と根拠なく笑い飛ばしていた。

新会社の名前はナイン。プロジェクト管理ツールのコードネームをそのまま社名にした形だ。その代表は、袖ヶ浦さん。真面目な方なんだというのが立ち振る舞いからしっかり伝わってくる。

「代表といっても私は、AnP社（アップストン社の親会社）の執行役員も続けることになります。このチーム、いや組織をリードするのは太秦さんにお願いしたい。」

また、そんな……。袖ヶ浦さんのいきなりの宣言に僕はさっそく意気地がなくなる思いになった。砂子さんからチームリーダーを託されたとき、江島さんからプロダクトリーダーを任されたときの記憶が呼び起こされる。まず苦労した思い出が押し寄せてくる。そんな僕の気持ちが表情にそのまま出ていたのかもしれない。袖ヶ浦さんは苦笑いして、誰となく冗談を飛ばした。

「いつもいつも太秦さんは本当に引きが良いですよね。」

いつものパターンに感じたのは、チームメンバーも同じだったらしい。7人が顔を揃えて、僕を取り囲んだ。

「太秦さん、これからもよろしくお願いします！　ついていきますっ」

嵯峨くんはいつもの調子だった。いつの間にかチームのムードメーカーとなり、それが板についてきている。

「太秦さんの気持ちはわかりますよ……。会社の運営になるわけですから。今までよりもはるかに気にしないといけないことが増えます……。」

大きな体に似つかわしくない小さな声で常盤は僕の不安を代弁してくれた。代弁してくれるだけで特に何かアイデアを添えてくれるわけでもないのが常盤らしい。

「いつものことです。」

本人は励ましているつもりなのだろう、鹿王院くんも言葉少なく声をかけてくれる。常盤と鹿王院くんはこのチームの開発のかなめだ。こうしていてくれるだけで心強い。

「これから大変ですよ。今まで3チームで扱ってきたプロダクトをたった1チームで見ていくんですからね。」

三条さんは、この新しいチームでもチームリードを担ってくれるだろう。それだけに、フォーメーションに現実的な課題感を持っている。

「しばらく新しい機能はつくれないよ。」

三条さんはさっそく、元プロダクトオーナーを牽制する。当の有栖さんは、涼しい顔で三条さんの言葉を素通りさせていた。

「やることがたくさんあるということには合意します。この前のユーザーテストの結果もまだプロダクトバックログのリファイン[2]に活かされていませんから。」

「でも大丈夫、私が仮説検証のリードをつとめますから」と、有栖さんが言った気がしたのは僕の気のせいではないはずだ。有栖さんの笑顔はいつも新たな希望を感じさせてくれる。

「良かったな、太秦。俺がこのチームにいるんだから。不安なんてなくなるだろ。」

2　リファインメント。プロダクトバックログを分割、詳細化し、順序付けを行うこと。

「逆でしょう。今までとは違って、毎日顔を合わせて一緒に仕事するんですからね。毎日問題に向き合うことになりかねませんよ。」

この御室と宇多野を入れて、ナインのメンバーはちょうど9名だ。今までそれぞれのチームのリーダーとして関わってきたのがこれからは一つのチームになる。また新たな火種は出てくるだろう。でもそれ以上に、（今度こそ）この2人とともにプロダクトをつくっていけることで気持ちが強くなった。

御室と宇多野の2人に対してだけではない。この9人のチームなら、これまで乗り越えてきた数々の問題を思えば、どんなことに直面したって前に進んでいける気がした。

「太秦さん、例のアレやっておきますか。」

三条さんが嬉しそうに提案してくる。例のアレ、もちろん何のことかわかっている。その期待に応えるとしよう。

「そうですね。チームを立ち上げるときにまず答えておきたい問いが3つあります。今日はそれにみんなで向き合ってみましょう。」

何のことかわからない御室と宇多野。一方、フォースチームのメンバーはああ、あれねとわかっている感じだ。そんな様子を袖ヶ浦さんは興味深そうにながめている。

「ではいきますよ」と言って、僕は手近なホワイトボードに最初の問いを書き出した。

私たちは何をする者たちなのか？

自分は何をする者なのか？

この問いによって幾度も僕は立ち止まり、考え直すことができた。でも、同じ数だけ思い悩まされたともいえる。いつもいつも、この問いに一人で答えきれるわけではない。自分が見えている風景を自力では変えられないときがある。だから、僕たちは他の誰かと一緒に仕事することを選ぶのだろう。だからこそ、苦しみながらもチームで旅することを選ぶのだろう。その道のりには、思いがけない発見がある。僕たちはお互いに気づき合えるし、お互いから学び合える。そうして、自分一人では到達できない視界を得ることができる。新たな視界は、自分に気づかせてくれる。自分が何者なのかを。

「ともに考え、ともにつくる。」

報告会の最後に江島さんに答えた言葉。プロダクトづくりとは、ともに考え、ともにつくることだ。それは、ともに旅をするようなものでもある。

チームを解散する、と僕たちを驚かせた後、江島さんはナインの構想を一通り話してくれた。一も二もなかった。このチームで新たな旅に出ない選択なんてない。

江島さんは、僕の判断にあまり興味を示さなかった。だいたいなんて僕が答えるのか、わかっていたのだろう。最後に、旅立つ僕たちに印象深い言葉を送ってくれた。

その言葉を僕はこれから先何度も思い出すだろう。ジャーニーを続ける限り。

Afterword

あとがき

みなさんは、長い旅を終えて今このあとがきにたどり着いたのだと思います。ただ、エピローグを読んだばかりなら、このあとがきを読む前に最初のプロローグに戻ってみてください。この本の始まりの言葉が意味するところがわかるでしょう。さらに言うと、プロローグは主人公太秦だけの視点ではなく、もう一つの視点で読むことができます。この本が時系列的に『カイゼン・ジャーニー』の続きであることを念頭に置くと、もう一つの視点が誰のものかがわかるはずです:)

この『チーム・ジャーニー』の執筆を始めたのは2019年6月のことでした。描き下ろしとしては三作目となりますが、二作目の『正しいものを正しくつくる』を5月に書き上げた後、すぐに取りかかったことになります。『正しいものを正しくつくる』の最終章を「ともにつくる」として書く内容を決めたときに、本作『チーム・ジャーニー』の構想を得ました。

プロダクト開発で「ともに考え、ともにつくる」に至るためには、作り手の多様性を追い求めることになります。果たして、どのようにすればそのような境地へと達することができるのか。これを表現するためには、自ずと「チーム」というテーマに向き合う必要があります。『チーム・ジャーニー』の構想はそのようにして練りました。

ですから、『チーム・ジャーニー』は物語としては『カイゼン・ジャーニー』の続きにあたるものですが、内容的には『正しいものを正しくつくる』とつながっています。特に仮説検証について、より詳しい内容を求める場合は『正しいものを正しくつくる』にあたっていただくと良いでしょう。

『チーム・ジャーニー』で書き表したかったテーマはもう一つあります。『カイゼン・ジャーニー』を通して向き合い続ける「あなたは何をする人なのか？」という問いは、多くの方から反響をいただきました。この問いは実に向き合いがいのある問いです。向き合うタイミングや自分が置かれている状況・状態によって、紡ぎ出す答えが大きく異なるからです。自分自身を捉え直し、思考や行動を変えていくためにとても大切な問いといえます。

ただ、それだけタフな問いかけでもあります。いつもいつも、自分が何者なのか、自信を持って答えられるわけではありません。ときには、言葉に窮してしまうこともあるでしょう。そう、だからこそ、**自分とともにあるチームという存在**

が支えになるのです。この問いに一人で答えきれないのなら、あなたのそばにいるチームメイトや同僚、仲間とともに向き合えば良いのです。周囲との関係性があるからこそ、自分自身のミッションを見定めることもできます。逆に、あなたがチームの誰かの問答に寄り添う存在にもなるわけです。そして、それをプロダクトづくりをする間、延々と続けていくのです。

ですから、ソフトウェア開発、いや、何かをつくり、表現し世に問いかけていくこと自体が、自分たちが何者なのかを知るための旅といえます。私は、そのような捉え方によって、「ともに考え、ともにつくる」、さらには、チームの行く手を阻む様々な境界を「ともに越える」に至れるのではないかと考えています。

さて、そろそろ、あなたを待つ現場やチームの元に戻りましょう（私も戻ります）。これから始める旅では、きっと違う風景が見られるはずです。これまでのあり方を越えようとする人は、いつも何かの境界を前にしているはずです。みなさんとどこかの境界で出会えることを、私は楽しみにしています。それまでの間、それぞれの持ち場で、各自がんばれ！

謝辞

本書はチーム開発の前線に立つみなさんにレビューをお願いいたしました。みなさんの貴重な時間を、この本への指摘、感想、フィードバックにあてててくださったことに、心より感謝しております。

最後までお付き合いくださった、小田中育生さん、陶山育男さん、門脇恒平さん、横山豪さん、島崎純一さん、上園元嗣さん、孝橋稔章さん、本当にありがとうございました。

また、「自分は何者なのか」にチームで向き合うという境地を見いだせたのは、当事者研究など様々な示唆を送ってくださった宇田川元一先生のおかげです。ご多忙のところ、推薦文まで書いていただけたのは幸甚です。ありがとうございました。

さらに、『カイゼン・ジャーニー』の相棒である新井剛さんにも推薦文を書いていただきました。また新たな旅に2人で向かう日を楽しみにしています。

最後に、この創作を見守ってくれた妻純子に感謝します。いつもいつも、私を支えてくれてありがとう。

2020年1月 市谷聡啓

Appendix
付録

リーン・ジャーニー・スタイルのプロダクト開発

本書は、一つのチームのジャーニーを追体験する構成を取っている。ゆえに、本書を貫く方法論を体系的に理解するには捉えづらいところがある。この付録で、方法論としての観点でまとめを掲載しておきたい。

なお、この実践知には「リーン・ジャーニー・スタイル」という名前付けをしている。

背景

私たちがこれまで「ソフトウェア」と呼んできたものの多様化は広がり続けるばかりである。SoRとSoE[1]という単純な2分類では収まりがつかないほど、多様にそして複雑になってきている。家族が写真を共有するアプリもソフトウェアであるし、仮想通貨取引所のシステムもソフトウェアである。従来のSIで扱う在庫管理システムもソフトウェアであり、自宅から観光地までの旅行予約を行えるアプリもソフトウェアである。「ソフトウェア」という一言で捉えるにはあまりにも幅が広すぎる。

それだけ、ソフトウェア（デジタルプロダクト）へ期待がより寄せられるようになったということだ。「こんなことできたらいいな」に応えられる範囲が時間とともに広がっている。

多様な期待に応えるためのプロダクト開発は一筋縄ではいかない。事前につくるべきものが定まっていてそれを形にするだけで良いという開発から、誰もつくるべきもののイメージがついていない、何をつくるべきかの解が定まっていない開発へ。後者のような状況でのプロダクトづくりが増えている。つまり、期待の多様化とともに、プロダクト開発の不確実性が高まっているといえる。

こうした不確実性への適応のために、一つのあり方として「**仮説を立てて検証する**」というアプローチがある。仮説検証によって、何をつくるべきなのか筋道

1　SoEとはエンドユーザー接点のプロダクト、SoRとは業務側のシステムのこと。

を見いだし、プロダクト開発へとつなげるあり方である[2]。

仮説検証とは、想定しているユーザーの状況や課題、フィットするソリューションの機能性や形態など何一つわかっていない状況から、わかることを増やしていく活動にほかならない。つまり、「わからないことをわかるようにする」こと（=学習）によって、次に何をすべきか、何を試すべきかを理解しようとしているのだ。

プロダクトチームは獲得した理解に基づいて、その次の行動を取っていく。ここで、いかにチームが機敏に適応できるかが問われることになる。せっかく仮説検証によって理解できたことが増えたのに、その対応が数スプリント、数か月先になるという状態では、学びながら開発を行う意義が失われてしまう。

このように、不確実性の高いプロダクト開発においては、プロダクトチームの機動性（学びに基づく行動の即応性）を高めていく必要性があり、「リーン・ジャーニー・スタイル」というあり方の構想と実践に至ったのである。

由来

リーン・ジャーニー・スタイルという名前付けは、以下に基づいている。

リーン

仮説検証の下支えに「**セットベース**」という考え方を用いている。セットベースとは、最初からやみくもに方向性を決め打つのではなく、選択肢を広く挙げ、決定を可能な限り遅らせて、最良の選択を狙う考え方である。これは**リーン製品開発**という領域で説明されているものである。

ジャーニー

後で詳しく解説するが、チームの機動性を高めていくための中心概念として「段階」を用いている。これはあるミッションを果たすために設置されるタイムボックスである（複数のスプリントで構成される）。このタイムボックスの入り口から出口に至るまでの過程を旅路（ジャーニー）になぞらえている。

2　仮説検証を取り入れたプロダクト開発が広がっているとはまだ言いにくいが、つくるべきものを決めるための探索的アプローチを採用するために、今後その必要性はより高まっていくはずだ。

スタイル

より強調したいのは、固定的なプロセスではなく姿勢である。リーンの考え（セットベース）をジャーニーという段階で捉え、進めていくあり方とは、何らかの手順を実行していけば良いというものではない。リーン・ジャーニーを具体的にどのようなプロセスに落とし込むかは、チームの選択になる。

概要

リーン・ジャーニー・スタイルの詳細を読み解く前に、不確実性の高いプロダクト開発でチームに求められるようになった性質、能力について概観しておきたい。**多様性**と**機動性**の2つである。

プロダクトとして何から備えていくべきか、その決定の責任の多くを担うのはプロダクトオーナー[3]という役割である。こうした役割を一人に限定することで、プロダクト開発の運営、特に意思決定の仕組みをシンプルにすることができる。

その一方で、プロダクトオーナーの「何をつくるべきかの決定」にプロダクトチーム全体が依存する力学が強くなる。つまり、プロダクトオーナーの解釈や判断が、そのプロダクトの可能性の上限になってしまう状況を生み出しやすくしてしまう。先に述べたようにデジタルプロダクトに対する期待の多様化が進む中、期待を受け止めるのにプロダクトオーナー一人の視座と視野では限界がある。

ゆえに、プロダクトオーナーという役割に意思決定を依存するあり方からの脱却、プロダクトオーナーという役割の解放に、プロダクト開発を発展させていきたい。一人の視座と視野ではなく、チームの視座と視野による解釈と判断へ。これを「**プロダクトオーナーの民主化**」と呼びたい。

不確実性に対して、プロダクトチームの多様性で対抗する。そのために、チームの構成に必要なのは均質化ではなく経験や志向性の幅の広さである。そうした違いが、チームの視座や視野を広げる可能性を高め、解釈の多様化につながる。

ただし、「要はチームの考えが幅広いものになるよう、メンバーを集めれば良いのだろう」という判断は別の問題をもたらしてしまう。それぞれのメンバーが思い思いにアイデアや意見を出し続けているだけでは、プロダクト開発の運営はカオスに陥る。

3　スクラムを取り入れていなければ、事業責任者、プロダクト企画者などの肩書きになるだろう。

ゆえに、プロダクトに関する**基準**がチームには必要となる。ここでいう基準とは、**仮説検証による学習に基づく共通理解**のことだ。どのような利用者状況を想定し、どの課題を扱い、どうやって解決するのかについてのチームの理解である。こうした観点についての共通理解がなければ、チームは思いつきに振り回され、プロダクト開発の機動性は著しく落ちてしまうだろう。

そのような状況にならないために、検証結果をチームの中心に置く必要がある。つまり、仮説検証は誰か一人に担わせるのではなく、検証にはチーム全員が参加するようにしたい。検証に携わり、実際にユーザーの動きや反応を体感しなければ、結局情報が不足したままだ。検証メンバーによって言語化された情報にのみ頼らなければならない（なおかつ、その情報には多分にバイアスが含まれている可能性がある）ようでは、新たな解釈が宿る可能性は低い。その上、チームとしての理解をまとめるのに言葉のみが頼りとなり、合意形成に時間がかかる[4]。

チームの中心に検証結果を置くためには、メンバーそれぞれが仮説検証についての知見を手にする必要がある[5]。こうした知見の獲得の方法についてや、仮説検証自体のプランニング、結果の解釈の仕方など、仮説検証活動をリードする役割が必要となる。プロダクトオーナーという役割を解放したとしても、仮説検証に関する専門性は依然として必要である。チームに仮説検証の習慣を根付かせる役割を設置しなければならない。

このように仮説検証を取り入れたプロダクト開発を選択すると、やがて次の課題が見えてくるようになる。検証によって学べば学ぶほど、次にやるべきこと、試したいことが積み重なっていくようになる。チームには、状況に対する機動性がより求められる。変化への適応の即時性をどれだけ高められるかに焦点が移っていく。

機動性の高いチームとは、状況の把握から理解、必要な行動の合意形成、実施にあたっての分担と協働が限りなくなめらかにできるチームである。これを「**一**

4　同一の体験を共有できていると、すべてを言語化できていなくても理解し合える部分をつくることができる。

5　背景で触れたようにそもそも仮説検証の考え方が広がっているわけではないので、たいていの場合どのようにしてやるかから身につけなければならないだろう。また、仮説検証の全時間に全メンバーが毎回参画できる状況はまずない。第16話で解説したように、仮説検証の参画を段階的に行う段取りが必要になる。

人の人間のようなチーム」と呼びたい。誰かが考えて、それを手を動かすメンバーに伝えて、理解を合わせて、実施時期を見計らい、やってみたら認識が違うのでもう一度理解を合わせるところからやりなおす……ではなめらかさに欠ける。「一人の人間のようなチーム」は理想として置くものの、一足飛びに到達できるものではない。無理に細やかに動こうとしても、チームはついていけないだろう。そこで、**「段階の設計」が必要になる。理想的な状態へとチームがたどり着くために、ジャーニー（段階）**というタイムボックスを導入する。段階に到達していけば、理想とする状態にたどり着けるという構図をデザインするわけである[6]。

どこに向かって、どのようなジャーニーを描くのか。そしてまた現実を踏まえてどのように適応していくのか。本論で詳しく扱う。

中心概念

リーン・ジャーニー・スタイルの中心にある概念は「**段階**」である。ただし、この概念はアジャイル開発の考えの上に構築するものである。アジャイルがこれまで積み上げてきた数々の教えは、変化に適応するための前提といえる[7]。

さて、この段階をどのように設計するかであるが、考え方としては**プロダクト開発の流れの中に局所的な意味づけを行うもの**である。

プロダクト開発には終わりがなく、事業としての持続可能性が担保される限り続けられるものである。そうした長い時間軸の中では、注力すべきことが時期によって（置かれている状況によって）異なる。

それはある大きな機能の完成であったり、チームの新たな能力の獲得であったり、MVPの検証であったりと、状況に応じて定まる。こうした内容を扱う場合は一つのスプリント（1～2週間）で収まりきらず、複数のスプリントで対応することになる。

整理すると、注力すべきテーマや目的が「**ミッション**」であり、その達成に必要なスプリントの見立てを行い、ジャーニー（段階）を定義する。あるスプリン

---

6 当然ながら理想までの段階を見通し、すべてを事前に仕組みきろうという考え方ではない。後述するように、段階の設置は探索的になる。段階を進めることで、チームもそれを取り巻く状況も変わっていく。目の前の状況に適した段階で組み直すことになる。

7 ただし、アジャイル開発とすべての点で整合性が取れているわけではない。たとえば、後述のようにジャーニーというタイムボックスはその長さを動的に変更するものである。アジャイル開発を踏まえ、守破離の破さらに離へと向かうための位置づけである。

トからあるスプリントまでで捉えるミッションを明確に言語化することで、チームが何をすべきなのか意識できるようにする。ひいては、その達成に集中し、必要なことを自律的に行う動きを期待する。

ジャーニーは複数のスプリントで構成される。スプリントにはその目的としてスプリントゴールの設定がある。このスプリントゴールに、ジャーニーのミッションを達成するために必要な観点を挙げてマッピングする。いくつかのスプリントゴールを達成していけば、最終的にミッションに手が届くという構図をつくる。

こうした段階の設計がなければ、チームは終わりがないプロダクト開発の流れの中をどのようなテンションで進んで行けばよいか判断がつかない。プロダクト開発の全期間にわたって、常に意識を高く保つように強いるのは土台無理な話である。人の意思とは有限のリソースであり、何かの達成のために意思を消費し続ければ底をついてしまう。

ミッションを定義し、各ジャーニーの位置づけを明確にすることで、意思の注ぎどころ（どこで注力するか、あるいは回復にあてるか）をコントロールしやすくできる。

ジャーニーは、中長期の距離感でさらに構造化を行っても良い。ミッション・ジャーニーとビジョン・ジャーニーの2つによる構造が想定できる。

ミッション・ジャーニー

中期的な距離感のジャーニー。前述のとおり「ミッション」を定義し、複数のスプリントゴールにミッション達成のための条件や段階を割り当てる。物理的な時間軸としては、1～3か月程度。それ以上になると、チームのテンションを保てなくなる恐れがある。

ビジョン・ジャーニー

より長期的なジャーニー。より遠い距離感で、到達したい「目的地」までのジャーニーを構想する。複数のミッション・ジャーニーを経て、目的地すなわち、あるビジョンの具現化を狙う。

プロセスの全容

ジャーニーを扱うプロセスを一つ一つ確認していく（図A.1）。

図A.1｜ミッション・ジャーニーのプロセス

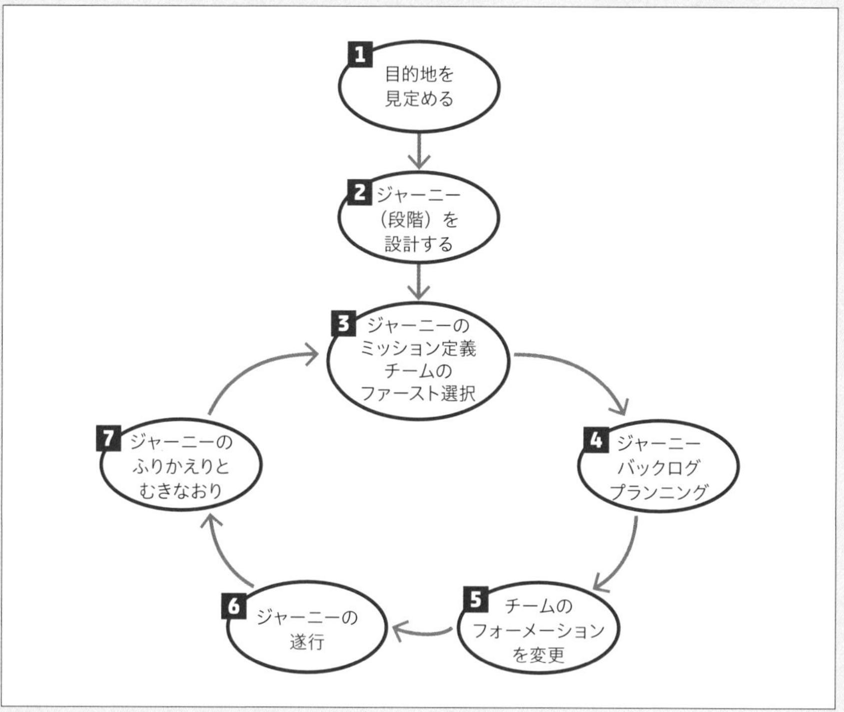

1 目的地を定める 第3話

理想とする到達状態をイメージし（「**われわれがたどり着きたい場所はどこか**」）、最初の目的地として置く。

「われわれがたどり着きたい場所はどこか」という問いに向き合うためには、そもそも「われわれ」が一体何者なのかを捉えるところから始める必要がある。チームを結成して、最初に「**出発のための3つの問い**」に答えるようにする。

・自分はなぜここにいるのか？（個人としてのWhy）
・私たちは何をする者たちなのか？（チームとしてのWhy）
・そのために何を大事にするのか？（チームとしてのHow）

2 ジャーニーの設計 第3話 第4話

①目的地に至るために必要な「状態」を構想し、ジャーニーとして分ける。

②各ジャーニーにおいて、「到達したい状況、状態」をつくり出すために何に取り組むべきなのか見立てる。

③各ジャーニーにどの程度のスプリントを割り当てるか、想定を置く。

ここで置くスプリントの数は、これまでの経験を踏まえての仮置きである。この後のプロセスの中で必要に応じて適宜修正を行い、「6 ジャーニーの進行」前までに決定する。

ただし、ジャーニー進行中もミッションの達成度合いを見て、スプリントは適宜追加する。実際に進める中で想定していなかったことや、新たな発見もある。そうした事実を踏まえて、ジャーニーの長さを動的に変更する。

3 ミッションの定義 第4話

ここからは目の前のジャーニーを進めるためのプロセスとなる。**当該ジャーニーのゴールデンサークルをつくり、ジャーニーのミッションとする。**ミッションには、チームとプロダクトの大きく2つの観点がある。片方あるいは両方について達成したいミッションを掲げる。

また、ゴールデンサークルを作成する中で、**チームのファースト** 第2話 も定める。ミッション達成のために必要となるチームの動き方をイメージして、チームの第一主義を選択する。なお、ファーストについてはどれか一つに振り切る考え方も取ることができるし、第一主義、第二主義と、優先順位をつけて複数選択する考え方もありえる。

最後に、**ジャーニーの中見を表す名前付けを行う。**「背骨をつくりきるジャーニー」「チームビルディング重視ジャーニー」「仮説検証重点実施ジャーニー」など、ゴールデンサークルをながめて、内容に適していて、かつチーム全員が理解しやすい名前を選ぶ。

4 ジャーニーバックログ・プランニング 本編にはない

プロダクトバックログもジャーニーにあわせて構造化する。ジャーニーのミッション達成に必要なプロダクトバックログを選択し、**ジャーニーバックログ**として捉える（図**A.2**）。

図**A.2** | ジャーニーバックログ

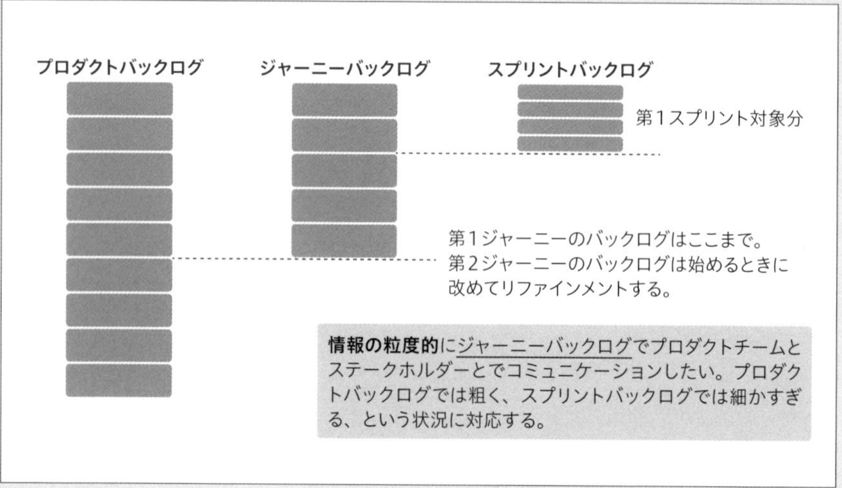
プロダクトバックログ
ジャーニーバックログ
スプリントバックログ
第1スプリント対象分
第1ジャーニーのバックログはここまで。
第2ジャーニーのバックログは始めるときに
改めてリファインメントする。
情報の粒度的にジャーニーバックログでプロダクトチームとステークホルダーとでコミュニケーションしたい。プロダクトバックログでは粗く、スプリントバックログでは細かすぎる、という状況に対応する。

そもそも、プロダクトバックログがまだ存在しないような、ゼロベースでの立ち上げの場合は、プロダクトバックログそのものをつくり出すためのジャーニーを定義する。

5 フォーメーションの選択 第6話 第10話

ジャーニーバックログの内容を踏まえて、**チームのフォーメーション**を決める。ここでいうフォーメーションとは、役割の定義と役割間での協働のあり方のことである。

役割とともに、必要に応じて**リード（先導役）**を設置する。これは、当該ジャーニーで特に重視する事柄について責任を担う役割となる。たとえばテスト重視であればテストリード、デベロッパーエクスペリエンス（DX）の改善重視であればDXリードを設置するイメージである。

役割に期待する内容によっては、チームがそもそも保有していない専門性が必要になる場合がある（たとえば仮説検証リードには当然ながら仮説検証の実践知が必要となる)。こうしたタレントの必要性や不足については、2や3の段階で検知し、手を打つ必要がある(組織内外からの招き入れなど)。

6 ジャーニーの進行

ジャーニー自体をどのように進めるかはチームの選択である。スクラム、カンバンなど、チームの得意とするところで選ぶ。チームが一箇所に集まり、同期が行いやすい場合はスクラムが良いだろう。一方、チームが分散環境にあるような場合(リモートワークチーム)で、稼働時間帯も異なるようであればカンバンが適している。スクラムに比べて、同期イベントを中心とする必要がないためである[8]。

ここでは、スクラムを想定しておく。スクラムの場合は、ジャーニーバックログを、プロダクトバックログの代わりとして運用するイメージになる。スプリントプランニングで、「ジャーニーバックログ」から当該スプリントでやるべきものを選び、スプリントバックログとする。

スプリントレビューの結果、新たにやるべきことが発見された場合、当該ジャーニーで片付けるものであればジャーニーバックログへ、先のジャーニーでも良い場合はプロダクトバックログに積むようにする。ゆえに、リファインメントもジャーニーバックログとプロダクトバックログそれぞれに行うことになる。

なお、2で述べたように、ジャーニーを進める中でスプリント数の不足が見込まれた場合、ジャーニーの延長(スプリントの追加)を判断する。ジャーニーを延長した場合、次のジャーニーへの期間的な影響が出てくる。さらに先に置いた目的地までの距離感も踏まえて、延長とするか、ジャーニーを打ち切るか、という選択肢が考えられるだろう。

7 ジャーニーふりかえり、むきなおり

スプリントゴールの達成を繰り返し、ジャーニーのミッションを到達できたところで、ジャーニーのふりかえりを行う(形式は、スプリントでのふりかえりを流用する)。ここでのふりかえりを、次のジャーニーへのインプットとし、カイゼンにつなげる。

ジャーニーは1〜3か月程度の期間を要するため、必要に応じて思い起こしの

8 その分、チームとしての一体感を醸成する取り組みがあわせて必要になるだろう。

ためのタイムラインふりかえり[9]を行うと良いだろう。

また、ジャーニーで何があったのか、ジャーニー中にログを残しておくことを薦める。Wikiなどに図A.3のフォーマットで記録を行う。

図A.3｜ジャーニーのログ

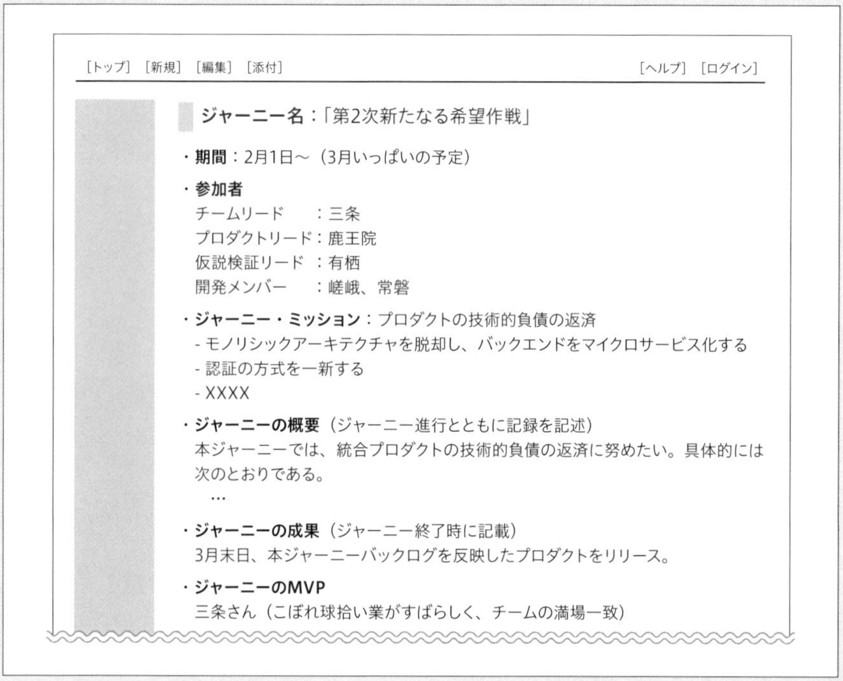

［トップ］［新規］［編集］［添付］　［ヘルプ］［ログイン］

ジャーニー名：「第2次新たなる希望作戦」

・**期間**：2月1日～（3月いっぱいの予定）

・**参加者**
チームリード　　：三条
プロダクトリード：鹿王院
仮説検証リード　：有栖
開発メンバー　　：嵯峨、常磐

・**ジャーニー・ミッション**：プロダクトの技術的負債の返済
- モノリシックアーキテクチャを脱却し、バックエンドをマイクロサービス化する
- 認証の方式を一新する
- XXXX

・**ジャーニーの概要**（ジャーニー進行とともに記録を記述）
本ジャーニーでは、統合プロダクトの技術的負債の返済に努めたい。具体的には次のとおりである。
…

・**ジャーニーの成果**（ジャーニー終了時に記載）
3月末日、本ジャーニーバックログを反映したプロダクトをリリース。

・**ジャーニーのMVP**
三条さん（こぼれ球拾い業がすばらしく、チームの満場一致）

ふりかえりの結果を踏まえて、むきなおりを行う。ジャーニーのむきなおり先は3つある。「目的地の見直し」「ジャーニーの再設計」「次のジャーニーへ進む」の3つである。

ジャーニーを実施してみて、目的地自体の見直しが必要であれば、「(再) 出発のための3つの問い」を問い直すことから始める。また、ジャーニーの成果を踏まえて新たにジャーニーを追加する必要が出てくれば、「2ジャーニーの設計」から再度行う。そうした変更が不要であれば、プランどおり、次のジャーニーの「3ミッションの定義」を行う。

9　時系列で起きたイベントを挙げて、そのときどきのチームのテンションを折れ線グラフなどで表現する。そうした制作過程を通じて何があったかの思い起こしにつなげる。

以上の流れによって、リーン・ジャーニー・スタイルのプロダクト開発を運営していく。こうした動き方によって、チームやプロダクトの理想的な状態への到達について道筋をつけながら、それでいて進行中に新たに発見したこと、理解できたこと、想定外のアクシデントへの適応も織り込んでいく。

ジャーニー・パターン

具体的なジャーニー組み上げのパターンとして「**仮説検証型アジャイル開発**」[10]を挙げておく（図**A.4**）。

図A.4 | 仮説検証型アジャイル開発

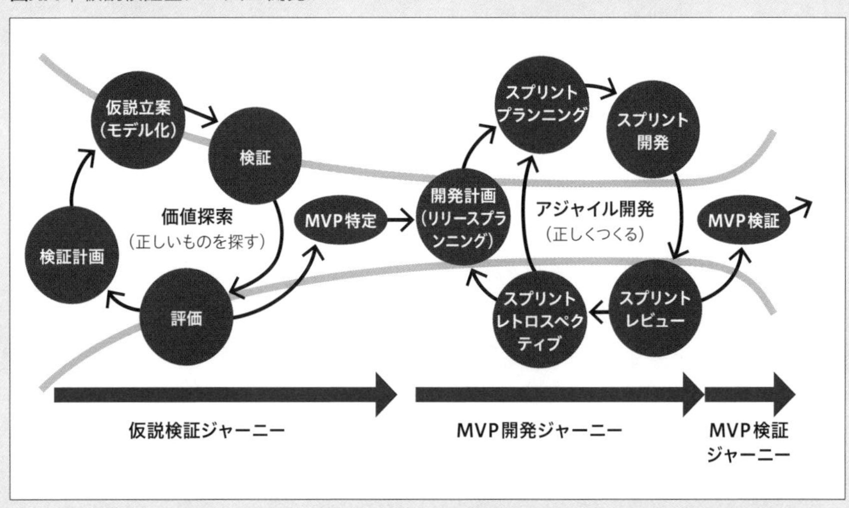

このパターンの前半部分は仮説検証を中心に行うジャーニーとなっている。チームフォーメーションは、仮説検証リードとメンバー、プロトタイピングのためにデザイン、場合によって技術的な実現性検証や判断のためにエンジニアリングの専門性を保有したメンバーの参画が考えられる。仮説検証活動ゆえに、1回のジャーニーで目的を果たせるとは限らない。初期段階から複数ジャーニーの構想や進行によって、ジャーニーの追加がありえる。

後半は仮説検証の結果を踏まえて、MVPを用いた体験を伴う検証の準備のた

10 仮説検証型アジャイル開発についてさらに詳しく知りたい方は、拙著『正しいものを正しくつくる』（ビー・エヌ・エヌ新社／ ISBN：9784802511193）にあたっていただきたい。

めにMVP開発ジャーニーを行う。チームフォーメーションは、エンジニアリングの専門性がより多く必要となる。

その後、MVPを用いた検証を行う。ここで再び仮説検証リードの出番が多くなる[11]が、検証しながらMVPを調整するため、引き続きエンジニアリングは必要である。

展開

リーン・ジャーニー・スタイルの展開について補足しておく。

1 多様化のための重奏型仮説検証 第16話

プロダクト開発に解釈の多様性をもたらすために、仮説検証活動にチームでの参画が必要であると述べた。プロダクトの方向性についてチームでの合意形成を行うべく、統一された仮説構造（チームで一つの仮説キャンバス）をつくり上げることが最初の段階となる。

最初の段階を通じて仮説検証についてのチームの練度を高めていき、やがては個々人で仮説構造を持ち合えるようにありたい。個々人それぞれの解釈による仮説構造と、チームで合意形成した仮説構造を並立させ、相互に作用させる。このようにチームの多様性でもって仮説を磨いていくあり方が**重奏型仮説検証**である。

当然、意見や解釈が割れたり、衝突することがある。そうしたときに見るべきことは、どの程度事実に基づいた解釈ができているかである。事実が足りなければ、その補完のための活動に取り組んでいく。また、事実を踏まえており判断がつかない場合は、判断の保留を行う。選択肢としてそれぞれの解釈を残しておく(セットベース)。より状況が進んだところで再度判断することを約束して、チームとして合意する（「**バラバラのままの合意形成**」）。

2 適者生存のアーキテクチャ戦略

仮説検証による学びを中心に置いたプロダクト開発では、アーキテクチャやつくり方の選択に難しさを感じるようになる。初期のMVPを構築する段階でどの

11 必要な専門性の濃淡がジャーニーに依存することになる。これに一つのチームで適応するのは難しいだろう。ゆえに、チームの外側「組織」のあり方（チームの動的フォーメーションのニーズに応える体制づくり、たとえば専門特化チームの結成）、あるいは組織の外部からの専門性注入などの、組織的な戦略が必要となる。

程度のつくり込みを行うべきなのか。この判断を難しくするのは、そもそも進めようとしているプロダクトの構想に価値があるかどうかわからないためである。

プロダクトが世の中にとってどの程度必要とされるのかは、初期の段階ほどわからない。MVPをつくって検証して、すべて破棄することもありえる[12]。ゆえに、**アーキテクチャはプロダクトの価値について理解がどの程度進んでいるかによって決める。**

検証を経て、可能性が見出されたアイデア、プロダクトだけが生き残り、実装を進めていくことになる。新しい技術や複雑な技術を適用したものが生き残るわけではない。仮説検証によって明らかになった事実に適応できるものだけが次の段階へと行ける。こうした進化論の考え方（適者生存）を模して、アーキテクチャ選択を行う（「**適者生存のアーキテクチャ戦略**」図A.5 [13]）。

図A.5 | 適者生存のアーキテクチャ戦略

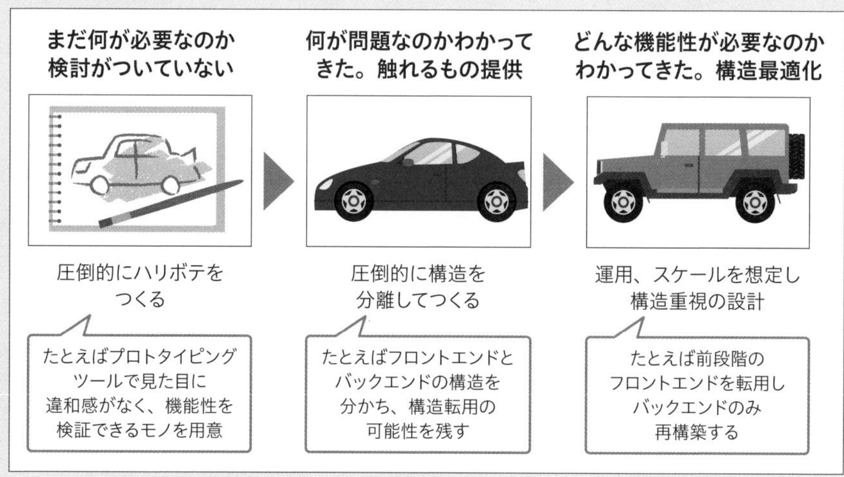

この方針の下では、価値が明らかになっていない初期の段階では、状況の理解やProblem-Solution-Fit [14]の度合いを確かめるべく、つくり込みを行わない。い

12 プロトタイプ検証ではもちろんのこと、それが動くソフトウェアだったとしても価値の検証が行われる限りありえる。

13 この戦略には「デザイン」も含まれる。デザインはトンマナ（トーン&マナー）の定義から、情報設計、UIデザイン、ビジュアルデザインと段階的な意思決定が前提となるところがある。

14 課題仮説とソリューション仮説の適合度合いのこと。

かに早く学びが得られるかという視点で、できる限りつくらずに学びを得られる手段を講じる。

状況の理解が進めば、より体験を伴う検証を行い、想定ユーザーのリアリティのある反応を得てその後の判断を行いたい。検証物としてはより動きのあるもの、触れるもの、動かせるものをつくり、提供する必要がある（**「"現実歪曲"曲線」の上を行く**[15]）。ここで、最初期とは異なるアーキテクチャ、つくり方の選択を行う。

この段階をさらに越えられると、いよいよ不特定多数の人に対するサービス提供や、本番運用に耐えられるシステムの構築が求められるようになる。ここでもさらにプロダクトの構造転換を行うことになる。あくまで、アーキテクチャ最適化の基準を仮説検証に合わせる。

仮説検証に基づき、プロダクトの構造転換を行っていく。この転換の中で**継承という観点で持つべき指針が2つある。一つは、もちろん「学びの継承」**である。一つ前の段階で得られた学習が次の段階で活かされていること[16]。もう一つは、**「構造の継承」**である。前段階での構造が次の段階でも転用可能となる選択を行う。この観点からモノリシックなアーキテクチャではなく、フロントエンドとバックエンドで構造を分かち、構造ごとの転用を行えるようにしておきたい。選択肢の幅をむやみに減らすのではなく、次の段階で選択肢が残る、増えるように「今」を選択する。

こうしたアーキテクチャの段階的選択にも、ジャーニースタイルは適している。

3 プロダクトチームのスケール 第9話 第10話

プロダクトチームは、流通情報の範囲設計とコミュニケーションの構造化によってスケールに適応することを本書で示した[17]。本文では言及しなかったが、チームのスケールはジャーニーバックログ単位で行うものとしたい（**図A.6**）[18]。

---

15 第16話p.306参照。

16 ゆえに、前段階の構造物がどうであったか、ふりかえりが容易にできる環境をつくっておきたい。

17 流通情報の範囲設計は第9話p.160、コミュニケーションの構造化は第10話p.188を参照。

18 各チームの領域の独立性が高い（他のチームとの関与が少ない）場合は、バックログをもう一段階構造化する。バックログをチームで分配するミーティングもチーム間関与の度合いによって決めたい（関与が高い→分配ミーティングには全員で参加する）。

図A.6｜チームのスケールはジャーニーバックログ単位で

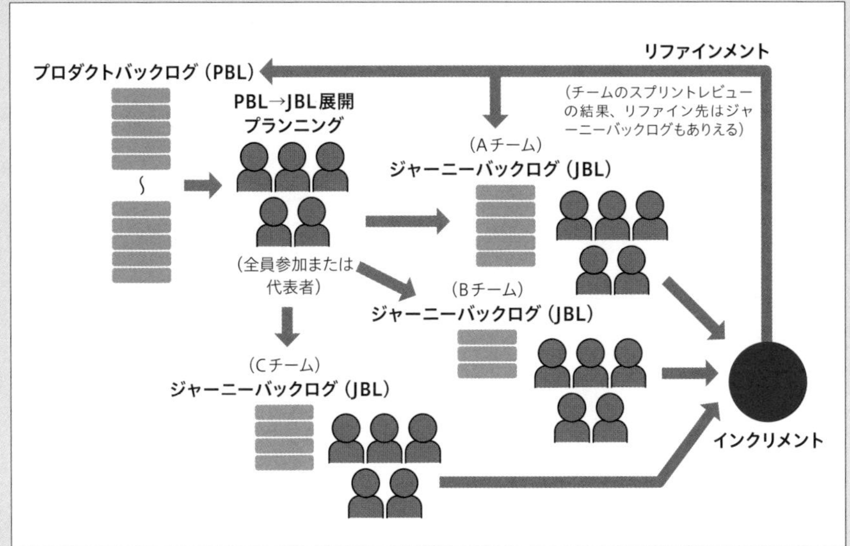

最後に

以上がリーン・ジャーニー・スタイルの“現段階”の内容である。“現段階”と書いたのは、プロダクトづくりの探求には終わりはなく、常にジャーニーの途中にあるからである。今後も現場の検証を踏まえて、展開していきたい。

ただし、どのように内容が変遷したとしても、変わりえない価値観がある。ここでは、「**ともに考え、ともにつくり、そしてともに越える**」という行動指針である。ともに考え、ともにつくることで、新たな境地へとたどり着き、いまだ目にしていなかった風景をともにながめることができる。本書の内容のすべては、ともに越える、越境のためにある。

第1部

アジャイル開発

・『アジャイルサムライ――達人開発者への道』
Jonathan Rasmusson 著／西村直人、角谷信太郎 監訳／近藤修平、角掛 拓未 訳
（オーム社／ISBN：9784274068560）

・『アジャイルな見積りと計画づくり 価値あるソフトウェアを育てる概念と技法』
Mike Cohn 著／安井力・角谷信太郎 翻訳（マイナビ出版／ISBN：9784839924027）

・『アジャイルソフトウェア要求 チーム、プログラム、企業のためのリーンな要求プラクティス』
Dean Leffingwell 著／株式会社オージス総研 訳／藤井拓 監訳（翔泳社／ISBN：9784798135328）

・『ディシプリンド・アジャイル・デリバリー エンタープライズ・アジャイル実践ガイド』
Scott W. Ambler、Mark Lines 著／藤井智弘 監修／熱海英樹、天野武彦、江木典之、岡大勝、大澤浩二、中佐藤麻記子、永田渉、西山泰男、三宅和之、和田洋 訳（翔泳社／ISBN：9784798130613）

・『適応型ソフトウエア開発 変化とスピードに挑むプロジェクトマネージメント』
ジム・ハイスミス 著／ウルシステムズ株式会社 監訳／山岸耕二、中山幹之、原幹、越智典子 訳
（翔泳社／ISBN：9784798102191）

スクラム

・「スクラムガイド」©2017 Scrum.Org and ScrumInc.
URL https://www.scrumguides.org/docs/scrumguide/v2017/2017-Scrum-Guide-Japanese.pdf

・『SCRUM BOOT CAMP THE BOOK スクラムチームではじめるアジャイル開発』
西村直人、永瀬美穂、吉羽龍太郎 著（翔泳社／ISBN：9784798129716）

・『エッセンシャル スクラム アジャイル開発に関わるすべての人のための完全攻略ガイド』
Kenneth S. Rubin 著／岡澤裕二、角征典、高木正弘、和智右桂 訳
（翔泳社／ISBN：9784798130507）

開発全般

・『カイゼン・ジャーニー たった1人からはじめて、「越境」するチームをつくるまで』
市谷聡啓、新井剛 著（翔泳社／ISBN：9784798153346）

・『新装版 達人プログラマー 職人から名匠への道』
Andrew Hunt、David Thomas 著／村上雅章 訳（オーム社／ISBN：9784274219337）

ふりかえり

・『アジャイルレトロスペクティブズ 強いチームを育てる「ふりかえり」の手引き』
Esther Derby、Diana Larsen 著／角征典 翻訳（オーム社／ISBN：9784274066986）

組織論、リーダーシップ論

・『ビジョナリー・カンパニー2 飛躍の法則』
ジム・コリンズ 著／山岡洋一 訳（日経BP社／ISBN：9784822242633）

・『プロフェッショナルの条件――いかに成果をあげ、成長するか』
P・F. ドラッカー 著／上田 惇生 訳（ダイヤモンド社／ISBN：9784478300596）

・『エンジニアリング組織論への招待 不確実性に向き合う思考と組織のリファクタリング』
広木大地 著（技術評論社／ISBN：9784774196053）

チーム

・『チームが機能するとはどういうことか 「学習力」と「実行力」を高める実践アプローチ』

エイミー・C・エドモンドソン　著／野津智子　訳（英治出版／ ISBN：9784862761828）

・『アオアシ』
小林有吾／ビッグコミックスピリッツ（小学館）

プロセス、フレームワーク

・『WHYから始めよ！　インスパイア型リーダーはここが違う』
サイモン・シネック　著／栗木さつき　訳（日本経済新聞出版社／ ISBN：9784532317676）

・『OODA LOOP　次世代の最強組織に進化する意思決定スキル』
チェット・リチャーズ　著／原田勉　訳・解説（東洋経済新報社／ ISBN：9784492534090）

・『クリティカルチェーン　なぜ、プロジェクトは予定どおりに進まないのか？』
エリヤフ・ゴールドラット　著／三本木亮　訳／津曲公二　解説（ダイヤモンド社／ ISBN：9784478420454）

第2部

カンバン、複数チームのコミュニケーション

・『リーン開発の現場　カンバンによる大規模プロジェクトの運営』
Henrik Kniberg　著／角谷信太郎　監訳／市谷聡啓、藤原大　共訳（オーム社／ ISBN：9784274069321）

大規模アジャイル

・『SAFe 4.0のエッセンス　組織一丸となってリーン－アジャイルにプロダクト開発を行うためのフレームワーク』
リチャード・ナスター、ディーン・レフィングウェル　著／オージス総研　訳／藤井 拓　監訳
（エスアイビーアクセス／ ISBN：9784434248511）

・『大規模スクラム Large-Scale Scrum(LeSS)　アジャイルとスクラムを大規模に実装する方法』
榎本明仁　監訳／荒瀬中人、木村卓央、高江洲睦、水野正隆、守田憲司　訳
（丸善出版／ ISBN：9784621303665）

仮説検証型アジャイル開発、仮説キャンバス、ユーザー行動フロー

・『正しいものを正しくつくる　プロダクトをつくるとはどういうことなのか、あるいはアジャイルのその先について』
市谷聡啓　著（ビー・エヌ・エヌ新社／ ISBN：9784802511193）

モブプログラミング

・『モブプログラミング・ベストプラクティス　ソフトウェアの品質と生産性をチームで高める』
マーク・パール　著／長尾高弘　訳／及部敬雄　解説（日経BP社／ ISBN：9784822289645）

重奏型仮説検証

・『復刻版　代謝建築論　か・かた・かたち』
菊竹清訓　著（彰国社／ ISBN：9784395012084）

・『設計の設計　〈建築・空間・情報〉制作の方法』
柄沢祐輔、田中浩也、ドミニク・チェン、藤村龍至、松川昌平　著（LIXIL出版／ ISBN：9784872751703）

分断を越境する

・『他者と働く――「わかりあえなさ」から始める組織論』
宇田川 元一　著（NewsPicksパブリッシング／ ISBN：9784910063010）

組織論

・『ヒトデはクモよりなぜ強い　21世紀はリーダーなき組織が勝つ』
オリ・ブラフマン、ロッド・A・ベックストーム　著／糸井恵　訳（日経BP社／ ISBN：9784822246075）

Index
索引

Profile
著者紹介

市谷 聡啓 いちたに・としひろ

サービスや事業についてのアイデア段階の構想から、コンセプトを練り上げていく仮説検証とアジャイル開発の運営について経験が厚い。プログラマーからキャリアをスタートし、SIerでのプロジェクトマネジメント、大規模インターネットサービスのプロデューサー、アジャイル開発の実践を経て、自身の会社を立ち上げる。それぞれの局面から得られた実践知で、ソフトウェアの共創に辿り着くべく越境し続けている。訳書に『リーン開発の現場』（共訳、オーム社）、著者に『カイゼン・ジャーニー』（翔泳社）、『正しいものを正しくつくる』（ビー・エヌ・エヌ新社）がある。プロフィールサイト　https://ichitani.com

装丁・本文デザイン……大下賢一郎

DTP……BUCH⁺

チーム・ジャーニー
逆境を越える、変化に強いチームをつくりあげるまで

2020年2月17日　初版第1刷発行

著　者……市谷 聡啓

発行人……佐々木幹夫

発行所……株式会社 翔泳社（https://www.shoeisha.co.jp）

印刷……公和印刷 株式会社

製本……株式会社 国宝社

本書へのお問い合わせについては、下記の内容をお読みください。
落丁・乱丁はお取り替えいたします。03-5362-3705 までご連絡ください。
ISBN978-4-7981-6363-5　　Printed in Japan